# 系统科学的沃土

## 中国科学院系统科学研究所四十年回溯

张纪峰　杨晓光　主编

科学出版社

北　京

## 内 容 简 介

本书是中国科学院系统科学研究所组织汇编的纪念文集，以弘扬优良的学术传统，体现奋发向上的精神风貌。本书主要内容是追忆系统科学研究所往事、畅谈系统科学精神，收录了与系统科学研究所有关的重要人物、重大事件的追忆，或是对在系统科学研究所工作、学习、生活期间的情感抒发，以及个人成长的体会与感悟文章等。

本书不仅适合与中国科学院系统科学研究所相关的读者，还适合从事系统科学及与系统科学有关的数学及交叉学科的研究人员、教师、学生等。

**图书在版编目(CIP)数据**

系统科学的沃土：中国科学院系统科学研究所四十年回溯/张纪峰，杨晓光主编. —北京：科学出版社，2019.10

ISBN 978-7-03-062653-0

Ⅰ. ①系… Ⅱ. ①张…②杨… Ⅲ. ①中国科学院-系统科学-研究所-概况-1979-2019 Ⅳ. ①N94-242

中国版本图书馆 CIP 数据核字(2019) 第 221198 号

责任编辑：王丽平 牛园园 崔慧娴 / 责任校对：邹慧卿

责任印制：吴兆东 / 封面设计：黄华斌

科学出版社 出版

北京东黄城根北街 16 号

邮政编码：100717

http://www.sciencep.com

北京中科印刷有限公司印刷

科学出版社发行 各地新华书店经销

*

2019 年 10 月第 一 版 开本：720 × 1000 1/16

2025 年 2 月第三次印刷 印张：18 1/2

字数：360 000

**定价：198.00 元**

(如有印装质量问题，我社负责调换)

# 序　言

1979 年 10 月，中国科学院系统科学研究所挂牌成立。光阴荏苒，四十个年头过去。为纪念系统科学研究所成立四十周年，我们征集了一批与系统科学研究所发展历程有关的文章，编辑而成这本纪念文集。

系统科学与系统工程是 20 世纪中叶以后萌发成长起来的新兴学科，以钱学森、关肇直、吴文俊、许国志为代表的中国科学家对系统科学和系统工程的创立和发展做出了重大贡献。老一辈科学家们不仅在科学上开辟鸿蒙，提出了一系列系统科学与系统工程的原创性思想，而且致力于组织建设，筹备和建立了系统科学研究所。系统科学研究所的成立是中国系统科学与系统工程发展历史上最重要的事件，造就了中国系统科学与系统工程及相关学科的国家队，在学术前沿上攻城拔寨，创建和发展了很多有广泛国际影响的理论和方法；在系统科学与系统工程应用实践方面攻坚克难，解决了一批国民经济发展和国防建设领域的重大难题；在学科引领方面成为中国系统科学与系统工程的中心，牵引着中国系统科学与系统工程的整体发展。

这本文集共由四部分组成。第一部分“开疆拓土”，撷英掇华似地摘录了系统所部分重大科学成就。这里既有系统所成立之前系统所的创立者们的诸多成就，比如吴文俊先生对拓扑学和博弈论的贡献，关肇直先生对控制理论的贡献，许国志先生对运筹学的贡献，更有系统所成立以后大量的杰出工作，包括吴文俊先生等对数学机械化的贡献，陈翰馥、郭雷等对控制理论的贡献，陈锡康等对投入产出和经济预测的贡献，等等。

第二部分“己立立人”，介绍系统所创建学会、期刊等学术平台，推动中国系统科学与系统工程及相关学科发展的贡献。系统科学研究所在自身不断成长的过程中，始终把带动中国系统科学与系统工程整体发展作为自己的光荣使命。挂靠在系统所之下，有全国一级学会 —— 中国系统工程学会，还有若干二级分会，包括中国自动化学会控制理论专业委员会、中国数学会计算机数学专业委员会、中国运筹学会博弈论分会。系统所创办了一系列刊物,《系统工程理论与实践》《系统科学与数学》《控制理论与应用》等是国内系统科学与系统工程学科的中文学术成果发表的主要平台。

第三部分“鸿儒巨擘”，介绍系统所工作过的大师级人物的生平事迹。在这部分，人们可以近距离地领略关肇直、吴文俊、许国志、丁夏畦、万哲先、刘源张、林群、陈翰馥、李邦河、成平、郭雷的风采，“呼吸英雄的气息”，从他们的学术人生感受杰出科学家追求真理、服务国家、造福人类的情怀。

第四部分“雪泥鸿爪”，集结了一些系统所学者在科研探索方面的趣闻轶事，既有学术先辈开创学科过程中的不易和奋斗，社会各界特别是中科院各部门的帮助和支持，又有晚学后辈得到学术大师们指教和提携的关爱和温情。

考虑到科研人员最宝贵的是时间，最核心的事务是科研，保障科研人员全心全意做科研是所里的头等大事。因此，本书在征集资料的过程中主要是收集零散发表在不同平台的文章，没有刻意安排所内科研人员去撰写纪念性文字。这样文集所能反映的仅仅是系统所过去历史中的冰山一角，系统所很多其他的成就、埋头苦干的人物以及系统所发展历程中可歌可泣的故事，都未能在本文集中得到体现。同时，由于文集中的文章当初是因不同的需要而写，选材的角度和叙事的风格各有不同，集结以后就显得零金碎玉，尽管每篇文章都非常精彩，但并没进行系统性整理。一定意义而言，这本文集更像一个万花筒，从不同的角度呈现系统所发展过程中的精彩。

本书在征集稿件的过程中，得到了所内外同仁的热烈响应。在此，我们向所有提供稿件的同志表示最衷心的感谢。四十岁对一个人来说，是步入中年而不惑的年纪，但是对于一个机构而言，却只是站稳脚跟、阔步向前的时期。系统所的老一辈科学家为中国系统科学与系统工程的发展和系统所的发展打下了坚实的基础，培养和造就了一批朝气蓬勃的后起之秀。展望未来，系统所同仁一定会“不忘初心、牢记使命”，鲲鹏展翅九万里，在新的征途上做出更大的成就。

# 目　录

# 一 开疆拓土

## 1.1 系统科学研究所简介

2019 年 10 月 30 日，中国科学院系统科学研究所迎来建所四十周年。1979 年，经国务院批准，在著名科学家关肇直、吴文俊、许国志等老一辈科学家的倡导下，由原数学研究所控制论、运筹学、概率统计、基础数学等方面的科研人员组建了中国科学院系统科学研究所，并于次年召开了成立大会。中国科学院院长方毅、副院长周培源、华罗庚、钱三强，国家计委副主任郝建秀，国家科委副主任武衡，以及知名学者于光远、江泽涵、程民德、段学复、胡世华、冯康、胡国定等出席了成立大会。首任所长是关肇直，继任所长分别是成平、陈翰馥、郭雷、高小山，现任所长是张纪峰。在历任所长的带领下，系统科学研究所全体成员齐心协力、砥砺前行，走过了春华秋实的四十年。

系统科学研究所是基础型研究所，具有学科多、研究领域广的特点，主要从事系统科学及其相关的数学与交叉学科的基础和应用基础研究，形成了若干具有鲜明特色的优势学科，如系统控制、运筹管理、数学机械化、统计学、复杂系统、信息安全数学理论、预测科学等，以及若干前瞻性、交叉性突出的新兴学科，如智能博弈与决策、群体智能与机器学习的数学理论、复杂网络、不确定性决策、量子控制与量子算法、生物统计与计算生物学、质量科学、非线性投入产出、不确定性量化等。

四十年来，系统科学研究所开疆拓土，取得了令人瞩目的成就。

吴文俊 (1919—2017) 建立了 “吴示性类”“吴示嵌类” 等一系列拓扑不变量，研究了嵌入理论的核心问题，发展了嵌入的统一理论；开辟了数学机械化研究方向，实现了高效的几何定理自动证明，所提出的方法 —— 吴消元法被成功应用于若干高科技领域，包括曲面造型、机器人结构的位置分析、智能计算机辅助设计、信息传输中的图像压缩等；先后获国际 Herbrand 自动推理杰出成就奖、首届国家最高科学技术奖、第三届邵逸夫数学奖、“人民科学家” 国家荣誉称号等。1957 年当选为中国科学院院士 (学部委员)。

关肇直 (1919—1982) 开创性地揭示出泛函分析中 “单调算子” 的思想，证明了求解希尔伯特空间中非线性方程的最速下降法的收敛性；提出细长飞行器弹性振动的闭环控制模型，开创了分布参数系统理论的一个新方向；在人造卫星轨道设计和测定、导弹制导、潜艇惯性导航等的研究中作出一系列重要贡献；先后获国家自然科学奖二等奖、国家科学技术进步奖特等奖和“科技进步”金质奖章；1980 年当选为中国科学院院士 (学部委员)。

万哲先解决了典型群结构和自同构方面的一系列问题，发展了一套针对有限域上典型群的几何学研究方法，证明了对称矩阵几何及哈密顿矩阵几何的基本定理，将有限几何成功应用于编码学和密码学研究，先后获中国科学院自然科学奖一等奖、国家自然科学奖三等奖；1991 年当选为中国科学院院士。

丁夏畦 (1928—2015) 解决了强非线性变分问题、强非线性抛物型方程初边值问题及等熵气流整体解研究中的著名数学难题，建立了 Ba 空间理论；利用 Hermite 展开，建立了一套新的广义函数 (称之为弱函数) 理论，把弱函数应用到经典分析的很多方面；获国家自然科学奖二等奖和中国科学院科技进步一等奖；1991 年当选为中国科学院院士。

林群建立了基于积分恒等式、最优剖分和超收敛形函数的有限元分析理论和方法，建立了包括超收敛、校正和外推在内的高精度算法理论，给出了以最优剖分获取高精度的技术路线；获全国科学大会奖、中国科学院自然科学奖一等奖、捷克科学院“数学科学成就荣誉奖章”；1993 年当选为中国科学院院士。

陈翰馥给出了随机系统的能观性、不用初值的状态估计和最优随机奇异控制；提出了扩展截尾算法，解决了非线性系统辨识、控制、优化及信号处理等领域中的一系列基本问题，并成功应用于随机适应镇定控制、大范围优化、离散事件动态系统等领域的研究中；先后两次获国家自然科学奖三等奖；1993 年当选为中国科学院院士。

许国志 (1919—2001) 长期致力于运筹学、系统工程、系统科学、管理科学研究，筹建了中国系统工程学会、中国的第一个运筹学研究室，参与创办了中国的第一个运筹学专业、第一个系统工程系和第一份系统工程学术刊物，极大地推动了运筹学、系统工程和系统科学的发展及它们在国民经济、国防建设中的应用研究；1995 年当选为中国工程院院士。

刘源张 (1925—2014) 提出了“全员参加”“全面质量意义”和“全部过程控制”的“三全”质量管理思想，和“以员工质量保工作质量，以工作质量保工序质量，以工序质量保产品质量”的“三保”质量保证体系，建立了质量管理的基本结构和思想体系，在理论和实践上为中国的质量管理研究以及提高中国工业企业的产品质量和工程质量等作出了杰出贡献；先后获“哈灵顿–石川”奖、首届费根堡终身荣誉奖和美国质量学会兰卡斯特奖章；2001 年当选为中国工程院院士。

李邦河发展了流形到流形的浸入理论，把浸入理论中的一个奠基性定理从最简单的流形 (欧氏空间) 推广到任意流形；对四维流形的最小亏格问题取得了若干突破，提出了 Witten 型新不变量；否定了苏联著名数学家 Oleinik 关于间断线条数至多可数的著名断言，解决了美国科学院院士 Lax 和 Glimm 的三个猜想；获中国数学会华罗庚数学奖和陈省身数学奖；2001 年当选为中国科学院院士。

郭雷解决了随机系统著名自校正调节器收敛性和线性二次型最优适应控制等若干基本理论难题，建立了自适应滤波算法的一般数学理论并使其对反馈随机系统的应用成为可能，发现并证明了关于反馈机制最大能力与局限的一系列基本定理和“临界” 常数，建立了具有局部相互作用的一类典型非线性大群体系统的同步理论，提出了基于博弈的控制系统研究新方向，并在合作性与能控性方面作出创新成果，对具有百年历史且在工程应用中起主导作用的著名 PID 控制器，首次建立了其对非线性不确定性系统控制的理论基础和设计方法；被 IEEE 控制系统学会授予泊德讲座奖 (Bode Lecture Prize)；2001 年当选为中国科学院院士。

成平 (1932—2005) 彻底改进了可容许估计中的 Karlin 定理，提出并系统研究了二次型估计的可容许问题，在统计决策、统计大样本理论和统计应用方面取得了突出且影响广泛的成果。

陈锡康首创了投入占用产出分析技术，并成功地应用到全国粮食产量预测与价值链等领域，得到了习近平总书记、李克强总理等 20 余位中央领导的重要批示及国家发展和改革委员会与国家粮食局等政府部门的高度重视，获首届中国科学院杰出科学技术成就奖、复旦首届管理学杰出贡献奖和国际运筹学会联合会 (International Federation of Operational Research Societies, IFORS) 运筹学进展奖一等奖。

程代展建立了矩阵半张量积理论，开辟了布尔网络代数状态空间研究方向，提出了一套较完整的逻辑动态系统的建模、分析与控制理论，先后获国家自然科学奖二等奖和中国科学院杰出科技成就奖。

汪寿阳提出了一个全新的处理复杂系统的方法论 ——TEI@I 方法论，合作创立了区间计量经济学学科方向，成功应用于外汇汇率和国际油价等预测研究中，获复旦管理学杰出贡献奖、北京市科学技术奖一等奖、中国科学院自然科学奖一等奖和 Jr. Walter Scott 奖。

高小山合作提出了几何定理可读证明自动生成的面积法、几何约束求解的系统方法，建立了微分稀疏结式与周形式理论，获国家自然科学奖二等奖。

吕金虎解决了时滞多卷波的存在性和多方向多卷波电路实现问题，克服了非线性多卷波电路设计中参数敏感依赖和系统高度不稳定等困难，先后三次获国家自然科学奖二等奖。

张纪峰解决了集值输出系统参数辨识与适应控制中的若干基本问题，建立了基于小容量信道的趋同控制理论和设计方法，先后两次获国家自然科学奖二等奖。

四十年来，系统科学研究所进行了一系列重大改革，通过调整结构、转换机制，凝练学科目标、明确主攻方向，改善科研环境、建设创新文化。在科学研究、人才培养、学术交流、学科建设、科研平台建设等方面取得了重要进展，推动了我国系统科学的发展。目前，系统科学研究所拥有 13 个博士点 (二级学科)、16 个硕士点，分布在数学、系统科学、管理科学与工程、计算机科学与技术、统计学五个一级学科中。系统科学研究所也是首批被国家批准的具有博士后流动站的单位之一，现有数学、系统科学、管理科学与工程、统计学四个博士后流动站。此外，还有 7 个研究室：数学机械化研究中心，系统控制研究室，基础数学与应用数学研究室，统计科学研究室，管理、决策与信息系统研究室，复杂系统研究室，经济分析与预测科学研究室。在 2017 年教育部学位与研究生教育发展中心公布的全国第四轮学科评估结果中，系统科学研究所为主或参与参评的五个一级学科表现都不俗，取得了 2 个 A+、2 个 A 和 1 个 A− 的好成绩，特别是以系统科学研究所为主的“系统科学”一级学科获得了 A+，从一个侧面体现出了系统科学研究所在学科建设方面的实力。

系统科学研究所现有科研人员 80 人，包括研究员 38 人、副研究员 32 人和助理研究员 10 人，其中中国科学院院士 4 人、发展中国家科学院院士 3 人、瑞典皇家工程科学院外籍院士 1 人、国际系统与控制科学院院士 5 人、欧洲科学与艺术院院士 1 人、南非科学院院士 1 人、国家杰出青年基金获得者 14 人。形成了一支在国内外有重要影响和竞争力的科研队伍。

近年来，系统科学研究所有 210 余人次在 100 多种期刊、丛书中任主编、副主编、编委或顾问，包括《中国大百科全书》(第三版) 控制科学与工程卷和系统科学卷的主编。220 余人次在国内外 150 多个学会、协会、专业委员会、奖励委员会等学术组织或团体任职。一批科研人员应邀在各个会议上做大会报告，包括吴文俊在 1986 年国际数学家大会作 45 分钟报告；郭雷于 1999 年和 2014 年先后两次在国际自动控制联合会世界会议上做大会报告，2019 年在美国电气与电子工程师协会 (Institute of Electrical and Electronics Engineers, IEEE) 控制系统学会上做 Bode Lecture；郭雷、张旭分别于 2002 年和 2010 年先后在国际数学家大会上做 45 分钟邀请报告等。这些优秀的人才对系统科学研究所的发展和传承都发挥着至关重要的作用。

系统科学研究所建所以来，积极组织和承担国家重大科研任务。系统所科研人员曾主持或与合作单位共同主持科技部攀登计划项目 3 项、973 项目 4 项、863 项目 3 项、重点研发计划项目 3 项；国家自然科学基金委重大项目 4 项、重点项目

19 项、创新研究群体项目 4 项、杰出青年科学基金 18 项、优秀青年基金项目 6 项；以及一批面向国家重大需求和国民经济主战场领域的重大或重点项目。这些计划和项目的实施为系统科学的发展作出了重大贡献。

四十年来，系统科学研究所取得了突出的科研成绩，获国家奖励累计 400 余项。其中，获“人民科学家”国家荣誉称号 1 项，国家最高科学技术奖 1 项；获国家自然科学奖一等奖 1 项、二等奖 11 项、三等奖 5 项；获国家科学技术进步奖特等奖 1 项、一等奖 1 项、二等奖 3 项、三等奖 7 项；获中国科学院杰出科技成就奖 2 项、自然科学奖一等奖 6 项、科技进步奖特等奖 1 项、科技进步奖一等奖 6 项、科技成果一等奖 2 项；获重要国际奖励和荣誉 20 余项，包括邵逸夫数学科学奖、IEEE 控制系统学会 Hendrik W. Bode 讲座奖、首届费根堡终身荣誉奖、美国质量学会兰卡斯特奖章、国际信息技术与定量管理学会 Jr. Walter Scott 奖、发展中国家科学院成思危经济学奖，以及瑞典皇家工程科学院外籍院士、南非科学院院士、欧洲科学与艺术院院士、国际系统与控制科学院院士、美国电气与电子工程师协会会士、国际自动控制联合会会士、亚太工业工程与管理学会会士、国际投入产出协会会士等。

在科研平台建设方面，系统科学研究所先后成立了中国科学院管理、决策与信息系统重点实验室、中国科学院控制系统重点实验室、中国科学院数学机械化重点实验室和中国科学院预测科学研究中心。在学术影响力方面，目前，已有《系统科学与数学》《系统工程理论与实践》《控制理论与应用》《数学的实践与认识》《系统与控制纵横》和 *Journal of Systems Science and Complexity*、*Journal of Systems Science and Information*、*Control Theory and Technology* 等 8 种期刊；有中国系统工程学会、中国自动化学会控制理论专业委员会、中国数学会计算机数学专业委员会、中国运筹学会博弈论分会等全国性一级学会或专业委员会。从系统科学理论到系统工程，从科学研究到科普宣传，形成了系统科学交流与传播的重要平台，发挥了重要作用。

系统科学研究所秉承先进的人才培养理念，培养了大批具有扎实基础、掌握基本方法、热爱科学研究的高层次人才。系统科学研究所已培养出 1000 多名博士生、硕士生、博士后，其中包括 2 名中国科学院院士、40 余位杰出青年基金获得者。

四十年来，系统科学研究所展开多方面的交流与合作，举办了许多重要的学术活动。目前已经初步形成了一个大会、四个交流平台，覆盖月度、季度、年度，提升了研究所学术交流气氛。一个大会是“中国系统科学大会”，四个学术交流平台是：系统科学论坛、关肇直系统科学讲座、系统科学青年学者论坛、系统科学前沿报告会。依托这些学术平台，每年都邀请许多知名学者前来交流。与此同时，系统科学研究所还组织了一系列重要学术会议，包括中国控制会议、中国系统科学大会、自动控制联合会第十四届世界大会、第 48 届美国电气与电子工程师协会控制与决策会议等。这些交流合作及学术活动不仅提升了系统科学研究所的影响力，而且传播了系统科学文化并推动了系统科学的发展。

系统科学研究所四十年的峥嵘岁月，是春华秋实的四十年，也是团结奋进的四十年。系统科学研究所沉淀了深厚的文化氛围、凝聚了一批杰出科学家，执着于开辟新方向、攻克挑战性难题，既面向原创性、突破性和关键性的重大基础理论研究，又面向国家重大需求、面向国民经济主战场；既重视科学研究，又重视学科发展和人才培养。

系统科学研究所全体成员“不忘初心、牢记使命”，攻坚克难，一步一个脚印，为系统科学的发展努力奋斗。展望未来，系统科学研究所正乘风扬帆，充满信心，朝着建设成为具有重要国际影响的系统科学研究中心的方向迈进，谱写与时俱进的全新篇章。正如许国志先生所说：“20 世纪目睹了系统科学由诸侯分治逐渐进展到统一江山，21 世纪将看到它开疆扩土，建立伟大的王朝！”我们也期待系统科学研究所更加辉煌的明天。

## 1.2 “为国家决策提供最靠谱的经济预测”——中国科学院预测科学研究中心秉承智库传统服务国家建设*

王斯敏　张胜　光明日报社

陈锡康 (左二) 及 “全国粮食产量预测” 研究组部分成员

在中国科学院众多的研究机构中，预测科学研究中心并不算大。然而，这个致力于服务国家高层决策的智库身上却延续着几代科学家 “智力报国” 的传统，凝结着科学理论指导实践的心血。

“改革开放之初，甚至更早，科学家们就在这里为国家发展贡献智慧、用科学预测辅助决策，实际上起到了智库作用。可以说，预测科学研究中心并非智库界的‘新生力量’，而是先行者。” 预测科学研究中心主任、中国科学院数学与系统科学

* 转载自《光明日报》(2016 年 3 月 21 日)，有少量修改。

研究院党委书记汪寿阳介绍。

作为中国科学院寄予厚望的科学智库，预测科学研究中心依托于数学与系统科学研究院，研究队伍由数学与系统科学研究院、地理科学与资源研究所、科技政策与管理科学研究所、遥感应用研究所、研究生院和中国科技大学从事经济社会预测和分析研究的优势力量构成。

主张发展运筹学服务经济的力学家钱学森，几乎把生命最后20年献给“优选法”“统筹法”推广应用的数学家华罗庚……这些学者如星耀天穹，已成预测科学研究中心全体成员的精神指南。

承袭着前身单位“面向国际发展前沿，面向国家战略需求，面向国民经济主战场”的精神传统，从20世纪70年代起，预测科学研究中心老一辈成员便将科研与实践紧密对接，开启了全国粮食产量预测研究。30多年来，这项预测从未间断，直接指导我国粮食生产储备政策制定，并因其超高的精度、超前的时间、独创的方法而享誉业界。

今天，越来越多的“拳头产品”自中心涌现——中国经济预测报告、大宗商品需求与价格预测、外汇汇率预测等有口皆碑；每年向中央和政府决策部门报送预测报告等40余篇，备受关注与肯定；自主研创的理论、模型、方法应用于国内外，推动了预测科学整体发展……

“要把传统延续下去，发扬光大。”汪寿阳感慨，“要为国家决策提供最靠谱的经济预测。”

## 粮食预测：打响远超国际水准的“漂亮仗”

“2015年全国粮食产量预测，我们又打了个漂亮仗！”79岁的陈锡康仍活跃在第一线，谈起粮食产量预测，便觉兴奋。

的确漂亮。2015年12月8日，国家统计局发布公告，全年全国粮食产量为12428.7亿斤①，比2014年增加288.2亿斤。这与当年4月28日预测科学研究中心课题组完成的预测报告十分相近——预计全年粮食增产，产量约12370亿斤，比2014年增产228亿斤左右。

在此前的全国夏粮产量预测中，课题组的预测数据是约2787亿斤，与国家统计局7月15日发布公告中的实际产量2821亿斤相差无几，预测误差仅为−1.2%。课题组对黄淮海五省区、河南、山东等主产省区粮食产量预测的准确性也在不久后被事实验证：误差分别为−1.2%、−3.4%和−1.9%。

① 1斤 = 500克。

一年如此尚属不易，更不易的是，这已延续了 35 年。

粮食产量预测是国家制定粮食收储购销计划的关键环节。35 年来，课题组每年均提前半年以上作出预测，预测年度粮食的丰、平、歉方向全部正确，平均误差仅为 1.9%。中央历届主要领导人先后 60 多次给予肯定，中央 8 个部门给予高度评价，认为其 “为国家提供了科学的参考依据”“对我们农业生产和农村经济发展的工作指导和政策制定是很有益处的”。来自美国麻省理工学院、荷兰格罗宁根大学、澳大利亚昆士兰大学等的学者也纷纷上门 “取经”，寻求合作。在 1999 年第 15 届国际运筹学会联合会学术大会上，此项目获得 “国际运筹学进展奖” 一等奖。

“习近平总书记说，中国人的饭碗任何时候都要牢牢端在自己手上。我坚决赞成。粮食的事，是天大的事。” 陈锡康说着，记忆回到自己风华正茂的年代。

1957 年，大学毕业的陈锡康被招收进新组建的中国科学院力学研究所运筹学研究室。组建研究室的，是刚回国不久的力学研究所所长钱学森。

“合理运输、合理配棉、合理下料、梯级水库的合理调度、产品质量控制 …… 钱老主张：生产生活需要什么，我们研究什么。他非常反对数学脱离实际。” 陈锡康说。

20 世纪 70 年代末，一项沉甸甸的任务落到了陈锡康肩上：国务院有关部门委托中国科学院对每年度的全国粮食产量进行预测，并提出了 “提前期为半年、预测误差在 3%以下” 的高要求。

提前半年，意味着在粮食出苗期就对其产量作出判断；而 3%的误差率更是难以企及 —— 直到今天，发达国家粮食产量预测平均误差仍为 5%—10%。

然而，陈锡康没有多犹豫便接受了挑战。

“民以食为天”，他深深明白这句话对国人的意义。

1959—1961 年中国粮食大歉收，饥荒严重。当时的陈锡康正在四川劳动锻炼，乡亲们的话刺痛了他的心：“什么时候吃上大米饭，就是共产主义了。”

如果提前测算出粮食产量，帮助国家及早确定当年的粮食进出口方案，就能减少饥荒造成的悲剧，而国家也能选择收购成本较低的出手时机。

陈锡康算了笔账：“以 2002 年美国 1 号硬红冬麦为例，半年中每吨价格上涨 69.2 美元，而我们当年缺粮约 3000 万吨。如果在 4—5 月份进口，比 10 月份后购买将节省人民币 171.6 亿元。”

责任如山。陈锡康开始了艰难的实验。他一边深入实践 —— 带着仅有的两位助手进田间、下地头，跑遍乡间为粮食把脉问诊；一边创新理论 —— 在考察国际通行的气象产量预测法和遥感技术预测法后，提出投入占用产出技术，最终创建系统综合因素预测法。

“在我们的模型中，要综合考虑政策因素、技术因素、经济因素、气象因素。”陈锡康说。

因素越多，需要的数据和调研越多，实现难度也就越大。然而，为了国家的农业战略与粮食安全，再不易，也要拿下。

“陈老和他的团队完全做到了。思路清晰、方法准确、调研扎实、分析深透，这是他们成功的原因，也是智库研究必备的素质。”汪寿阳赞叹。

## 经济预测：不能离开国家需求这个原点

和陈锡康一样，汪寿阳也对“创造方法、服务现实”有着炽烈追求。

1996 年，时任中国科学院管理、决策与信息系统重点实验室副主任的汪寿阳结束了访问学者工作，在中国科学院“百人计划”资助下回国。随后，仕途在他面前铺开 —— 受命担任国家自然科学基金委管理科学部常务副主任。

3 年后，这个被很多人看好的正局级官员却主动请辞，重回中国科学院做一名普通研究员。

“我舍不得科学研究，那是一种乐趣，也是一种创造。”汪寿阳说。

很快，他便在金融管理、物流与供应链管理、对策分析等领域成果累累，最具突破性的是提出了一种“预测利器”——TEI@I 方法。

长期以来，经济预测依靠非此即彼的单一手段，准确率难以保证。20 世纪 80 年代，钱学森提出了定性定量综合集成的研究思路，人称“综合集成研讨厅”，为科学预测打开了一扇门。但是，如何结合，能否实现？尚无成熟方案。

汪寿阳埋头钻研。2003 年，TEI@I 方法论宣告面世。有了工具，一系列经济预测的国际难题迎刃而解。例如，石油价格预测成功率提高至 95.83%。2008 年上半年，某国际知名投资银行预测石油价格在年底将达到 200 美元/桶。预测科学研究中心的观点针锋相对：油价将在年底回落到 80 美元/桶以下。当年年底，石油价格果然跌到了约 37 美元/桶。

基于此方法论，科研团队乘胜追击，不断得出新的方法与模型。

提出计算中美贸易顺差的新方法，得出的顺差数额不到原来贸易总值口径下计算的中美贸易顺差的一半。研究报告呈送中美两国高层，在缓和两国贸易冲突中发挥了直接作用。该方法被 WTO 向成员国推荐，产生了广泛影响。

开辟“水利投入占用产出模型及其应用”研究方向，解决了计算水利投资净效益、水利投资占 GDP 最佳比重和工业及居民用水的影子价格等实际部门迫切需要解决的难题。

创立测算建筑节能标准的新方法，为建筑节能政策制定提供决策参考 ……

“要打通创新链条，让学术研究与经济社会发展有机结合。”汪寿阳说，“最重要的，就是不能离开国家需求这个原点。”

## 锻造人才：成为最具影响力的预测研究中心

2006 年，时任全国人大常委会副委员长、中国科学院院长路甬祥作出决定：整合精锐力量，组建预测科学研究中心。

“目的在于发挥已有的资源优势，通过跨研究所、跨学科的交叉实现管理创新，打造预测科学领域有特色、有影响、有公信力的‘中国学派’。”路甬祥指出。

当年 2 月 16 日，整合了全院预测分析七支“精锐部队”的预测科学研究中心宣告成立。体制壁垒被打破，学科隔阂被消融，成员们优势互补、彼此协同，向着“出成果”与“出人才”的双重目标挺进。

自 2006 年起，中心每年发布中国经济年度预测，精准度连年保持高水准，被称为“最靠谱的经济预测”。

“我们研究一周内国际上 6 种主要货币的汇率预测精度、市场运动方向，预测相对误差在 1/1000 以下，而国外在 4/1000 左右；我们预测的汇率运动方向准确性在 76%左右，而国外为 67%。”汪寿阳介绍。此外，在能源、环保、教育等领域，预测科学研究中心作出的预测都变为现实。

中心还为相关国家部委研发预测预警系统。国家发展改革委的“中国宏观经济监测与预警分析支持系统”，商务部的“中国外贸运行监测系统”等十余个系统已投入应用，工作人员足不出户便可遍览风云变幻，及时进行政策仿真演示。

“成绩属于昨天。今后中心能走多远，很大程度上取决于人才队伍。人才要在使用中培养，在解决国家经济社会发展重大问题中长见识、强本领。”预测科学研究中心研究员杨翠红说。她自己就是典型例证 ——1999 年，博士毕业后留所担任陈锡康的助手，很快成为该领域专家。正是在她的努力下，全国粮食主产量预测中增加了“主产区粮食产量预测”这一品牌，对政策的指导愈加细致有效。

博士生李仲飞毕业即被中山大学聘为特聘教授，今天已是成就卓著的长江学者；博士生张珣提出 EMD 模态分解合成方法，建立了原油价格形成机制新理论，成果在国际顶尖杂志上发表 ……

3 位第三世界科学院院士，12 位国家杰出青年科学基金获得者，2 位“复旦管理学终身成就奖”得主，7 位“复旦管理学杰出贡献奖”得主，还有世界银行顾问和亚洲开发银行顾问，年轻的团队已是“星光熠熠”。

更多精彩，期待绽放。

“我们的目标是：成为中国经济社会领域最具影响力的预测研究中心和国际上最具影响的预测理论和方法研究中心之一。”汪寿阳语气坚定，“相信随着中国‘智库时代’的到来，我们会离目标越来越近。”

## 1.3 攻坚克难，开疆拓土
## —— 中国科学院系统控制重点实验室学者侧记*

姜天海　中国科学报社

许清　中国科学院数学与系统科学研究院

1962 年，这是铭刻在我国系统控制领域史册的一年。这一年，中国第一个专门从事现代控制理论研究的“控制理论研究室”(中国科学院系统控制重点实验室前身，以下简称“中科院控制室”) 在中国科学院数学研究所成立，为我国“两弹一星”等具有高度复杂性和高精度需求的国家尖端控制技术研发作出了不可磨灭的贡献。

此后，中科院控制室在几代学术带头人的共同引领下，迸发出经久不衰的创新活力，呈上一份又一份具有原创性、突破性和关键性的成绩单。

关肇直、宋健、秦化淑、陈翰馥、韩京清、程代展、郭雷 …… 这些人生经历不同、性格各异的著名学者们，在推动我国控制科学的基础研究和应用发展方面取得了令人瞩目的成就。

“东方红一号”卫星、飞行器弹性控制、自校正调节器、自抗扰控制器、布尔网络控制 …… 无数次国防和经济等多个领域的重大需求以及基础理论问题研究攻关背后，都镌刻着他们的名字。

半个多世纪的栉风沐雨，砥砺前行，中科院控制室的一代代学者在传承中创新，让该实验室在国际舞台上大放光彩。

---

* 转载自《系统与控制纵横》2015 年第 2 期。原文发表于《科学新闻》2015 年 6 月，收录到《系统与控制纵横》时有补充修改。

1962 年中国科学院数学研究所控制理论研究室成立后，全室人员在关肇直和宋健带领下，一边学习导弹基本原理，一边学习当时新兴起的现代控制理论。图为 1962 年中国科学院控制理论研究室请山东大学张学铭先生来介绍最优控制原理时，控制理论研究室成员与张学铭先生合影。第一排左起: 关肇直、吴新谋 (数学研究所微分方程室)、张学铭 (山东大学)、王寿仁 (数学研究所概率统计室)、张素诚 (数学研究所五学科室)；第二排左起: 安万福、张鄂棠、唐志强 (国防部五院)、何关钰、韩京清、狄昂照；第三排左起: 毕大川、秦化淑、陈翰馥、丘淦兴 (国防部五院)、陈俊本、华俊荣；第四排左起: 张润通 (数学研究所办公室主任)、郑之辅 (数学所副所长、党组副书记)、稽兆衡 (国防部五院)、金维言。未标注单位的均为中国科学院数学研究所控制理论研究室成员

## 开拓中国现代控制理论

在中小学读本《中国古今 26 位著名数学家的故事》中，关于关肇直的故事一直为大家所传颂。不仅因为他是我国现代控制理论的创建者，在泛函分析、数学物理、现代控制理论等领域成绩卓著，更因为他为我国国防建设作出了重大贡献。

关肇直 1919 年 2 月 13 日出生于天津，1941 年毕业于燕京大学数学系，后留校任教。1947 年赴法留学，在巴黎大学庞加莱研究所师从一般拓扑学和泛函分析奠基人 M. Frechet 学习泛函分析。1949 年新中国成立，关肇直放弃取得博士学位

的机会，毅然回国，为国效力。关肇直曾任中国科学院数学研究所副所长、系统科学研究所所长、中国数学会秘书长、中国自动化学会副理事长、中国系统工程学会理事长等职务，1981 年当选为中国科学院学部委员，1982 年 11 月 12 日病逝于北京。

从 20 世纪 60 年代起，关肇直为我国现代控制理论的发展付出了毕生心血。在著名科学家钱学森的倡议下，他根据国防建设和学科发展的迫切需要，于 1962 年组建了我国第一个专门从事现代控制理论研究的机构 —— 控制理论研究室，并亲任室主任，宋健任副主任。

关肇直一贯重视科研工作理论联系实际，他对理论与实践的辩证关系有着深刻的认识。他一方面强调 "没有理论，拿什么去联系实际"，重视和鼓励理论研究。例如，当陈景润完成关于哥德巴赫猜想 "1+2" 的证明时，已是 "文化大革命" 前夕。关肇直顶住当时的极 "左" 思潮，坚决支持这项工作发表，说:"这是一项世界冠军，同乒乓球世界冠军一样重要。" 在他和吴文俊的共同努力下，才使这项工作及时晓喻天下。另一方面，他也十分重视面向国家急需解决的重大实际问题的研究并身体力行。他在领导控制理论研究室的工作中，不但紧抓控制理论的基础研究，而且亲自带领全室科研人员积极参与了多项国防尖端武器控制系统的设计和研发，取得了若干重要成果。特别是他与我国著名控制科学家宋健等合作研究的弹性振动控制，提出了细长飞行器弹性振动的闭环控制模型，开创了分布参数控制理论的一类新的研究方向。

钱学森在 1982 年 "关肇直同志纪念会" 上曾指出，关肇直等的 "工作结果已经应用到我们的国防尖端技术设计工作中"。他还进一步指出，关肇直等的飞行器弹性控制理论研究 "实际上，现在已经是导弹运载火箭所不可缺少的一个设计理论"。

关肇直负责的 "我国第一颗人造卫星轨道计算方案的制定" 获得了 1978 年全国科学大会奖;"飞行器弹性控制理论研究" 获得了 1982 年国家自然科学奖二等奖;作为主要获奖者之一的项目 "尖兵一号返回型卫星和东方红一号卫星" 获得了 1985 年国家科学技术进步奖特等奖 (他主要负责轨道测量和轨道选择)，他本人也荣获 "科技进步" 金质奖章。

关肇直的另一个重大贡献是带出了一支出色的现代控制研究队伍，包括陈翰馥、韩京清、秦化淑、冯德兴、王恩平、陈文德、王朝珠、许可康、贾沛璋、王康宁、毕大川等一批享誉我国控制界的学者。关肇直带领这支队伍一边学习当时新兴起的现代控制理论，一边与导弹和卫星设计制造等实际部门的科研人员一起承担了许多重大项目，同时携手全国高校和科研机构的科研人员为在中国推广普及现代控制理论和系统科学做了大量工作。关肇直于 1982 年 11 月不幸英年早逝后，秦化淑、陈翰馥、韩京清成为控制理论研究室的“接棒人”。

控制理论研究室在成立之初的目的很明确，就是要发展现代控制理论，并为我国的国防尖端武器以及人造卫星研制等高技术服务。在关肇直和宋健带领下，控制理论研究室几乎所有科研人员都参加到多种型号导弹和人造卫星及反卫星等科研项目中，他们承担的许多国防科研项目都获了奖，其中关肇直作为主要获奖者之一的“尖兵一号返回型卫星和东方红一号卫星”获 1985 年首届国家科学技术进步奖特等奖

## 献身系统控制的女杰

秦化淑是当年控制理论研究室成立时最早的八位成员之一。她出身贫寒，但又红又专。1956 年以优异成绩毕业于天津南开大学数学系，同年被选拔派到波兰留学。经过 5 年的刻苦学习，1961 年 5 月荣获波兰克拉科夫雅盖龙大学博士学位，是当年唯一的波兰女博士。她获得博士学位后，立即毅然回到祖国的怀抱，到中国科学院数学研究所进行研究工作。1962 年，中国科学院数学研究所成立控制理论研究室，她被调入该室任秘书 (相当于现在的主任助理)，在完成科研业务工作的同时，协助当时的研究室主任关肇直先生开展这个新成立的研究室在科研业务、行政管理和文化生活等诸多方面的工作。

自 1962 年至 20 世纪 90 年代初，她积极献身于导弹与卫星系统的导引与控制的研究。由于一些工作的保密要求，她和她那批同事一样成了共和国建设中的无名英雄。其间她还积极响应“理论联系实际”的号召，热心协调组织或参与工业过程和机器人控制等方面的课题。同时，特别是 1990 年以后，秦化淑集中精力研究非线性系统控制。特别地，她将分岔概念引入含参数的非线性控制系统，且得到了完美的结果; 她还研究仿射非线性系统的结构性和动态输出反馈镇定问题，并与合作者一道证明了一般平面非线性系统的全局和有界区域上的 Jacobi 猜想。她的研究成果得到了业内同行的高度关注。由于她的学术影响，秦化淑于 1993—1997 年与北京大学黄琳教授共同主持了国家自然科学基金重大项目 “复杂控制系统理论中的几个关键问题”。

1961 年 5 月，秦化淑荣获波兰克拉科夫雅盖龙大学博士学位，是当年唯一的波兰女博士

与此同时，秦化淑还积极参与或组织国内学术界的各项社会活动。自 1965 年被选为中国自动化学会理事并被聘为中国自动化学会控制理论专业委员会 (TCCT) 委员以来，她多次当选为自动化学会常务理事，并历任中国自动化学会控制理论专业委员会第四至六届副主任，以及第七、八届主任等职务。1979—2002 年的 20 多年中，她积极参与创立、组织及发展由 TCCT 主办的中国控制会议 (1993 年以前为 “全国控制理论及其应用学术年会”)。开始那些年，技术条件很有限，经费又十分有限。她与研究室的王恩平研究员一起尽全力发动和协调各方力量协助 “中国控制会议” 的各项工作，为推动大会的不断发展作出了极大贡献。为了使会议成功举办，他们亲力亲为主管会务，除了筹集经费、安排会议、落实与会者食宿并协调各种复杂关系外，甚至连会议大小日程、各类通知都是晚上加班用毛笔书写的。她为推动中国控制会议发展而兢兢业业、任劳任怨、无怨无悔的奉献精神，受到控制界

同行的广泛赞誉。另外，她还参与中国控制会议的第一个重要奖项“关肇直奖”的筹措工作。

秦化淑多年来在自动控制等方面的贡献被同行广泛认可。在美国学者发表于 *IEEE Control Systems Magazine* 的一篇关于女控制科学家的回忆性文章中，她曾是被重点介绍的六位有代表性的女科学家之一，当时中国只有她一位在文章中被介绍。

## 国际控制舞台展风采

陈翰馥是继关肇直和宋健之后，控制理论研究室第三位当选中国科学院院士者，多年来一直是控制理论研究室建设和发展的“主心骨”。

1954 年，陈翰馥在上海复兴中学毕业后，被保送到留苏预备班，并于 1961 年毕业于列宁格勒 (圣彼得堡) 大学数学力学系，随后回国成为中国科学院数学研究所的一员，1962 年进入新成立的控制理论研究室。当时还是青年科研工作者的陈翰馥经常伴随关肇直先生，去企业、科研院所宣讲现代控制理论，致力于现代控制理论在中国的普及和应用。他参与编写了关肇直先生任主编的《现代控制理论丛书》，时至今日这套书仍是控制理论的经典教材。进入 20 世纪 80 年代后，在陈翰馥的不断推动下，控制室的一批年轻科研人员崭露头角、迅速成长。为了推动实验室的更大发展，中国科学院于 1994 年底批准成立系统控制开放研究实验室 (2001 年更名为中国科学院系统控制重点实验室)，陈翰馥是首任室主任。陈翰馥始终与实验室同呼吸、共命运，推动实验室与国际接轨，他本人也取得了国际公认的学术成就。

1978 年，在芬兰召开的第七届国际自动控制联合会 (IFAC) 世界大会上，陈翰馥作了“关于随机能观性与能控性”的报告，这是该次大会录用的唯一一篇来自中国大陆的论文。改革开放后，陈翰馥开始研究随机系统的辨识与适应控制问题，这在当时乃至现在仍是自动控制理论的重要课题。他关于同时使控制和估计最优的论文，被国外同行专家称为 1984—1986 年间适应控制领域的“最重要的论文”之一，他得到的辨识算法的收敛条件，被国外专著称为“陈氏条件”。

随机逼近算法是由统计学家 H. Robbins 和 S. Monro 于 20 世纪 50 年代提出的一类随机递推算法，递推地估计未知函数的零点。对算法的收敛性分析，国外的很多学者从不同角度给出了理论框架，例如经典的概率方法、弱收敛方法、常微分方程 (ODE) 方法等，但这些方法有的需要对噪声、有的需要对估计序列做过于苛刻的先验假设，如噪声为鞅差列、递推估计序列有界等，在实际中很难事先确定。

不同于国外学者的研究框架，陈翰馥创造性地提出了扩展截尾的随机逼近算法和基于收敛子序列的收敛性分析方法，通过引入扩展截尾，适应地选择算法步长，使算法不仅能够处理随机噪声，还能够处理含有系统状态的结构误差，实质性地削弱了算法的收敛条件。基于这个思路，陈翰馥在扩展截尾随机逼近算法的收敛性、收敛速度、渐近正态性、稳定与不稳定极限点、异步随机逼近等方面建立了完整、系统的理论基础。

系统控制领域的许多问题都可归结为参数估计，进而可转化为函数求根问题，这样可用随机逼近方法来解。基于这条思路，陈翰馥和合作者成功地解决了系统控制、信号处理等领域的许多前沿问题，包括多变量线性系统参数和阶次的递推辨识、非线性系统的递推估计、非线性系统的适应调节、多智能体系统的同步、递推主成分分析、符号滤波等，这套框架已成为递推解决系统控制中许多问题的强有力工具。陈翰馥的这些工作得到了国内外学者的高度评价，美国、法国、澳大利亚都有学者应用他的理论成果与框架从事相关研究。

从陈翰馥 1961 年回国工作算起，迄今已有 54 个年头，他身体力行，践行着那个时代知识青年为祖国健康工作 50 年的诺言。如今，78 岁高龄的陈翰馥仍然活跃在科研的第一线，他亲自指导研究生，最新撰写的专著也于 2014 年在美国CRC Press出版。他培养的学生中涌现出了中国科学院院士、国家杰出青年基金获得者、美国电子电气工程师协会 (IEEE) 会士等一批自动控制理论的领军人物。

作为改革开放后第一批走向世界的科研工作者，陈翰馥先后到加拿大、美国、日本、澳大利亚、法国、荷兰、奥地利以及中国香港等地进行合作研究，他努力推动国内控制理论的发展，鼓励学界同行们努力占领学术制高点的同时，积极争取中国自动控制研究在国际重要学术组织中的发言权和影响力。在他的带动和支持下，“中国控制会议”已发展成为国内外有重要影响力的学术会议，中国自动控制研究已成为国际自动控制研究领域的一支不可忽视的力量。陈翰馥大力提携青年科研人员，无论多忙，只要有人去办公室找他，他总会放下手头的工作，耐心倾听、倾力帮忙。1988 年，在陈翰馥组织下，国际自动控制联合会系统辨识会议在北京举行。1999 年，他担任国际程序委员会主席的国际自动控制联合会世界大会在北京成功召开，中国自动控制研究得到了国际学术界的认可和高度评价。他还曾任国际自动控制联合会理事会成员 (2002—2005)，两届中国自动化学会理事长 (1993—2002)、以及中国科学院系统科学研究所所长等职务。

在控制理论研究室成立之初，室领导就认为基础理论研究工作不能仅限于国内先进水平，必须开展国际学术交流，做出国际水平的工作。1978 年以后，在改革开放时代潮流的推动下，控制理论研究室率先冲破国界，迈出破冰之旅，成为控制科学领域开展国际交流的先行者。1979—1981 年间应邀来访的国际著名控制专家有 W. M. Wonham，T. J. Tam, K. J. Åström, K. Hirai, S. Maekawa, J. Lions, R. E. Kalman, E. B. Lee, K. S. Narendra, D. Mayne, A. Kermann, T. E. Duncan, T. Kailath, P. Eykhoff, H. Kwakernaak, R. Gorez, M. Sugeno 等，这在当时国内控制界是十分突出的。图为 1980 年 4 月 6—20 日，瑞典 Lund Institute of Technology 的 K. J. Åström 教授访问控制理论研究室，并就 Minimum variance control, Linear quadratic Gaussian control, Control of Markov chains, Nonlinear stochastic control, Self-tuning regulators, Application of system identification in the kraft paper machine, in the crushing plant and in the ship steering problem, Minumum covariance self-tuner, Trends of system identification 等专题做了 10 次讲座，并举办了 3 次讨论会，图中左 2 至左 4 分别为 K. J. Åström、陈翰馥、关肇直

## 发明自抗扰控制技术

这个实验室第一批成员中还有一位传奇人物，他就是韩京清。

韩京清 1958 年毕业于吉林大学数学系，被分配到中国科学院数学研究所微分方程研究室，是 1962 年数学研究所控制理论研究室成立时的首批成员之一，1963 年 10 月被选派到苏联留学，进入著名的莫斯科大学数学力学系，师从著名的 B. B. 涅梅茨基教授。韩京清也是我国控制理论与应用早期开拓者之一，在他一生所涉足

的多个研究领域，韩京清先生均作出了杰出贡献。这些贡献包括 20 世纪 60 年代与宋健合作，发展完善了线性最速控制理论中的“等时区”方法; 20 世纪 70 年代中用最优控制理论提出了拦截问题中新的制导概念和方法; 20 世纪 80 年代提出了线性系统理论的构造性方法，并在中国率先推动控制系统计算机辅助设计软件的开发和研究，主持了由全国 19 个院校和科研所 150 多人参加的国家自然科学基金重大项目“中国控制系统计算机辅助设计工程化软件系统”(CADCSC)。

2002 年 12 月，韩京清 (右) 在装甲兵工程学院进行自抗扰控制的火控系统实验

韩京清从 20 世纪 80 年代开始勇于以批判的态度反思现代控制理论的发展现状，对现有控制方法提出了一系列触及本质的质疑，并义无反顾地踏上了一条开创实用控制方法的荆棘之路。特别是在他生命的最后十余年里，开创了自抗扰控制的理念和方法，为解决非线性、时变、解耦、自适应、鲁棒、抗扰、辨识、滤波等重要问题提供了迥然不同的思路和崭新的手段。

自抗扰控制技术所体现的原创性思想和方法一开始并不被人重视，甚至曾被人质疑，有时科研经费都难以得到保障，韩京清就自掏腰包为课题组开展研究工作提供必要的支撑。60 多岁的韩京清亲自做理论推导，上机计算及赴现场实验调试，为新思想、新方法的推进与推广不懈探索。

如今，国内外围绕运用自抗扰控制思想解决实际工程问题的应用研究，几乎涉及所有的控制工程领域，如导航制导与飞行控制、机械系统、电力系统、化工过程控制等。实验室的黄一、薛文超等针对我国航天多个类型飞行器研制中遇到的姿态控制难题，提出了基于自抗扰控制的姿态控制方法，目前基于自抗扰控制的姿态控制方法已用于我国航天若干实际型号的飞行控制中。清华大学将其应用于机械加工的精密及超精密运动控制中，上海交通大学智能机器人研究中心将其用于与企业联合开发的一款高性能多用途服务机器人——“纳豆机器人”的运动规划和避障控制中。在美国，自抗扰控制技术经过简化和参数化，先后应用于 Parker Hannifin 的高分子材料挤压生产线、密歇根州立大学超导回旋加速器国家实验室 (NSCL) 的超导加速器等。2013 年，美国得州仪器公司推出一系列基于自抗扰控制算法的运动控制芯片。近年来，自抗扰技术还以不同的方式出现在一些工控界占主导地位的控制器中，形成了一个国际工控界不可忽视的技术走向。

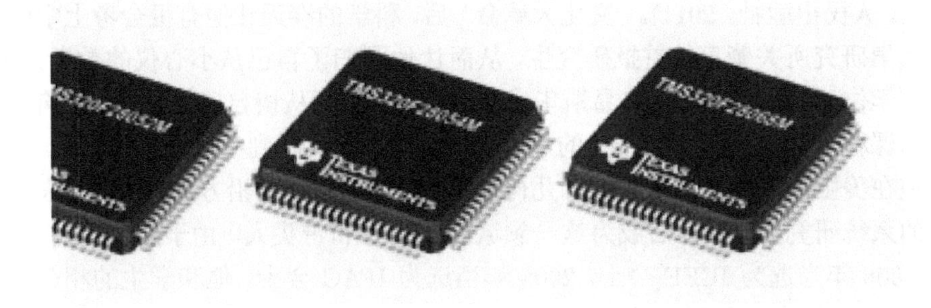


2013 年，美国得州仪器公司推出一系列基于自抗扰控制算法的运动控制芯片

与此同时，自抗扰控制也吸引了国内外越来越多研究者。在近年的中国控制会议和美国控制会议上都曾举办“自抗扰控制研讨会”,《控制理论与应用》和*ISA Transactions* 杂志分别在 2013 年及 2014 年出版自抗扰控方面的专刊。韩国中源大学在 2014 年成立“自抗扰控制研究中心”，以期促进自抗扰控制技术与新型产业的结合。

凡与韩京清生命轨迹线相交的人，无不感受到他对事业的热爱胜过自己的生命，无不感受到一种不朽的人格魅力，一种对真善美义无反顾的追求。正如中国科学院院士郭雷在纪念韩京清逝世 5 周年纪念会上所指出的:“韩京清研究员最值得大家学习和铭记的是他的探索精神、独立精神以及奉献精神。他的探索精神不是为探索而探索，而是探索从实际需求中产生的根本性问题。他的独立也不是刻意去标新立异，而是因为有许多实际问题无法用现有理论解决，才需要独辟蹊径。此外，他从不把发表著名刊物论文或追求多大研究项目作为做学问的目标。他把科研、事业看作跟生命一样重要，甚至高于生命，这源于他的世界观、人生观及价值观，而这也实际上决定了他的探索精神、独立精神和奉献精神!” 韩京清用他坎坷、坚毅、求实、创新的一生给后人立下了一座为人为学的精神丰碑!

## 揭示逻辑控制系统的奥秘

程代展是“文化大革命”结束之后，关肇直招收的首批硕士研究生。

程代展的求学之路颇为传奇。他 1964 年从福州第一中学毕业，高考成绩突出，但却因政治原因使招生人员却步。在陈君实校长和王于畊教育厅长的极力推荐下，由当时福建省委第一书记叶飞亲自给时任教育部长兼清华校长的蒋南翔打电话协商，他才得以进入清华焊接专业学习 (见，陈丹淮，叶葳葳，三个新四军女兵的多彩人生，人民出版社，2011)。“文化大革命”后，科学的春天让他有机会考上中国科学院数学研究所关肇直的首批研究生，从而让他回归了自己从小心仪的数学方向。获硕士学位后，他赴美国圣路易斯华盛顿大学学习，师从谈自忠教授。1985 年，他以所有课程全优 (GPA4.0 满分) 的成绩获博士学位后，回到中科院工作。

他在美主修非线性系统的微分几何理论，当时这是个前沿方向，国内尚未见这方面的系统研究，他回国后成为这一领域的传播者和带头人。由于这方面的工作，他于 2006 年当选为 IEEE 会士，2008 年当选为 IFAC 会士，他和学生的相关工作在 2008 年获国家自然科学奖二等奖。

钱学森与宋健在《工程控制论》第二版“逻辑控制与有限自动机”一章中提到:“随着科学技术的飞速发展，动力学控制理论已不能完全满足客观实践的需要。…… 现代控制系统的一个新特点是它必须具有逻辑判断能力 …… 随着计算技术和理论研究的发展，现已初步形成了一门逻辑控制理论。” 虽然钱学森与宋健最早提出了“逻辑控制理论”与“逻辑控制系统”的概念，并给出其基于布尔函数的数学框架，但因缺少有效的分析综合的工具，所以，如书中所言:“遗憾的是一种统一的理论模型还没有形成。”

国际上对逻辑动态系统的研究主要起源于生物系统，Kauffman 在 20 世纪 60 年代末基于当时生物学的发现提出用布尔网络来刻画基因调控网络，取得很大成功。但直至 20 世纪初，才有多位生物与物理学家呼吁要建立布尔网络控制理论。布尔网络控制系统的数学模型就是钱学森与宋健提出的逻辑控制系统，由于同样的原因，这方面的进展甚少。

程代展在 2008 年初首次接触布尔网络时就敏感地觉察到他早年提出的矩阵半张量积及逻辑表达式的半张量积表示可望成为布尔网络研究的一个恰当的数学工具。从此，他和他的学生全身心地投入到逻辑控制系统的研究中。他们的研究结果包括逻辑动态系统的拓扑结构 (如不动点、极限环的一般计算公式)，布尔控制网络能控性、能观性的充要条件，稳定性与镇定的判断与控制设计，干扰解耦，最优控制，系统辨识，以及将其推广到如有限博弈等泛逻辑系统的控制问题中去，这些结果形成了逻辑控制系统的理论基础。

程代展的这些工作得到国内外学者的高度评价和大量后续研究，意大利、以色列等国都有团队从事半张量积与代数状态空间方法及其应用的研究，逻辑系统的状态空间方法正被许多国内外同行应用到生物学、博弈论、图论、模糊控制、故障检测、信息编码、遥操作等相关领域的研究。

程代展和他的学生齐洪胜关于布尔网络能控能观性的论文，获得 IFAC 颁发的其旗舰杂志 *Automatica* 三年一篇的理论/方法最佳论文奖 (2008—2011)，这是至今唯一完全由华人完成的获奖论文，他 (与齐洪胜) 关于 “逻辑系统控制的代数状态空间方法” 的工作于 2014 年再次获国家自然科学奖二等奖。

2011 年在意大利米兰召开的第 18 届 IFAC 世界大会授奖仪式上，时任 IFAC 主席 Isidori 教授 (中) 与获得 IFAC 旗舰杂志 *Automatica* 三年一篇的理论/方法最佳论文奖 (2008—2011) 的程代展 (左)、齐洪胜 (右) 合影，这是至今唯一完全由华人完成的获奖论文

## 攻坚克难闯新路

如今，在控制室的中青年一代中，有多位活跃在国际学术前沿的杰出人才，包括郭雷、张纪峰、洪奕光、姚鹏飞、郭宝珠、孙振东、吕金虎等国家杰出青年科学基金获得者，郭雷无疑是其中的杰出代表和领军人物。

1982 年，郭雷以优异成绩从山东大学数学系毕业，并考入中国科学院系统科学研究所师从陈翰馥先生读研究生，从此，他与这片创新的沃土结下了不解之缘。他长期扎根在国内，以巨大的勇气和激情，不断攻坚克难、开疆拓土，在系统与控制科学若干著名难题研究中留下了一座座闪光的里程碑。

郭雷的科研生涯始于随机自适应系统。他作为研究生涉足时，该领域正伴随着现代信息技术的发展进入研究高潮。然而，由于自适应系统一般是很复杂的非线性与非平稳随机动态系统，理论研究相当困难，许多基本问题因而成为悬而未决的国际著名难题。20 世纪 90 年代，郭雷在自适应控制的三个最基本问题 (自校正调节器、自适应极点配置、自适应二次型控制) 以及自适应滤波的三类最基本算法 (最小均方 (LMS)，递推最小二乘 (RLS)，卡尔曼滤波 (KF)) 的基础理论研究中，实现了一系列重大突破。

首先，在自动控制历史上，由最小方差控制与最小二乘估计相结合而产生的著名的 “自校正调节器”，不但从根本上推动了自适应控制学科的发展，并且广泛深刻地影响了工业应用。但是，由于 “自校正调节器” 涉及相当复杂的非线性随机动力学方程组，从数学上严格建立其理论基础，曾是随机自适应控制领域 “长期未解决的中心问题”。正如自校正调节器提出者、瑞典皇家科学院院士 K. J. Aström 在首届国际工业与应用数学世界大会的报告 (1987 年) 中所指出的，这一领域 “在理论上的进展是缓慢而又痛苦的”。澳大利亚科学院院士 G. C. Goodwin 和英国皇家学会会员 D. Q. Mayne 等在论文中 (1991 年) 讲道：即使在理想情况下，建立随机适应控制理论也 “令人吃惊地困难”。美国工程院院士 P. R. Kumar 在其 1990 年的文章中更是明确指出 “原始自校正调节器是否真正收敛已经是一个 15 年以上的公开问题”。国际著名统计学家、美国斯坦福大学 T. L. Lai 教授在 1991 年的论文中也叹道 “这一中心问题仍没有解决”。

就在国际学术界为长期无法解决自校正调节器难题而感叹时，情况在中国悄然发生了重大变化。1990 年，郭雷在充分汲取前人智慧的基础上，独辟蹊径，创造了新的非线性随机系统分析方法，从而突破性地、合理完整地证明了自校正调节器的全局稳定性和最优性，发表在 1991 年的*IEEE-TAC*上。在此基础上，他又通过建立自校正调节器的对数律，进一步证明了自校正调节器确实具有最优收敛速度，并因此获得 1993 年在悉尼举行的国际自动控制联合会世界大会唯一的青年作者奖，评奖委员会评价他的工作：“解决了最小二乘自校正调节器的收敛性和收敛速度这个控制理论中长期悬而未决的问题”。随后，美国、瑞典、法国、意大利等国的著名专家在论文中给出一系列高度评价，认为这是在自适应控制领域 “中心问题” 上的 “重大突破”，是 “辉煌的成功” 和 “最重要的结果”。

在解决了自校正调节器难题之后，郭雷再次瞄准了非最小相位系统的自适应极点配置和自适应二次型最优控制这两个著名难题。众所周知，线性系统的极点配置和二次型指标下的最优控制理论是这个领域中两个最基本结果。当控制系统的系数矩阵未知并有随机噪声时，自然成为自适应控制领域两个最基本的科学问题，曾吸引了国际上无数学者的研究。但是，前人工作或假设系统具有稳定性，或需要很强的先验信息，或需要假定估计值具有良好性质等。在自适应情形下，因为被控闭环系统既无先验的稳定性保障，也无必要的激励信息，如何保证在线参数估计值具有能控性和收敛性等良好性质，是解决这两个基本理论问题所面临的共同核心难点，成为自适应控制领域长期未解决的著名难题。

在近十年探索的基础上，郭雷于 20 世纪 90 年代中期受法国学者的启发，终于取得关键性突破。他通过建立加权最小二乘算法的自收敛性，并引进和利用“随机正则化”和“衰减激励”方法，最终克服了前人工作的各种弊端，合理完整地解决了离散时间线性随机系统自适应极点配置及二次型最优控制问题，全文发表在 1996 年的*IEEE-TAC*上。在此基础上，他与美国著名随机控制专家 T. E. Duncan 教授夫妇合作，在发表于 1999 年*IEEE-TAC* 的文章中，又解决了连续时间线性随机系统在完全状态信息下的自适应 LQG 最优控制这一著名难题。此外，郭雷还对含有慢时变和快时变未知参数的线性随机系统，建立了相应的控制理论。特别地，2000 年他与研究生薛峰对未知马尔科夫跳变参数的离散时间线性随机系统，给出了全局自适应镇定的充分必要条件 (不同于参数已知时的相应条件)，揭示了信息不确定性、结构复杂性与反馈镇定性之间的深刻联系。

除了自适应控制，郭雷在自适应估计与滤波领域也作出了突破性和基础性贡献。研究生期间，他就作出一系列国际领先水平的成果并展示了突出的创造才华。例如，在随机梯度算法收敛性研究中他首次突破了传统“持续激励”条件的局限，并成功用于最优适应控制系统的设计; 提出了关于反馈控制系统阶数的估计方法，被英国学者在论文中评价为这方面的“第一篇文献”。他与导师合作发表的一系列成果被国际同行广泛引用，包括被俄罗斯学者作为当时“最强的结果”在专著中大篇幅整章节引用。1987 年博士毕业后，应国际自动控制联合会前主席、澳大利亚科学院院士 B. D. O. Anderson 的邀请，郭雷赴澳大利亚国立大学做了两年博士后研究。这期间，他与多位著名控制学家和统计学家开展了卓有成效的合作。特别地，他与黄大卫教授和国际著名时间序列分析专家、澳大利亚科学院院士 E. J. Hannan 合作，通过对概率论中双指标鞅的深入研究，建立了关于无穷阶非平稳线性随机系统参数估计以及非平稳 ARMAX 模型中系数与阶数同时估计的一般数学理论，发表在国际顶尖统计学刊物上，迄今仍是这方面国际上最好的结果。

自适应滤波 (或时变参数跟踪，或自适应信号处理) 在现代信息处理技术中发挥重要作用，它与 (关于定常参数的) 自适应估计相比，最显著的不同是算法的自适应增益不能无限小 (否则无法跟踪不断变化的参数或信号)。进一步，在理论研究上，由于一般涉及数学上非交换、非独立与非平稳随机矩阵的连乘积，即使对看起来相对简单但有广泛成功应用的 LMS 算法，其理论研究也被公认为国际难题。著名 LMS 算法的发明者、美国工程院院士 B. Widrow 等曾在 1976 年的论文中指出 “建立自适应算法的统计理论是非常困难的问题”，而加拿大皇家科学院院士 S. Haykin 在 1999 年论文中进一步指出 “随机性与非线性反馈相结合，使得详细分析 LMS 算法的收敛性成为困难的数学任务。事实上，这个问题已经吸引了人们 25 年以上的研究”。正因为如此，长期以来在自适应滤波理论研究中，除很少数情况 (如美国著名随机系统专家 H. J. Kushner 教授等研究自适应增益趋于零时的弱收敛性) 之外，绝大多数学者都需要假设独立性和平稳性条件。然而，正如法国科学院院士 O. Macchi 在其 1995 年专著中所指出的 “输入序列的独立性假设是不切实际的 (不正确的)”，澳大利亚科学院院士 B. D. O. Anderson 在其 2001 年的文章中也指出 “当自适应增益不趋于零时，对跟踪算法行为的分析是非常困难的”。

郭雷在澳大利亚期间经过一年多艰苦探索，于 1990 年在*IEEE-TAC* 发表了他在这方面的第一篇原创性论文，即 “利用 Kalman 滤波估计时变参数: 稳定性与收敛性”。该文利用条件数学期望工具，创造性地引进了在一定意义下最弱的 “随机激励条件”，首次严格建立了用 Kalman 滤波器 (KF) 来跟踪线性回归模型中未知时变参数时的稳定性。在此基础上，郭雷又在 1994 年发表于 *SIAM Journal on Control and Optimization* 的论文中，通过进一步完善随机激励条件，并创建关于随机矩阵连乘积研究的新方法，最终针对实际中广泛应用的三类最基本的自适应滤波算法 (LMS, KF, RLS)，在一般非平稳非独立信号情形下，系统地建立了这几类算法的稳定性理论。与此同时，国际著名系统辨识专家、瑞典皇家科学院院士 L. Ljung 邀请郭雷进一步合作研究性能分析问题，他们与法国巴黎六大概率论室的 P. Priouret 教授一起，首先建立了著名遗忘因子最小二乘 (RLS) 算法的理论基础，证明了遗忘因子的 “最优” 选取原则。随后，郭雷与 L. Ljung 进一步合作，在 1995 年至 1997 年期间发表于*IEEE-TAC* 的三篇文章中，统一建立了关于一般自适应滤波算法 (包括 LMS, RLS, KF) 性能分析、逼近与优化的基础理论。这一系列成果从根本上突破了传统理论的局限，并使其对反馈系统的应用成为可能，被国际上不同领域学者广泛引用和应用，并为后来分布式适应滤波算法的理论研究奠定了基础。

伴随着上述一系列国际难题的突破，随机适应系统领域的研究面貌发生了根本性改变，郭雷这个被国际著名同行誉为 “随机与适应控制领域的领头研究者” 也成为国内外学术界的一颗新星。29 岁时，他被聘为国际控制数学领域著名学术刊物美国 *SIAM Journal on Control and Optimization* 的编委，成为该刊创刊 30 年来的第一位华人编委; 30 岁时，被中国科学院破格晋升为研究员；1993 年当选中国十大杰出青年; 1994 年成为首届国家杰出青年科学基金的获得者; 1998 年，37 岁的郭雷当选为 IEEE 会士 (Fellow)，成为当时国际控制系统领域 (CSS) 最年轻的 IEEE 会士之一; 1999 年，在北京召开的第 14 届 IFAC 世界大会上，郭雷作为五位大会邀请报告人之一，做了题为“自动控制在中国的某些近期发展”的大会报告，同年获得国家有关部门授予中国青年的最高荣誉“中国青年五四奖章”。

世纪之交，学术界纷纷展望未来，郭雷也瞄向了更困难、更基本的控制科学问题。控制系统中最核心的概念是反馈，它是对付复杂非线性不确定性系统的必要而又有效的关键手段，在实际中普遍采用基于计算机和通信的采样反馈机制。然而，反馈机制究竟能够对付多大的非线性不确定性? 它的根本局限是什么? 毫无疑问，这是控制系统中最核心的科学问题之一，但包括适应控制和鲁棒控制在内的现有控制理论并不能真正解答。

鉴于此，郭雷于 1997 年在*IEEE-TAC*上发表了这方面的第一篇文章，发现并证明了关于非线性不确定系统反馈机制最大能力的第一个“临界值”定理，开启了这一重要研究方向。正如法国 Bercu 教授在其文章 (*IEEE-TAC*, 2002) 中指出的，当时“除了郭雷的重要贡献之外，几乎没有其他理论结果”。欧洲学者甚至专门撰文将相关控制问题命名为“公开问题”(open problem)。郭雷在提出定量研究反馈机制最大能力的一般理论框架之后，先后与谢亮亮、薛峰、李蝉颖等年轻人对几类基本的非线性不确定控制系统，取得了一系列重大突破，发现并建立了若干关于反馈机制最大能力的“临界值”或“不可能性定理”等 (其中“4”和“$\frac{3}{2}+\sqrt{2}$”两个“临界值”被同行称为“魔数”( magic number))。这项研究对定量理解人类和机器中普遍存在的反馈行为的最大能力，以及智能反馈设计中的根本局限具有重要意义，被认为是“过去 10 年控制系统领域最有意义和最重要的研究方向之一”。2002 年在北京召开的四年一度的国际数学家大会上，郭雷做了题为“探索反馈机制的能力与极限”的 45 分钟邀请报告。2014 年在南非开普敦召开的第 19 届 IFAC 世界大会上，他就“反馈机制能够对付多大的不确定性”作了大会邀请报告，获得广泛赞誉。这是时隔 15 年之后，他第二次被邀请在 IFAC 世界大会上作大会报告，这在国际上也是凤毛麟角的。

进入新世纪，复杂系统科学问题在众多领域日益凸显，国际上许多著名科学家都认为，21 世纪将是复杂性科学的世纪。近年来，郭雷一直在积极探索并努力推动系统学基本的问题研究，包括多自主体复杂系统从微观到宏观的涌现与调控理论。

2002 年在北京召开的四年一度的国际数学家大会上，郭雷应邀作题为“探索反馈机制的能力与极限”的 45 分钟报告

2014 年在南非开普敦召开的第 19 届 IFAC 世界大会上，郭雷应邀就“反馈机制能够对付多大的不确定性”作大会报告，这是他继 1999 年之后第二次在 IFAC 世界大会上作大会报告

他通过引进随机框架，指导唐共国等年轻人对一类最基本的、具有局部相互作用的非线性非平衡多自主体系统展开研究，通过深入分析随机几何图的谱隙性质以及随机非线性动态性质，克服了“连通性假设”这个关键难点，首次完整建立了高密度情形下这类典型群体系统的同步理论，并为相关非平衡大群体系统的研究开启了新路。特别地，他后来与陈鸽、刘志新于 2012 年在美国 *SIAM Journal on Control and Optimization* 杂志发表的论文“群体同步的最小相互作用半径”，因为其“卓越的质量和对整个 SIAM 领域潜在的重要性”，而被美国工业与应用数学会 (SIAM) 的旗舰刊物*SIAM Review* 评选为“SIGEST 论文”，被推荐在该刊上再次刊登，并在 2015 年 SIAM 的颁奖会上受到表彰。这是大陆学者首次获此殊荣。

2001 年，郭雷当选为中国科学院院士，成为当时中国最年轻的院士之一; 2002 年，他作为 “领头的控制理论专家” 当选为第三世界科学院院士; 2007 年，他因对随机系统的适应控制、估计理论和反馈机制最大能力等方面所作出的 “根本性贡献” 当选 IFAC 会士; 2007 年，他当选为瑞典皇家工程科学院外籍院士; 2012 年被选为 IEEE 控制系统学会杰出演讲人; 2013 年被香港中文大学授予荣誉教授; 2014 年被瑞典皇家理工学院授予荣誉博士学位。

此外，郭雷还被推荐担任学术界若干重要职务，并被 IFAC 授予杰出服务奖。他曾任 IFAC 理事会成员，IFAC 建模辨识与信号处理委员会主席，多种国际学术刊物编委，以及重要国际奖励评委，包括 IEEE 控制系统最高奖的评委，IFAC 奖励委员会委员，国际顶尖控制刊物*IEEE-TAC*和*Automatica* 的最佳论文奖评委等。特别地，他曾任首次在中国召开的 “IEEE 控制与决策大会”(CDC’2009) 共同主席、以及四年一度的 “国际工业与应用数学世界大会”( ICIAM’2015) 主席，两次重大国际会议都取得圆满成功。他还曾任或现任国务院学位委员会委员，国家科学技术奖励委员会委员，国家 “973” 计划专家顾问组成员，中国科学院学术委员会副主任，中国工业与应用数学会理事长，中国科学院数学与系统科学研究院院长，国家数学与交叉科学中心主任等。2004—2012 年，他担任首席科学家的国家自然科学基金委创新研究群体，连续三期共九年获得基金委择优支持，一批杰出成果相继诞生并获得国内外重要奖励。

如今，继续在科研一线从事系统与控制理论研究的郭雷，还带领或支持年轻人开展博弈控制、量子控制和航天控制等方面相关科学问题研究。结合对复杂性科学的探索，他还参与以法律法规为 “控制器” 的社会复杂系统的调控问题研究，努力拓宽系统与控制科学的研究范围，使其更好地服务于人类文明进步。

忆往昔，成绩斐然。经过从关肇直到郭雷几代系统控制学家的努力，控制理论研究室从无到有，不断发展，他们的科研成果在国家重大科技问题的解决中作出了重要的贡献，同时，在国际舞台上实现了从逐渐崭露头角到具有重要地位和影响的跨越。

展未来，再创辉煌。在张纪峰所长和洪奕光主任的带领下，控制理论研究室必将在未来作出新的更大的贡献，并与国内外同行齐心协力，推动我国控制科学迈向新的发展阶段。

# 1.4 数学机械化发展回顾

王东明 法国巴黎第六大学/北京航空航天大学

高小山 刘卓军 李子明 中国科学院数学与系统科学研究院

吴文俊先生于 1978 年发表了第一篇机器证明的论文。此后三十余年，数学机械化是他倾注心血最多的研究方向。在庆祝吴先生九十华诞之际，作为最早跟随他从事数学机械化研究的学生，我们希望通过本文回顾一下数学机械化的发展过程和其中的主要事件。数学机械化的研究和发展大致可以分为四个阶段。

## 一、创立阶段 (1978—1984)

这一阶段基本上是吴文俊先生自己创立数学机械化并在该领域从事研究。

因为当时无计算机可用，吴文俊先生凭借坚韧的毅力，通过手算，用自己的方法证明了 Feuerbach 定理。证明过程涉及的最大多项式有数百项，手算时间大约为 24 小时。这一计算是非常困难的，任何一步出错都会导致以后的计算失败。但也正是 Feuerbach 定理的证明使吴方法的可行性得到验证，从而坚定了吴先生对机器证明研究的信心。稍后，吴先生又亲自编程，在机器上证明了 Morley 定理，并发现了若干新定理 (如 Pascal 圆锥曲线定理等)。

这段时间，吴文俊先生主要研究初等几何与微分几何 (曲线论) 定理的机器证明，并于 1984 年出版了第一本数学机械化专著《几何定理机器证明的基本原理》，内容包括理论体系的建立、基本方法的数学基础、算法的详细描述和例子等。该书由王东明、金小凡翻译成英文，于 1994 年由 Springer 出版。此书和周咸青 1988 年在美国出版的专著已成为几何定理机器证明的经典参考文献。周咸青的著作不仅用优美简洁的语言介绍了吴文俊的几何定理机器证明方法，还通过 512 个例子说明了吴方法的有效性。

## 二、成长阶段 (1984—1989)

这一阶段的主要特点有两个：其一是国内外学者开始从事数学机械化的研究，其二是数学机械化研究的重点由机器证明转向方程求解与应用。

第一个追随吴文俊先生从事数学机械化研究的是周咸青。他自学成才，1978 年第一批通过考试成为中国科学院计算技术研究所 (简称中科院计算所) 唐稚松先生的研究生。他在中国科学院研究生院学习期间有机会听到吴先生关于机器证明的讲座，产生了兴趣。周咸青于 1980 年赴美国 Texas 大学 Austin 分校数学系攻读博士学位，师从 R. Boyer。在一次讨论班上他报告了吴文俊的工作。Boyer 认为这是一个优秀的工作并鼓励周咸青以这一方向作为博士论文选题。周咸青于 1984 年在美国数学会 "自动定理证明：25 年回顾" 研讨会文集上发表了一篇关于用吴方法证明几何定理的论文。吴文俊自己也有两篇论文在该会议录上发表：一篇是在《中国科学》上发表的第一篇论文的重印，另一篇是有关几何定理机器证明的新进展。这三篇论文的发表使得吴文俊的工作为西方学术界所知，拉开了国外对吴方法研究与推广的序幕。

这一阶段可以说是国外研究吴方法的一个高潮。这与如下现象密切相关：在自动推理领域研究几何定理证明由来已久。最早的研究工作始于 20 世纪 50 年代，但所提出的方法基本上只能证明几乎是 "同义反复" 的结果，而吴方法可以证明非常困难的定理。几何计算与推理是计算机视觉、机器人、计算机图形学等领域的基本问题，其中还有很多困难问题没有得到圆满解决。人们认为吴方法不仅是几何定理上的突破还可能在其他相关领域得到应用。因此，很多领域的学者 (如美国 Purdue 大学的 C. M. Hoffmann 和 Cornell 大学的 J. E. Hopcroft 等) 都非常关注吴文俊的工作。

这一阶段国外直接受吴文俊工作影响的研究主要在下列机构：①美国 Texas 大学 Austin 分校。主要是周咸青，他 1985 年在该校获得博士学位，于 1988 年出版了关于几何定理机器证明的专著。② 美国通用电气 (GE) 研究小组。该小组由 D. Kapur 与 J. L. Mundy 领导，其他成员有 H. P. Ko, M. A. Hussain 等人。他们不仅研究几何定理的机器证明，还将吴方法用于计算机视觉的研究。③奥地利 Linz 大学研究小组。主要有 B. Kutzler 与 S. Stifter，该小组的领袖是以发明 Gröbner 基著称的 B. Buchberger。以上三个小组大约于 1986 年同时提出几何定理机器证明的 Gröbner 基方法。

国内数学机械化的研究也因吴文俊先生的研究生的到来出现了研究小组。这里列出最早的几位学生：王东明 (1983—1987)，获博士学位；胡森 (1983—1985)，获硕士学位；高小山 (1984—1988)，获博士学位；刘卓军 (1986—1988)，获博士学位；李子明 (1985—1988)，获硕士学位。这批学生后来成了国内数学机械化研究的中坚力量。

除研究工作外，这支队伍还开办了“数学机械化讨论班”和编印“数学机械化研究预印本”(*Mathematics-Mechanization Research Preprints*)。这两件事坚持至今，对国内数学机械化的发展起到了很大的作用。

(1) 数学机械化讨论班。始于 1984/1985 年冬春之交，每周四下午举行，采取各种形式介绍数学机械化的发展动向。该讨论班坚持了二十几年，吴先生只要在北京，必来参加。数学机械化讨论班最初是由吴先生讲授“机器证明”课程。这一课程先在研究生院 (1984 年秋)，后转到中关村系统所。课程讲完之后，开始研讨 W. V. D. Hodge 和 D. Pedoe 的《代数几何方法》一书，主要由研究生负责读书、讲课。吴先生在下面听讲，给予指点，并亲自讲了代数对应原理等章节。从那时起，系统所的石赫老师和北京市计算中心的吴文达先生等先后参加数学机械化的研讨活动。

讲完《代数几何方法》的基本内容之后，数学机械化讨论班的主要内容是介绍、研讨国外与数学机械化相关领域的重要结果和最新进展。例如，吴文达介绍了 H. Stetter 利用 Macaulay 结式求解代数方程组的工作，石赫讲了如何用吴方法研究控制论中的问题，王东明介绍了 Gröbner 基，高小山介绍了实代数中的柱状分解 (cylindrical algebraic decomposition)，刘卓军介绍了数理逻辑中的归结原理 (resolution principle)，李子明介绍了符号计算中的模方法 (modular methods) 等。

(2) 数学机械化研究预印本。编印这一非正式出版物的最初想法是，让国外能尽快知道我们的研究工作。形式是将数学机械化研究小组的论文定期合在一起印刷出版，并送往国内外有关研究单位。数学机械化研究预印本于 1987 年出版第一期，至今已经出版了 28 期。吴先生对前两期倾入了很多心血，亲自修改其中论文。当时还没有 TeX 排版系统，数学公式的排版非常困难。吴先生自己发明了一套记号，不使用上下标也可以比较准确地表示数学公式。数学机械化研究预印本的发行极大地扩大了数学机械化在国际上的影响。有不少相关的国际研究机构对数学机械化研究预印本感兴趣。法国、西班牙和俄罗斯 (苏联) 的学者都是通过预印本了解到数学机械化的具体内容，并在我们的结果的基础上开展了进一步的研究。

这一时期国内两支很强的力量加入到了数学机械化研究的行列：北京计算机学院的洪加威和中科院成都数理中心的张景中、杨路。洪加威于 1986 年发表了两篇有关例证法的论文。这两篇论文以吴方法为基础，用数值计算的方法证明几何定理。张–杨小组大约于 1987 年开始从事数学机械化研究，最初的切入点也是例证法。这个小组从那时起以机器证明为主要研究方向，成了数学机械化研究的一支重要方面军。张景中先生由于几何定理机器证明的工作于 1995 年当选为中国科学院院士。

这个时期数学机械化研究的内容有两个特点：几何定理机器证明新方法的出现与数学机械化方法的应用开始得到重视。吴文俊给出了公式自动推理与发现的算法、代数方程组的投影算法、不等式的自动证明方法、偏微分代数方程组的整序算法和微分几何 (曲面论) 定理机器证明的基本原理。国内的其他学者和吴文俊的学生在吴方法的应用和改进方面也做了大量有意义的工作，例如单例证法和并行例证法的提出，吴方法在控制论中的应用，微分系统极限环的构造，多项式 (因子) 分解，重根分类和复根分离，立体几何、非欧几何、三角恒等式和力学中的定理自动证明与公式推导，多项式消元过程中冗余因子的判定，参数方程的隐含化，相关软件的开发等。

吴先生还身体力行地从事应用研究。他关于平面机构运动学和曲面拟合的工作，对后来的数学机械化研究产生了重要影响，其中由 Kepler 经验定理自动推导 Newton 反平方律值得一提。1986 年吴文俊在美国能源部 Argone 实验室访问时得知，该实验室有人正在从事这方面的研究。回国后，他用自己的方法成功地由 Kepler 经验定理推导出了 Newton 定理，成为机器证明的范例。

在吴文俊的工作影响下，周咸青、Kapur、Kutzler、Stifter 和 W. F. Schelter 等人利用 Gröbner 基方法证明几何定理，并探讨了重写规则在几何定理机器证明中的应用，F. Winkler 对吴文俊提出的非退化条件作了深入研究，M. Kalkbrener 给出了用 GCD 证明几何定理的方法。

吴文俊关于机构学与机器人的研究影响深远，成了数学机械化应用研究的一大主要方向，至今仍在继续。主要工作包括 Puma 型串联机器人的研究 (吴文俊，1984)，Stewart 并行机器人的研究 (吴文达、廖启征等，1992)，6R 串联机器手的研究 (梁崇高、廖启征、符红光等)，连杆机构的设计 (刘慧林、廖启征、高小山等)，其中又以 Stewart 平台的研究最为重要。这一机构有两个重要应用：①基于 Stewart 平台的数控机床，被称为 “二十一世纪的机床” 和 “用数字制造的机床”。这一应用由清华大学汪劲松小组协同北京邮电学院廖启征小组和北京理工大学刘慧林小组，共同成为 “973” 项目 “数学机械化与自动推理平台” 的一个子课题。吴先生对这项研究十分重视，曾亲临清华大学与北京理工大学指导工作。②由中国天文台南仁东研制的世界上最大的射电望远镜预空项目中用到了某种软性 Stewart 平台与硬性 Stewart 平台。“973” 项目 Stewart 课题组承担了这一平台的制造。关于 Stewart 平台的研究，还在吴文俊的大力推进下得到了中国科学院的支持，继续发展为基于数学机械化方法的数控系统的研究，并得到了国家重大专项的支持。

吴先生本人在这一阶段最富传奇色彩的是，在花甲之年学习计算机编程，并亲自用 Fortran 语言实现了符号计算和几何定理证明的算法。吴先生上机之勤奋，更在系统所成为美谈。下面引用石赫撰写的“大局观与笨功夫”中一段话。“在近耳顺之年，吴文俊从零开始学习编写计算机程序，亲自上机。70 年代末，当时的计算机性能是非常初步的。在相当困难的条件下，他以极大的热情再次下笨功夫。简单的袖珍计算器，也变成他心爱的进行定理证明的工具。吴文俊的勤奋是惊人的。80 年代中期，系统所购置了 HP-1000 计算机。他的工作日程经常是这样安排的：早晨 8 点不到，他已在机房外等候开门，进入机房后是近 10 个小时的连续工作，傍晚回家进餐，还要整理计算结果，两个小时后又到机房，工作到深夜或次日凌晨。第二天清晨，又出现在机房上机，24 小时连轴转的情况也常有发生。若干年内，他的上机时间遥居全所之冠。在近古稀之年，他仍然精力充沛地忘我拼搏。当时中关村到处修路，挖深沟埋设管道，他经常在深夜独自一人步行回家，跨沟翻丘，高一脚低一脚，有时下雨，则要趟着没膝深的雨水摸索前行。那是一幅多么感人的情景！几经寒暑，几度春秋，义无反顾的拼搏，终于获得丰硕的成果。”

另一重要事件是国家自然科学基金委于 1988 年组织了“现代数学若干重大问题”重大项目，机器证明成为该项目的组成部分。具体是由吴文俊、胡国定、堵丁柱三位组成了计算机数学研究课题组。该重大项目由北京大学程民德先生主持。程先生从此开始关注数学机械化研究，并成为数学机械化研究的主要推动与支持者之一。程民德与石青云院士应用吴方法研究了小波的构造与立体视觉。程先生还鼓励他的博士生李洪波从事数学机械化方面的研究。李洪波在他的博士论文中利用 Clifford 代数给出了证明几何定理的新方法。

几何定理机器证明方法自 1984 年美国数学会自动定理证明会议起在西方学术界开始流行。1986 年，吴文俊先生被邀请到北美多个学术机构访问。这些机构包括加拿大的 Waterloo 大学 (在该校吴先生参加了 SYMASAC '86) 和美国的 Courant 研究所、GE 有关研究所、Texas 大学 Austin 分校、California 大学 Berkeley 分校等。

## 三、形成体系 (1990—1998)

这里所说的数学机械化体系有两层意思。一是学术上数学机械化已经渐成体系，吴先生对数学机械化的目标作了更清楚的论述。二是“数学机械化研究中心”

于 1990 年成立，吴先生亲自担任中心主任，数学机械化从此有了自己的研究机构。

吴文俊的工作自 1984 年传入美国，经过若干年的研究与认识，在国际自动推理与符号计算界产生了很大影响，标志有两个：

(1) 吴文俊的工作获得了自动推理界权威 W. Bledsoe, L. Wos, R. Boyer, J. Moore, D. Kapur 等人的高度评价。

(2) 国外学术界竞相学习吴方法。吴文俊的工作成为若干个国际学术会议的主要议题。这些会议对以后的研究产生了巨大影响。

吴文俊的工作的重要性在国内也逐渐被认识。1990 年国家科委拨 100 万元科研经费专门支持数学机械化研究。这在当时是一件具有轰动效应的事情。中国科学院也在 1990 年宣布成立 "数学机械化研究中心"，吴先生任主任，程民德先生任学术委员会主任，日常工作由北京市计算中心吴文达先生主持。国务委员、国家科委主任宋健和中国科学院周光召院长亲自参加了中心成立大会。中国科学院还拨出专项经费为中心购买计算机设备。

由陈省身先生主持的 "南开数学中心" 于 1991 年举办了 "计算机数学年"。具体活动由石赫负责，主要活动如下：

第一次邀请了一批国际上从事计算机数学研究的专家访问中国。邀请的专家包括 G. E. Collins, C. Bajaj, M. Mignotte, V. Gerdt。他们都访问了南开和数学机械化研究中心，其中 Bajaj 的访问与讲演启发了吴先生关于计算机辅助几何设计中的曲面拟合的研究。

"计算机数学年" 组织开设了数学机械化课程：由石赫讲机器证明，黄文奇讲计算复杂性，衷仁葆讲符号计算。其间还组织了第一次 "数学机械化研讨会"，李天岩教授参加了本次会议并介绍了解多项式方程组的同伦算法。国内参会的专家有冯果忱、张鸿庆、黄文奇等，他们后来成了数学机械化的研究力量。研讨会的论文集由新加坡 World Scientific 出版社出版，吴文俊和程民德主编。

1992 年 "机器证明及其应用" 国家攀登项目由国家科委立项，吴文俊任首席科学家。该项目由来自全国各地 20 所大学和科研机构的 30 人共同承担，总经费 5 年 500 万元。国内数学机械化队伍由此开始形成。由于数学机械化初创不久，从事机器证明的人员并不多。吴文达先生从他熟悉的计算数学和计算机科学领域中推荐了多位学者加入到数学机械化研究的行列并参加了上述攀登项目。这些专家包括吉林大学的冯果忱、中科院软件所的黄且园、大连理工大学的王仁宏、华中科技大学的黄文奇、兰州大学的李廉等。吴文达还带领自己在北京市计算中心的研究队伍完全转向数学机械化研究。在此期间，林东岱、王定康、李洪波、支丽红等年轻博士来到数学机械化研究中心工作。

1997 年，“机器证明及其应用” 项目转变为国家 “九五” 攀登预选项目 “数学机械化及其应用”，吴文俊先生任首席专家。国家自然科学基金委数理学部的许忠勤副主任作为管理专家参加了项目的专家委员会，为数学机械化的发展做了大量工作，包括介绍有关人员 (李会师、曾广兴等学者) 从事数学机械化研究。

可以说, 1990 年数学机械化研究中心的成立、1991 年 “南开计算机数学年” 的举办和 1992 年 “机器证明及其应用” 攀登项目的立项，使得数学机械化研究的体系和队伍在国内初步形成。

1992—1994 年，吴先生先后获得第三世界数学奖、陈嘉庚数理科学奖和首届求是杰出科学家奖。系统所为此举行了庆祝大会。1997 年，吴先生荣获国际自动推理大会 (CADE) 颁发的 “Herbrand 自动推理杰出贡献奖”，成为继 A. Robinson 和 L. Wos 之后的第三位获奖者。由美国纽约州立大学 Stony Brook 分校的 J. Hsiang 起草的授奖词高度评价了吴先生的工作。同年，吴先生在澳大利亚举行的第 14 届国际自动推理大会上作邀请报告。

这段时间，数学机械化研究中心开始组织国际学术会议。“数学机械化研讨会” 于 1992 年在北京举办。这是数学机械化领域举办的第一个国际会议，大家对此相当重视，吴文达先生亲自主持，具体组织工作由高小山负责。会议在刚刚建成的中科院外专公寓圆满举办，参加会议的国外学者包括 M. E. Alonso, C. Bajaj, G. Gallo, V. Gerdt, C. M. Hoffmann, D. Kapur, Y. Manome, T. Mishima, B. Mishra, T. Mora, M. Otake, M. Raimondo, H. Suzuki, A. Yu Zharkov，周咸青等。国内从事相关研究的大部分学者都参加了会议。会议的论文集由吴文俊、程民德主编。

1995 年由数学机械化研究中心与日本符号计算协会共同主持召开了首届 “Asian Symposium on Computer Mathematics”(ASCM'95)。吴文俊任会议主席，会议的组织工作由石赫具体负责。王东明、H. Kobayashi 等人也为会议的举办做了不少工作。中日双方决定将 ASCM 办成一个系列会议，之后 ASCM'96 在日本 Kobe 大学举办，ASCM'98 在兰州大学举办，ASCM 2000 在泰国清迈举办，ASCM 2001 在日本松山举办，ASCM 2003 在北京举办。吴先生参加了 ASCM'95，ASCM'98，ASCM 2000 和 ASCM 2003，并在 ASCM'98 之后访问了新疆大学。

另一个与吴文俊的工作有密切关系的国际系列会议 “Automated Deduction in Geometry”(ADG) 由王东明创办，于 1996 年在法国 Toulouse 举行了第一次会议。ADG'98 在北京举行，吴文俊在会上做了邀请报告。ADG 2000 在瑞士苏黎世 ETH 举行，吴文俊作了 “多项式方程求解及其应用” 的公开讲演，并顺访了法国巴黎 (除了在巴黎第六大学作学术访问外，还拜访了吴文俊的老师 H. Cartan 与同窗好友 R. Thom)。在 ADG 系列会议之前, 吴文俊还于 1992 年在奥地利 Weinberg 举办的

"Algebraic Approaches to Geometric Reasoning" 研讨会上作了邀请报告，并访问了 Linz 大学符号计算研究所。

这一时期吴文俊提出了基于 Riquier-Janet 理论计算 Gröbner 基的方法 (1990)、全局优化方法 (1992)、代数方程求解的混合方法 (1993)、计算机辅助几何设计中的曲面拟合方法 (1993)、多项式的因子分解方法 (1994)，并研究了中心构型 (1995)。

## 四、再度辉煌 (1999—2009)

这一时期以数学机械化研究入选国家首批 "973" 项目和吴文俊获首届 "国家最高科技奖" 为标志，使吴文俊先生在年过八旬之后再度辉煌。

按照原国家科委的安排，国家重点基础研究发展规划 "973" 项目于 1998 年启动。当时，"九五" 攀登预选项目 "数学机械化及其应用" 刚刚启动，对于是否应该争取 "973" 项目大家心里没底。吴文俊、程民德、高小山、刘卓军等多次讨论，最后吴文俊讲道："箭在弦上，不得不发"，随即决定申请。项目的申请得到了国家自然科学基金委许忠勤先生与科技部邵立勤先生的鼓励与支持。经过激烈竞争，数学机械化首批进入国家 "973" 项目。在 1998 年秋天的评审中，共有 270 多个项目申请。经过三轮答辩，共评出十五项，"数学机械化与自动推理平台" 为其中之一。按科技部的规定，吴文俊先生因年龄原因不再担任首席科学家，改任项目学术指导，由高小山任首席专家。

这一项目能够通过评审与吴先生重视数学机械化的应用研究密不可分。吴先生曾经指出,"应用是数学机械化的生命线"。在吴先生的这一思想指导下，国内数学机械化研究队伍在机器人、计算机图形学、物理学、力学和机械等领域进行了长期的研究，这些研究在申请 "973" 项目时起了很大作用。共有来自近 30 所大学和研究所的 70 名成员正式参加了该 "973" 项目。

2000 年中科院推荐吴文俊先生参加 "首届最高科学技术奖" 的评选。国家奖励办对评选十分重视，安排了三轮答辩。首轮答辩由候选人单位介绍候选人工作。吴先生的工作由高小山、石赫介绍，评委会组长为汪成为先生。中间还有专家到系统所实地考察。第三轮答辩由吴先生本人介绍自己的工作，评审组长为朱丽兰部长。最后再由奖励办向国家奖励委员会介绍。吴先生得以获奖主要是因其对拓扑学的基本贡献和开创了数学机械化研究领域。

吴先生虽然年过八旬，但雄心不减。得到 500 万元奖金后，他设立了以下三个基金支持有关研究。

(1) 数学机械化应用推广专项经费，由吴文俊个人基金、中科院、中科院数学与系统科学研究院、国家基金委天元基金共同支持。

(2) 数学与天文丝路基金，主要支持中国数学史的研究。

(3) 数学机械化思维与非数学机械化思维研究基金。

多年停顿后，中国科学院于 2002 年重新开始重点实验室的评审。数学机械化研究中心积极组织申请，获得批准。吴文俊先生非常重视实验室的申请，亲自参加答辩。数学机械化研究中心实际上也是中科院批准成立的，但研究中心系列没有像当初预想的那样发展起来，以至于中心的运行经费得不到中科院支持。重点实验室的成立改变了这一状况。

数学机械化重点实验室整合了数学机械化研究中心与万哲先院士建立的信息安全研究中心的力量，主要开展数学与计算机科学交叉研究，在符号计算、自动推理、密码学等领域在国际上有重要影响。

数学机械化在国外最主要的对应研究领域是符号计算或计算机代数。符号计算领域最权威的国际会议是由国际计算机协会 (ACM) 组织的 ISSAC。ISSAC'92 在美国 California 大学 Berkeley 分校举办，吴文达、高小山代表数学机械化研究中心参加了这次会议, 并在会上提出了在北京举办 ISSAC'94。申办 ISSAC'94 的另外两个城市是英国的 Oxford 和加拿大的 Montreal。我们的申请得到了 P. S. Wang 和 E. Kaltofen 等人的支持，但有些人对在北京举办 ISSAC 有不同意见。最后，英国的 Oxford 得到了举办权。此次申办 ISSAC 虽未获成功，但却也显示了我们的力量，扩大了数学机械化的影响。2003 年我们又一次申办 ISSAC 并获得成功。ISSAC 2005 在北京成功举办。

符号计算领域最权威的国际期刊是符号计算杂志 (*JSC*)。数学机械化在 ISSAC 和 *JSC* 中的影响逐渐增强，已成为 ISSAC 和 *JSC* 的重要内容。吴文俊曾两次在 ISSAC 上做邀请报告，并担任 *JSC* 创始编委。高小山 2008 年当选为 ISSAC 指导委员会主席。王东明、高小山、李子明、支丽红等都曾多次担任 ISSAC 大会主席或程序委员会委员, 并先后成为 *JSC* 编委。

2006 年，吴文俊与 D. Mumford 分享了当年的邵逸夫数学奖。评奖委员会对吴文俊在数学机械化方面的工作给予了高度评价，认为：“吴的方法使该领域发生了一次彻底的革命性变化，并导致了该领域研究方法的变革。通过引入深邃的数学想法，吴开辟了一种全新的方法，该方法被证明在解决一大类问题上都是极为有效的，而不仅仅是局限在初等几何领域。” 其工作 “揭示了数学的广度，为未来的数学家们树立了新的榜样。”

## 1.5 诸侯分治，统一江山*

许国志 中国科学院数学与系统科学研究院

20世纪 20 年代，美国贝尔电话公司成立了贝尔实验室，此实验室分为部件与系统两个部。40 年代末，人们把贝尔电话公司扩建电话网时引进和创造的一些概念、思路、方法的总体命名为 “系统工程”。20 世纪中叶以来，许多学者常用系统来命名他们的研究对象，例如控制理论中的 “计算机集成制造系统”，管理科学中的 “管理信息系统” 和 “决策支持系统” 等。随着时代的前进，科技的发展，人们发现事物之间的相互作用变大了，许多问题不得不从总体上加以考虑，于是 “系统科学” 应运而生。美国一些大学出现了 “工业经济系统系”(斯坦福大学)、“系统科学与数理科学系”(华盛顿大学), 等等。

我常说 “系统” 如数学中的集合，集合是数学中最基本的概念之一，但在讲到集合时并不需要给以严格的定义，人们同样会有正确的理解，系统亦复如是。但我们逐步给它一个定义。系统是由许多部件构成的一个总体，这些部件称为它的子系统，子系统之间通过能流、物流和信息流来实现它们之间的关联，系统的功能通过子系统的组合而产生。“系统科学” 研究系统的属性，如系统的能观、能控和能达性，系统的状态稳定性，系统的协同理论，系统的结构和重构等。“系统工程” 是一大类工程技术的总称，它有别于经典的工程技术。它强调方法论，亦即一项工程由概念到实体的具体过程，包括规范的确立，方案的产生与优化、实现、运行和反馈。因而优化理论成为系统工程的主要内容之一，规划运行中的问题不少是离散性的，所以组合优化又显得至关重要。

科学的发展似乎由 “诸侯分治” 到 “统一江山”，再 “开疆拓土”，形成伟大的王朝。当欧几里得创建几何理论，阿拉伯人因通商发明了阿拉伯数字时，仅有诸侯，若干世纪后才出现了 “数学” 来统一江山，进而开疆拓土确立了伟大的数学王朝。运筹学的发展亦复如此。科学发展进程中，许多重要的现象常常首先以不同的形式出现于不同的学科。数学中的 “斯梅尔 (Smale) 马蹄” 和力学中的 “湍流” 是混沌在不同学科的表现，建立统一的混沌理论则是一项艰巨的任务，而这正是科

* 该文为许国志院士于 1999 年纪念中国科学院系统科学研究所成立 20 周年所作。

学的重要进程。

20 世纪目睹了“系统科学”由诸侯分治逐渐进展到统一江山，21 世纪将看到它开疆拓土，建立伟大的王朝!

# 1.6 系统学是什么*

郭雷 中国科学院数学与系统科学研究院

系统是自然界和人类社会中一切事物存在的基本方式, 各式各样的系统组成了我们所在的世界。一个系统是由相互关联和相互作用的多个元素 (或子系统) 所组成的具有特定功能的有机整体, 这个系统又可作为子系统成为更大系统的组成部分。现代科学在从基本粒子到宇宙的不同时空尺度上研究各类具体系统的结构与功能关系, 逐渐形成了自然科学与社会科学的各门具体科学。系统科学的研究对象是 “系统” 自身, 其目的是探索各类系统的结构、环境与功能的普适关系以及演化与调控的一般规律。

我国系统科学的主要开创者和推动者钱学森曾提出系统科学体系的层次划分 (系统论、系统学、系统技术科学、系统工程技术), 并认为系统论是系统科学的哲学层次, 而系统学 (systematology) 是系统科学的基础理论 [1]。由此可见, 系统学应是科学中的科学, 基础中的基础。尽管如此, 系统学目前似乎未被广泛认识, 其自身也存在需要进一步探讨和明确的问题, 这促使笔者思考并尝试在此给出阶段性认识。

## 1. 系统学的内涵

首先, 系统学是一门什么性质的科学? 传统的学科分类, 通常是以现实世界中的具体研究对象为划分依据, 而系统学则试图探索各类系统的普适规律。因此, 严格说来, 它不在以还原论思维为主导的学科分类视野中。这一点类似数学 (主要研究量的关系与空间形式), 两者都是横断科学, 但这两门科学的侧重点各不相同。钱学森把系统科学与数学科学、自然科学、社会科学、思维科学等并列为科学技术门类之一 [1], 是颇有洞见性的。

其次, 系统学的内涵是什么? 它的内涵体现在系统科学的定义之中, 关键是各类不同系统是否存在普适性共同规律。答案是肯定的。从中国古代 “阴阳学说”“中庸之道”“天人合一”“和而不同” 与 “奇正之术” 等丰富的系统思想 (《易经》《道德

---

* 本文原载于《系统科学与数学》2016 年第 3 期。

经》《论语》《中庸》《黄帝内经》《孙子兵法》等), 到唯物辩证法的基本原则、基本范畴, 特别是以“对立统一”为首的三大基本规律 (对立统一规律、质量互变规律、否定之否定规律)[2], 再到当今不断发展的系统理论与系统方法[3−7], 都是明证。系统学既受系统论指导, 又在发展中不断丰富系统论内涵, 它更重视系统科学普适性规律的深入研究和定量表达。我们所说的系统论固然不是还原论, 但也不是整体论, 正如钱学森所言, 系统论是还原论与整体论的辩证统一[1]。正是这种统一使系统论超越还原论成为可能。但究竟如何统一? 笔者认为, 至少可以从三方面的结合来考虑: 一是整体指导下的还原与还原基础上的综合相结合 (或“自上而下”与“自下而上”方法相结合); 二是机制分析与功能模拟相结合; 三是系统认知与系统调控相结合。毫无疑问, 还原论是推动人类文明进步的基石 (如社会分工、学科分化、结构分层、情况分类等), 也是促使系统论产生和发展的基础。

系统学中最简单和基本的原理是系统的结构与环境共同决定系统的功能。当然, 系统功能反过来也会影响其结构和环境, 他们往往是相互影响的双向关系。系统环境包括自然环境与社会环境, 系统结构包括物理结构与信息结构, 不同时空尺度和层次结构一般对应不同模式和功能。系统功能一般不能还原为其不同组分自身功能的简单相加, 故称之为“涌现 (emergence)”, 它一般是在时间与空间中演化的。进一步, 在给定环境条件下, 系统的结构可以唯一决定功能, 但反之一般不然。这一基本事实, 既造成了根据系统功能来认知其内部 (黑箱或灰箱) 结构的困难性, 也提供了可以选用不同模型结构来表达、模拟或调控系统相同功能的灵活性, 这是一种与结构分析法互补的功能建模法。

一般来讲, 为了理解系统行为, 可通过深化内部结构认知, 也可利用外部观测信息, 或两者并用; 为了提高系统功能, 可增强组分的个体功能, 也可优化组分的相互关联, 或两者并施。特别地, 优化组分的相互关联意味着对系统结构进行调整或调控, 以使系统达到所期望的整体功能或目的。这往往通过动态调整系统的可控变量或要素, 使其自身或其关联“平衡”在一定范围内达到。显而易见, 任何调控策略都依赖系统状态、功能和环境, 这就需要研究系统的信息、认知、调控与不确定性因素处理等问题。

基于以上分析, 笔者认为, 系统学应该包括下述“五论”的主要内容:

**一是系统方法论。** 系统学中不同性质的问题所适用的方法论也不同, 方法论指导具体研究方法的选用。例如, 演绎与归纳、还原与综合、局部与整体、定性与定量、机制与唯象、结构与功能、确定与随机、先验与后验、激励与抑制、理论与应用等相互结合或互补的方法论等, 重点是能够超越还原论的方法论。

**二是系统演化论。** 研究在给定环境或宏观约束下, 系统层级结构与相应功能在时间和空间中的涌现与演化。特别地，研究系统状态 (或性质) 在时空中生灭、平衡、稳定、运动、传递、相变、转化、适应、进化、分化与组合、自组织与选择性随机演化等规律，包括各种自组织理论、稳定性与鲁棒性理论、动力系统理论、混沌理论、突变理论、多 (自主) 体系统、复杂网络、复杂适应系统等。

**三是系统认知论。** 研究系统机制或属性的感知、表征、观测、分类、通信、建模、估计、学习、识别、推理、检测、模拟、预测、判断等智能行为的理论与方法，包括认知科学、建模理论、估计理论、学习理论、通信理论、信息处理、滤波与预测理论、模式识别、自动推理、数据科学与不确定性处理等。

**四是系统调控论。** 研究系统要素的 (动态) 平衡性与系统结构和功能关系的普适性规律，以及系统的结构调整、机制设计、运筹优化、适应协同、反馈调控、合作与博弈等，包括优化理论、控制理论与博弈理论等。

**五是系统实践论。** 这是系统学应用于各门具体学科和领域时的相应理论。由于人类任何具体实践活动都属于系统问题，因而离不开系统实践论指导。

需要指出的是，上述 “五论” 内容是密切关联并相互影响的，只是侧重点不同。

## 2. 复杂性的挑战

众所周知，中国传统文化中有丰富而又深刻的系统思想，但是与现代科学一样，系统科学并没有诞生在中国。爱因斯坦曾指出，“西方科学的发展是以两个伟大的成就为基础的，那就是：希腊哲学家发明形式逻辑体系 (在欧几里得几何学中)，以及 (在文艺复兴时期) 发现通过系统的实验可能找出因果关系”[8]。正是在基于公理的形式逻辑体系和有目的的系统实验基础上，现代科学在还原论思维和追求复杂现象背后的简单规律范式主导下，经过几百年发展取得了辉煌成就，推动了人类文明进程。然而，客观世界在本质上是统一的，描述世界的科学亦应如此。正如著名物理学家普朗克所指出的 “科学是内在的整体，它被分解为单独的部门不是取决于事物的本质，而是取决于人类认识能力的局限性。实际上存在着由物理学到化学、通过生物学和人类学到社会科学的连续的链条，这是一个任何一处都不能被打断的链条”[5]。

那么，现代科学知识究竟是如何被获取的？ 具体科学结论所适用范围的边界又是如何处理的？ 历史上，关于科学发现的逻辑及其局限性曾被许多著名哲学家和科学家研究过，包括休谟、康德、彭加勒和波普尔等 [9–12]。在此，我们回到爱因斯坦提到的西方科学成就的两大基础：逻辑推理和系统实验。事实上，逻辑推理是在 “不证自明” 的公理假设基础上进行的，而具体数学结论又是在进一步的数学假设条件下推导出来的; 人们所进行的有限次 (有目的) 的系统性实验也往往是在理想环境或给定条件下进行的。这体现了人类理性的认识能力和局限: 如果没有具体的假设条件, 则很难保证科学结论的普适性和正确性; 但如果做了假设和限制条件, 则结论就有了边界从而局部化了。

更令人意想不到的是, 进入 20 世纪后, 现代科学体系这个复杂适应系统却引出了一系列强烈冲击其主导范式 (还原论、确定性与主客体分离) 的结论 [13]。例如, 量子力学中的海森伯测不准原理和量子纠缠神奇的超距作用等, 揭示了微观世界的自然规律既无法脱离主体影响也无法通过进一步还原给出确定性答案 [14], 数理逻辑中的哥德尔不完备性定理揭示了人类理性推理所依赖的逻辑公理体系存在不确定性 [15], 而混沌理论则揭示了宏观世界中哪怕简单的非线性确定性动力系统也会产生不可预测的复杂行为 [16]。这说明, 现实世界不再被几百年来主导西方科学的 "简单性范式" 所统治 [13]。

进一步, 虽然现代科学发展成就辉煌, 但无论是已经还原到夸克层次的粒子物理学, 还是已经还原到基因层次的分子生物学, 对认识或调控宏观层面复杂多样的物质世界和丰富多彩的生命现象, 包括大脑意识和重大疾病等, 仍难以给出科学解答 [17]。当然, 可能有人会反问: 既然目前科学知识存在还原论所带来的局限性, 为什么基于科学知识的工程技术在改造现实世界中能够取得如此巨大的成功? 笔者认为, 这并非完全是科学知识自身的功劳, 工程技术常常超前甚至引领科学发展 [18]。实际上, 工程技术自身的创新和应用, 除了科学知识成分外, 更依赖人的实践经验和创造性智慧将不同技术环节有效连接起来并克服 "放大效应" 等, 最终集成为工程系统所需的整体功能 (从科学上讲，人的智慧目前还远未被完全认识)。再者, 从含有经验成分的工程技术到实际推广应用, 往往还要通过多次试验 (或仿真) 验证, 但无论如何, 都无法穷尽实际中可能出现的复杂情况和真实环境中的不确定性, 尽管系统中的反馈回路可以部分消除不确定性的影响。

此外, 如何判断非线性关联系统的稳定性一般是困难的理论问题, 除非能验证 "小增益定理"[19] 或其他稳定性定理的条件。有例子说明, 哪怕是两个都稳定的线性子系统, 如果连接不当, 则关联系统也会变得不稳定 [20]; 哪怕是小的扰动或偏差, 如果负反馈机制失效, 系统也可能在正反馈机制推动下走向崩溃。进一步, 依靠深度分解与综合集成并在试验和实践中不断演化的人造复杂系统, 如互联网、电力系统、交通网络、金融系统、软件系统等, 正在变得如此复杂以致超出人类现有知识的理解程度。例如, 仅一架波音 777 客机就有超过 300 万个部件和 15 万个子系统 [21]。有人甚至预测, 人造复杂系统 (或人机融合系统) 将会有自治力、适应力和创造力, 并将摆脱我们的控制 [22]。因此, 如何真正保证人造复杂系统的安全可靠性, 也是科学技术面临的重大挑战之一。

正是在上述大背景下, 以 “超越还原论” 为旗帜的复杂性科学研究在全世界受到空前重视 [1,3,4,13,23,24], 这可以看作系统学发展的新阶段。笔者认为, 中国传统文化思维与西方近现代文化思维优势的恰当结合, 对系统方法论发展具有重要意义, 并且复杂性科学有望成为连接自然科学与社会科学的重要桥梁。

## 3. 复杂性与平衡性

一个自然的问题是, 复杂性科学的核心内涵是什么? 笔者认为, 是关于复杂系统微观关联与宏观功能之间时空演化、预测与调控规律的认识。毫无疑问, 复杂性科学是研究系统复杂性的学问, 但是迄今对复杂性尚没有统一的具体定义, 或许是因为 “名可名, 非常名”。美国科学家司马贺 (Simon H A) 认为, 复杂性研究宜将具有强烈特征的特定种类的复杂系统作为关注重点 [25]。笔者认为, 复杂性宜借助一个能够 “连接” 微观关联与宏观功能的基本概念来定义。在系统学众多基本概念中, 哪个概念最合适? 笔者认为, 平衡 (balance) 概念可担当此任。平衡意味着数量 (质量) 均等或空间 (属性或操作) 对称等, 它是大自然中 “最小能量原理”“最小作用量原理”“守恒原理” 和 “对称性” 法则 [26,27] 的客观反映。在汉语和英语中, “平衡” 既是形容词也是动词, 因而其内涵具有较强的包容性。此外, 为简单起见, 本文中平衡的含义也包括动态平衡。

系统中成对 (对立、独立或互补) 要素之间 (张力) 的平衡是其秩序之本, 而非平衡则是运动变化之源。诚然, 系统的平衡或非平衡并不是绝对的, 取决于系统的不同时空尺度和研究范围, 并且系统在不同层级上的平衡性质亦不相同。进一步, 即使对运动或变化现象甚至创新行为, 也往往可溯源为某种平衡需求; 而对非平衡系统, 其演化方向也往往是新的平衡或动态平衡。此外, 系统成对要素的平衡 (非平衡) 程度直接影响或决定着系统的对称、守恒、秩序、稳定、涌现、突变、生灭、演化、进化、反馈、适应、调控、博弈、竞争、合作、公正等基本性质。可以说, 平衡涉及认识世界与改造世界的几乎一切问题, 包括人自身的生理与心理问题 [28]。因此, 平衡概念具有本质性、基础性和普适性。

那么, 如何定义复杂性? 基于上面的分析, 复杂性可以针对系统中要素 (属性) 的平衡性与系统整体 (结构) 功能之间的关系来定义。注意，这里的要素平衡性亦包含要素之间相互作用关系的平衡性, 并且平衡性是与系统功能联系在一起考虑的。笔者认为, 复杂性的进一步定义宜根据人的目的性进行分类。下面讨论三类常见情形:

第一, 当我们希望预测系统状态演化时, 系统要素的平衡程度往往是预测的重要依据, 复杂性可定义为系统状态或行为的不可预测性。预测是决策的基础, 尽管我们一般希望提高对系统的预测精度或预测概率, 但这除了可能会受人为因素影响外, 许多复杂系统还具有样本轨道不可预测的本质属性 [29]。例如, 真正独立创新的过程既不是完全规划或 "路径依赖" 的, 也不是完全盲目或随机的; 许多复杂适应系统 (和智能寻优算法), 在一定意义下, 可以看作由不可预测的 "新息 (innovation)" 所驱动的 "马氏过程", 或是自组织演化与选择性随机的某种结合; 有的复杂系统可能高效运行在稳定性边缘或处于 "自组织临界"[30] 状态。

第二, 当我们希望保持系统功能时, 注意到系统的稳态功能一般需要系统成对 (多对) 要素的制约或互补来保障, 复杂性可定义为系统的功能关于系统要素平衡程度的灵敏性 (脆弱性或非鲁棒性)。系统功能的保持, 往往依赖其组织适应能力能否抵消各种退化性或熵增因素影响, 例如 "环境变化" "耗散结构" 或 "边际效应" 等; 此外, 系统功能的保持常常是在系统 "否定之否定" 的进化中实现的。进一步, 系统功能或目标还可能是异质多样与多层次的, 底层功能一般是高层功能的基础 (如马斯洛的层次理论)。

第三, 当我们希望改变系统功能时, 现有要素的平衡性需要暂时被打破, 复杂性可定义为通过调整系统要素的平衡性而实现系统新功能的困难性。在这种情形下, 从控制系统理论角度看, 复杂性与系统的能控性或能达性密切相关, 当系统具有不确定性时还可能涉及反馈机制最大能力问题 [31]。当然, 现代控制理论的框架或范式尚需拓广以适用于更为复杂的系统或新的调控模式 [32,33]。

如上定义的复杂性有何特色? 首先, 笔者认为, 在系统学里的复杂性不应脱离系统的功能这一重要属性来定义。上述给出的复杂性定义显然与系统功能 (或目的) 密切关联, 这是本文所定义的复杂性与其他复杂性定义 (如计算复杂性、描述复杂性、有效复杂性、通信复杂性等 [7,23,34]) 的显著不同。其次, 复杂性主要研究系统成对要素的平衡性与宏观功能的关系, 平衡度的不同将会导致系统宏观功能的不同, 或导致系统 "稳态 (homeostasis) " 演化, 以及系统旧稳态的打破与新稳态的 "涌现" 等。因此, 这里的复杂性定义还体现了系统学微观与宏观之间的辩证统一和相互影响的特性, 从而为避免还原论局限留了空间。

值得指出, 系统要素的平衡性必然会涉及成对存在的范畴或概念, 如微观与宏观、当前与长远、局部与整体、上层与下层、系统与环境、快变与慢变、量变与质变、秩序与混乱、确定与随机、稳定与发展、开放与保守、原则与妥协、保密与公开、保护与利用、供给与需求、计划与市场、自由与约束、分散与统一、多样与一致、还原与综合、民主与集中、内容与形式、本质与现象、物质与精神、实在与虚在、主体与客体、感性与理性、实践与认识、私利与公益、权力与责任、权利与义务、激励与抑制、竞争与合作、前馈与反馈、正馈与负馈等所包含的成对要素与性质。特别地, 系统中成对 (或多对) 要素的平衡涉及广泛的学科领域, 包括政治、经济、社会、文化、法律、科学、工程、生态、环境与管理等, 常常是这些领域复杂性问题的核心。

一个自然的问题是, 系统要素的平衡是如何实现的? 这是复杂性研究的一个关键问题, 但具体实现途径往往因系统性质和类型的不同而异。举例来讲, 平衡或是在给定环境条件约束下通过系统要素之间的竞争达到 (竞争平衡或从竞争到合作平衡), 或是在整体目标引导调控、或外部环境影响下系统要素之间适应调整、协同优化或互补共存的结果 (适应平衡、协同平衡或互补平衡), 或是由系统外部因素的调控作用与系统内部要素的竞争行为所共同决定 (调控竞争平衡或纵横双向平衡), 或是正反馈激励与负反馈抑制共同作用的结果 (正负反馈平衡), 或是这些情形的某种组合或混合等。

笔者认为, 这里的"要素平衡"不但体现了"阴阳平衡"与"对立统一"的辩证思想, 而且适用于"开放系统"和"定性分析"。进一步, "要素平衡"与针对非合作博弈的纳什均衡[35]、研究竞争中协调原理的"介科学"[36]、具有对立互补性的"两重性逻辑"[13], 乃至基于中国传统文化的"度"[37,38]等, 都有相通之处。一般来讲, 要素的平衡性和系统的稳定性都需要反馈 (适应) 机制来保障。此外, "要素平衡"往往是建立适当数学模型 (或数学方程) 而开展定量研究的必要基础, 这一研究所涉及的基本数学工具至少包括群论、图论、优化理论、博弈论、变分学、动力系统、数理统计与控制理论等。

## 4. 系统学的发展基础

一是过去几百年间, 各门科学针对客观世界不同时空尺度范围的具体对象进行了大量关于结构与功能关系的研究, 用各自学科的基本概念和专门术语积累了丰富知识, 使得不同系统之间可以相互借鉴甚至从中提取共性系统学规律[39−41]。实际上, 一般系统论[42]、协同学[43]、耗散结构论[44]、突变理论[45]、超循环论[46]、混沌理论[16]、控制论[47,48]、复杂适应系统[49,50]、复杂巨系统的综合集成方法[51,52]等系统学内容就是这样发展过来的。

二是系统论、控制论、信息论、博弈论、计算机、运筹学、统计物理、非线性科学、复杂网络、人工智能、数据处理与科学计算等相关学科的多年发展, 也为系统科学发展提供了工具，奠定了良好的基础，特别是形成了关于系统科学的若干相关分支, 以及关于系统稳定性、鲁棒性、适应性、演化、熵增、耗散、信息、建模、反馈、优化、学习、预测、调控、博弈与均衡等一批普适性基本概念、方法和结论 [32,33], 这是系统学未来发展的重要基石。

三是随着当今科学技术的深入发展, 复杂性科学的跨学科研究给科学带来的不仅是思维方式的变革 [1,4,13]。事实上, 当今科学技术的发展前沿已经在时空多尺度多层次上, 广泛进入研究复杂性与调控复杂系统的时代 [40,41,53]。例如, 微观世界调控、量子信息科学、可控自组装 [54]、多相反应过程、纳米与超材料、基因调控网络、合成生物学、脑与认识科学、智能网络、智能制造与智能机器人、信息物理系统 (CPS)、全球化经济、生态与气候变化等, 无一不涉及复杂系统研究, 甚至还诞生了众多以 "系统" 为关键词的新学科, 诸如 "系统生物学" "地球系统科学" "系统法学" [55] 等。这些交叉研究领域都需要系统学普适性理论的帮助, 因而成为系统学发展的重要驱动力。

## 5. 系统学的作用

因为系统是任何事物存在的基本方式, 系统学的实践涉及人类活动的一切方面: 除了上面提到的要面对科学技术中的复杂性挑战之外, 还与人生成长、事业发展、生存安全和社会进步等密切相关。因此, 系统学亦道亦器、亦体亦用, 堪称大用。在生活和工作中, 因为忽视系统方法论, 我们可能不自觉地陷入 "孤立、排他、僵化、片面、表面、单向、线性、非此即彼" 等思维局限, 很可能进入 "盲人摸象、主观武断、刻舟求剑、温水青蛙" 式的误区, 或导致 "顾此失彼、事与愿违、恶性循环、两败俱伤" 的局面。从历史上看, 人类因不了解或不掌握复杂系统演化与调控规律而遭受过太多挫折甚至灾难, 包括自然灾害、战争灾难、流行疾病、社会动荡、政治冲突、金融危机、安全事故、生态恶化、环境污染等。这些问题至今也在严重困扰着人类社会的文明发展。

另一方面, 伴随着几千年世界文明发展, 人类对社会复杂系统演化与调控规律的探索与实践一刻也没有停止。历史证明, 系统学规律和原理的发现与自觉或不自觉运用, 对人类文明进步起着巨大作用。下面举几个具体例子。

首先, 系统学对人类健康具有重要意义。举例来说, 以功能结构模型为基础的传统中医理论体系, 包括精气学说、阴阳五行、藏象学说、经络学说、体质学说、病因病机、辩证施治、三因制宜等, 所蕴含的整体思维、辩证思维、唯象思维与功能建模等方法, 具有朴素的系统演化论、认知论和调控论思想, 其中 "阴阳平衡" 是理解生理功能、阐释病理变化和指导疾病诊治的核心原则 [56−58]。毋庸置疑, 中医药为几千年来中华民族的生命延续与抗击疾病作出了不可磨灭的贡献, 其朴素的系统方法论避免了还原论局限, 但其研究需要实现现代化, 而在这一过程中, 系统学可望发挥重要作用 [1,57,59]。

其次, 人的性格特征中 "要素平衡" 对创新能力具有重要意义。美国心理学家契克森米哈赖 (Csikszentmihalyi M.) 曾经归纳出创新型人物的主要性格特征, 表述为如下 "十项复合体"[60]: 活力与沉静; 聪明与天真; 责任与自在; 幻想与现实; 内向与外向; 谦卑与自豪; 阳刚与阴柔; 叛逆与传统; 热情与客观; 痛苦与享受。他认为, 以上这些明显相对的特质通常同时呈现在创造型人物身上, 而且以辩证的张力相互整合; 具有上述复合性格的人, 有能力表现出人性中所有潜在的特质, 而如果只偏向某一端, 则这些特质就萎缩了。显然, 这对高层次创新型人才培养具有启发意义。当然, 真正取得创新性成就, 还需要其他因素配合, 包括学术环境、知识积累、时代机遇、同行承认、后人继承和普及推广等, 这也是系统性问题。

再者, 系统学中 "反馈平衡" 原理在生产力发展中具有普遍重要性。1776 年, 英国詹姆斯・瓦特 (James Watt, 1736—1819) 制造出第一台可以普遍应用的蒸汽机, 其核心技术是具有负反馈机制的 "离心式调速器", 它可以自动调节阀门以平衡负载变化对速度的影响, 成为英国工业革命的象征, 当今几乎所有工程技术系统都离不开反馈技术。无独有偶, 同样是在 1776 年的英国, 亚当・斯密 (Adam Smith 1723—1790) 首次发表了《国家财富的性质和原因的研究》(简称《国富论》)[61], 书中所论述的那只在暗中推动市场经济行为的 "看不见的手", 其工作原理也是 (分布式) 负反馈机制, 它通过价格波动自动调节市场上商品的种类与数量以达到供需平衡, 这一原理至今仍在深刻影响着全世界经济发展。不仅如此, "反馈平衡" 作为有效克服不确定性并实现系统目标的关键机制, 实际上在动物 (包括人) 和机器中几乎无处不在 [47], 反馈控制也被认为是第一个系统学科 [48]。

下面, 我们来看系统方法论在社会复杂系统发展中的重要作用。

19 世纪, 马克思和恩格斯在黑格尔和费尔巴哈等西方传统哲学基础上创立了唯物辩证法, 他们在社会和自然系统研究中大量运用了系统思想和方法, 揭示了生产力与生产关系的矛盾运动是人类社会发展的基本规律。特别地, 马克思的《资本论》[62] 研究了资本主义体系内在逻辑矛盾和发展规律, 恩格斯的《自然辩证法》[63] 为系统论发展奠定了基础。可以说, 马克思和恩格斯都是系统科学的先驱 [2]。近百年来, 在马克思主义理论指导和共产党领导下, 中国发生了翻天覆地的变化, 尤其是改革开放 36 年以来创造了震惊世界的发展奇迹。中国为什么能够如此? 有什么宝贵经验? 这是国内外许多人关注的重大问题。实际上, 无论是 "改革开放" 基本国策, 还是 "四个全面" 战略布局, 都是关于中国社会复杂系统的结构、环境与功能的调控。根据系统学结构与环境决定系统功能的基本原理, 对于不同社会结构和不同社会环境, 实现社会不同发展阶段功能的调控手段和路径也不会完全一致。我国领导人曾将发展经验概括为坚持 “十个结合”[64], 其中涉及原理与适应、坚守与改革、活力与统一、物质与精神、效率与公平、系统与环境、发展与稳定等多对要素的协调平衡。

我国当前进行的全面深化改革, 也是 “复杂的系统工程”[65]。特别地, 经济、政治、文化、社会和生态这五大子系统 “五位一体” 的总体发展布局, 就是关于 “系统中的系统” 协调与平衡调控问题。这五大子系统相互耦合、相互作用、具有多层级结构和复杂因果循环反馈回路, 如果它们长期处于非平衡畸形发展状态或其中的组织调控功能出现异化, 则必然导致严重问题 [1,66,67]。进一步, 这五大子系统中几乎所有改革问题也都涉及系统学问题。比如, 改革发展与稳定的有机统一涉及平衡与非平衡关系问题; 市场配置资源与政府发挥作用的关系涉及分布式适应优化与集中式反馈调控问题; 效率与公平问题涉及微观与宏观层面正反馈与负反馈机制的平衡。又比如, 推动人民代表大会制度与时俱进涉及政治体系的包容性、适应性与平衡性问题, 既要吸收和借鉴人类政治文明有益成果, 又要避免其他国家政治制度的缺陷 [68−71]; 既要通过法律这个 “控制器” 调整平衡各种利益关系 [72−74], 又要加强对权力运行的制约和监督并把其关进制度的笼子里 [65,75]。再比如, 生态文明建设是其他四个系统建设的基础, 而生态系统的平衡 [76] 及其动力学演化 [77] 也是系统学研究问题。

最后, 值得提及的是, 我国各级领导常把国家与社会治理中的困难问题归纳为 “复杂的系统工程”, 说明需要从系统的角度来思考并解决。这不能不使人想起钱学森等老一辈科学家在全国大力推动并普及系统工程与系统科学所产生的广泛影响 [78], 以及他在晚年为创建系统学所付出的巨大努力 [1,51,52]。

**致谢** 笔者诚挚感谢于景元教授关于系统学体系的宝贵建议，李静海院士关于介科学的交流讨论，以及车宏安、狄增如、韩靖、程代展、高小山、张纪峰、王红卫、杨晓光、洪奕光、姜钟平、张启明、黄一、方海涛、齐波、丁松园等教授和学者的许多有益建议和热情鼓励。

## 参考文献

[1] 钱学森. 创建系统学. 上海：上海交通大学出版社, 2007

[2] 王伟光. 照辩证法办事. 北京：人民出版社, 2014

[3] 尼科利斯 G, 普利高津 I. 探索复杂性. 罗久里, 陈奎宁, 译. 成都：四川教育出版社, 1986

[4] 沃尔德罗普 M. 复杂 —— 诞生于秩序与混沌边缘的科学. 陈玲, 译. 北京：三联书店, 1995

[5] 许国志, 顾基发, 车宏安, 等. 系统科学. 上海：上海科技教育出版社, 2000
[6] 高隆昌. 系统学原理. 北京：科学出版社, 2005
[7] 米歇尔 M. 复杂. 唐璐, 译. 长沙：湖南科学技术出版社, 2011
[8] 爱因斯坦. 爱因斯坦文集. 第一卷. 许良英, 李宝恒, 赵中立, 等编译. 北京：商务印书馆, 1994：574
[9] 休谟 D. 人性论 (一、二). 北京：商务印书馆, 1980
[10] 康德 E. 纯粹理性批判. 韦卓民, 译. 武汉：华中师范大学出版社, 2000
[11] 彭加勒 H. 科学与假说. 李醒民, 译. 北京：商务印书馆, 2006
[12] 波普尔 K. 科学发现的逻辑. 查汝强, 邱仁宗, 万木春, 等译. 杭州：中国美术学院出版社, 2010
[13] 莫兰 E. 复杂性思想导论. 陈一壮, 译. 上海：华东师范大学出版社, 2008
[14] 海森堡 W. 物理学和哲学. 范岱年, 译. 北京：商务印书馆, 1999
[15] 克莱因 M. 数学：确定性的丧失. 李宏魁, 译. 长沙：湖南科学技术出版社, 1997
[16] Lorenz E N. The Essence of Chaos. Washington: University of Washington Press, 1993
[17] 罗思曼 S. 还原论的局限：来自活细胞的训诫. 李创同, 王策, 译. 上海：上海世纪出版集团, 2006
[18] 阿瑟 W. 技术的本质. 曹东溟, 王健, 译. 杭州：浙江人民出版社, 2014
[19] Jiang Z P, Teel A R, Praly L. Small gain theorem for ISS systems and applications. Mathematics of Control, Signals and Systems, 1994, 7: 95-120
[20] 郭雷. 时变随机系统：稳定性、估计与控制. 长春：吉林科学技术出版社, 1993
[21] Astrom K J, Albertos P, Blamke M, et al. Control of Complex Systems. London: Springer, 2001
[22] 凯利 K. 失控：全人类的最终命运和结局. 东西文库, 译. 北京：新星出版社, 2010
[23] 盖尔曼 M. 夸克与美洲豹：简单性和复杂性的奇遇. 杨建邺, 李湘莲, 译. 长沙：湖南科学技术出版社, 1998
[24] 宋华. 还原论和系统论. 系统与控制纵横, 2015, 2(1)：65-69
[25] 司马贺 H A. 人工科学：复杂性面面观. 武夷山, 译. 上海：上海科技教育出版社, 2004
[26] 李政道. 对称与不对称. 北京：清华大学出版社, 2000
[27] Mainzer K. Symmetry and Complexity：The Spirit and Beauty of Nonlinear Science. Singapoe: World Scientific Publishing, 2005
[28] Heider F. The Psychology of Interpersonal Relations. New York: Wiley, 1958
[29] 西尔弗 N. 信号与噪声. 胡晓姣, 张新, 朱辰辰, 译. 北京, 上海：中信出版社, 2013
[30] 巴克 P. 大自然如何工作：有关自组织临界性的科学. 李炜, 蔡勖, 译. 武汉：华中师范大学出版社, 2001
[31] 郭雷. How much uncertainty can the feedback mechanism deal with? Plenary Lecture at the 19th IFAC World Congress, August 24-29, 2014, Cape Town, South Africa

[32] Samad T, Baillieul J. Encyclopedia of Systems and Control. New York: Springer, 2015
[33] 郭雷, 程代展, 冯德兴, 等. 控制理论导论：从基本概念到研究前沿. 北京：科学出版社, 2005
[34] Wegener I. Complexity Theory. New York: Springer, 2005
[35] 齐格弗里德 T. 纳什均衡与博弈论. 洪雷, 陈玮, 彭工, 译. 北京：化学工业出版社, 2013
[36] 李静海, 黄文来. 探索介科学. 北京：科学出版社, 2014
[37] 李泽厚. 哲学纲要. 北京：北京大学出版社, 2011
[38] 度知. 度学. 北京：经济科学出版社, 2007
[39] 欧阳莹之. 复杂系统理论基础. 田宝国, 周亚, 樊瑛, 译. 姜璐, 校. 上海：上海科技教育出版社, 2002
[40] Meyers R A. Encyclopedia of Complexity and Systems Science. New York: Springer, 2009
[41] 李静海. Mesoscales：The path to transdisciplinarity. Chemical Engineering Journal, 2015, 277：112-115
[42] 贝塔朗菲 冯. 一般系统论：基础、发展和应用. 林康义, 魏宏森, 译. 北京：清华大学出版社, 1987
[43] 哈肯 H. 协同学引论. 徐锡申, 陈式刚, 译. 北京：原子能出版社, 1984
[44] 尼克利斯 G, 普利高津 I. 非平衡系统的自组织. 徐锡申, 译. 北京：科学出版社, 1986
[45] 托姆 R. 结构稳定性与形态发生学. 赵松年, 等译. 成都：四川教育出版社, 1992
[46] 艾根 M, 舒斯特尔 P. 超循环论. 曾国平, 沈小峰, 译. 上海：上海译文出版社, 1990
[47] 维纳 N. 控制论. 郝季仁, 译. 北京：科学出版社, 1963
[48] Astrom K J, Kumar P R. Control：A perspective. Automatica, 2014, 50：3-43
[49] 霍兰 J H. 适应性造就复杂性. 周晓牧, 韩晖, 译. 上海：上海科技教育出版社, 2000
[50] 霍兰 J H. 自然与人工系统中的适应：理论分析及其在生物、控制和人工智能中的应用. 张江, 译. 北京：高等教育出版社, 2008
[51] 钱学森, 于景元, 戴汝为. 一个科学新领域: 开放的复杂巨系统及其方法论. 自然杂志, 1990, 13: 3-10
[52] 于景元. 钱学森与系统科学. 系统与控制纵横, 2015, 2(1)：11-22
[53] 周光召. 复杂适应系统和社会发展. 中国系统工程学会第 12 届学术年会会议材料 (车宏安整理), 2002 年 11 月, 昆明
[54] 王宇, 林海昕, 丁松园, 等. 关于可控组装的一些思考 (一)：从催化到催组装. 中国科学：化学, 2012, 42(4): 525-547
[55] 熊继宁. 系统法学导论. 北京：知识产权出版社, 2006
[56] 李德新, 刘燕池. 中医基础理论. 北京：人民卫生出版社, 2011
[57] 谢新才, 孙悦. 中医基础理论解析. 北京：中国中医药出版社, 2015
[58] 毛嘉陵. 走进中医. 北京：中国中医药出版社, 2013

[59] 张启明. 数理中医学导论. 北京：中医古籍出版社, 2011
[60] 契克森米哈赖 M. 创造力. 杜明诚, 译. 台湾：时报出版社, 1999
[61] 斯密 A. 国富论. 陈星, 译. 西安：陕西师范大学出版社, 2006
[62] 马克思 K. 资本论. 郭大力, 王亚南, 译. 北京：人民出版社, 1975
[63] 《马克思恩格斯全集》第二十卷. 北京：人民出版社, 1971
[64] 胡锦涛. 在纪念党的十一届三中全会召开 30 周年大会上的讲话. 北京：人民出版社, 2008
[65] 习近平. 习近平谈治国理政. 北京：外文出版社, 2014
[66] 许倬云. 说中国：一个不断变化的复杂共同体. 桂林：广西师范大学出版社, 2015
[67] 金观涛. 历史的巨镜. 北京：法律出版社, 2015
[68] 福山 F. 政治秩序与政治衰败：从工业革命到民主全球化. 毛俊杰, 译. 桂林：广西师范大学出版社, 2015
[69] 本书编写组. 西式民主怎么了. 北京：学习出版社, 2014
[70] 阿西莫格鲁 D, 罗宾逊 J A. 国家为什么会失败. 李增刚, 译. 长沙：湖南科学技术出版社, 2015
[71] 哈伯德 G, 凯恩 T. 平衡：从古罗马到今日美国的大国兴衰. 陈毅平, 译. 北京：中信出版社, 2015
[72] 庞德 R. 通过法律的社会控制. 沈宗灵, 译. 北京：商务出版社, 2013
[73] 维纳 N. 人有人的用处. 陈步, 译. 北京：商务印书馆, 2014
[74] 张文显. 法理学. 北京：法律出版社, 2013
[75] 孟德斯鸠 C. 论法的精神. 许明龙, 译. 北京：商务印书馆, 2014
[76] 戈尔 A. 濒临失衡的地球：生态与人类精神. 陈嘉映, 等译. 北京：中央编译出版社, 2012
[77] Levin S. Fragile and Dominion：Complexity and the Commons. New York: Perseus Publishing, 1999
[78] 钱学森, 许国志, 王寿云. 组织管理的技术 —— 系统工程. 文汇报, 1978, 9 月 27 日

## 1.7 古为今用、自主创新的典范——吴文俊院士的数学史研究*

李文林 中国科学院数学与系统科学研究院

一位学者，在壮年时赢得了共和国首届国家自然科学奖一等奖，八十高龄时从国家主席手中接过了首届国家最高科学技术奖奖状，年近九旬时又捧回了被誉为“东方诺贝尔奖”——“邵逸夫数学奖”的国际大奖证书。这样辉煌的科学生涯，堪称是奇迹。今天，我们庆祝奇迹的创造者吴文俊院士九十华诞，这是我国数学界的节日，也是我们数学史工作者的节日。

“邵逸夫数学奖”评奖委员会评论吴文俊的获奖工作——数学机械化“展示了数学的广度，为未来的数学家们树立了新的榜样”。在这里，笔者想加一句话：吴文俊院士开拓的数学机械化领域同时揭示了历史的深度，为我们树立了古为今用、自主创新的典范。

1975 年，正当“文化大革命”已近尾声，国内基础理论研究处在整顿复苏的前夕，《数学学报》上发表了一篇署名为“顾今用”的文章:《中国古代数学对世界文化的伟大贡献》。该文通过对中西数学发展的深入比较与科学分析，独到而精辟地论述了中国古代数学的世界意义，当时在数学界引起了不小的震动。

“利爪见雄狮”，人们很快就弄清了“顾今用”就是著名数学家、中国科学院学部委员 (院士) 吴文俊的笔名。从那以后，吴文俊院士又发表了一系列数学史论文，他在这方面的工作及其影响，事实上在 20 世纪 80 年代开辟了中国数学史研究的一个新阶段。与此同时，正如“顾今用”这一笔名所预示的，吴文俊院士的数学史研究是与他的数学研究紧密相关，并逐步开拓出一个既有浓郁中国特色又有强烈时代气息的数学领域——数学机械化。

以下从三个方面来介绍吴文俊院士对于数学史研究的卓越贡献。

### 一、中国数学史研究的新阶段

吴文俊的数学史论著包含了丰富的成果，但有一个贯串始终的主题，就是中国

* 转载自《吴文俊与中国数学》，2010 年 4 月，八方文化创作室。

古代数学对世界数学主流的贡献。为了充分理解吴文俊在这方面研究工作的意义与影响，这里有必要对他介入中国数学史研究时这一领域的状况作一简要分析。

我们知道，长期以来西方学术界对中国古代数学抱有根深蒂固的偏见。起先是不承认中国古代存在有价值的数学成就，直到 19 世纪末 20 世纪初，西方出版的数学史著作 (如 M. Cantor, D. E. Smith, F. Cajori 等人的著作) 中，才开始出现关于中国古代数学的专门章节，其中的论述主要是依据 17 世纪以后来华的一批传教士们的零散工作以及日本学者的研究。日本学者中最有代表性的是三上义夫，他在 1913 年出版了第一部用英文撰写的东亚数学史专著《中国和日本数学之发展》，该书被西方学者广泛引用。

上述这些著述在西方学者认识中国古代数学之存在方面是有功绩的。但由于这一阶段的研究深度有限，这些著述还不足以回答部分西方学者关于中国古代数学独立性的疑问，即中国古代数学是否是其他古代文明 (如古巴比伦、古印度和古希腊) 的舶来品？例如，尽管毫无根据，有人却认为中国古代数学知识是从古希腊传入的。

从 20 世纪 30 年代起，李俨、钱宝琮以及稍晚的李约瑟开展了现代意义上的中国数学史研究。其中李约瑟的工作，由于是用英文写成的，所以在西方学术界影响更大。他 1959 年出版的《中国科学技术史》第 3 卷，通过广泛而深入的中西比较，批驳了在部分西方学者中流行的中国数学来源于古希腊或古巴比伦的谬说，对中国与印度之间的数学交流也作出了客观的分析，得出了数学上“在公元前 250 年到公元 1250 年之间，从中国传出去的东西比传入中国的东西要多得多”的结论。李约瑟的观点逐渐被一些公正的西方学者所接受。

但是，对于中国数学的偏见与误解至此并没有真正消除，不过争论的焦点却转移到了所谓“主流性”的问题上，具体地说，就是有些西方学者坚持认为中国古代数学不属于所谓数学发展的主流。例如，在 1972 年出版的一本颇有影响的西方数学史著作 (《古今数学思想》) 中，作者在前言中这样写道:“我忽略了几种文化，例如中国的、日本的和玛雅的文化，因为他们的工作对于数学思想的主流没有影响。”因此，这个主流问题不解决，中国古代数学的意义就不足称道。而吴文俊院士从 20 世纪 70 年代中期开始的数学史研究，恰恰在揭示中国古代数学对世界数学发展主流的影响方面作出了特殊的贡献，从而将中国数学史研究推向了一个新阶段。

## 二、数学史研究的新思路

吴文俊的研究首先是从根本上澄清什么是数学发展的主流。他第一个明确提出: 从历史来看，数学有两条发展路线。“一条是从希腊欧几里得系统下来的，另一条是发源于中国，影响到印度，然后影响到世界的数学”(《在中外数学史讲习班开幕典礼上的讲话》，1985)。事实上，早在 1975 年的论文中，吴文俊已经用以下简图概括了数学发展过程中的两条思想路线 (C 表示世纪):

中国 $\xrightarrow{5C}$ 印度
希腊 $\xrightarrow{9C}$ 阿拉伯
$\xrightarrow{10C}$ 欧洲

这就是说，数学发展的主流并不像以往有些西方数学史所描述的那样只有单一的希腊演绎模式，实际上还有与之相平行的中国式数学。而就近代数学的产生而言，后者甚至更具有决定性的 (或者说是主流的) 意义。

以微积分的发明为例，吴文俊指出:“微积分的发明从开普勒到牛顿有一段艰难的过程。在作为产生微积分所必要的准备条件中，有些是我国早已有之，而为希腊所不及的。” 吴文俊还根据对数学史的具体考察，分析了在微积分这一重大科学创造活动中希腊式数学 (如穷竭法、无理数论等) 的脆弱性以及中国式数学 (如十进小数制、极限概念、与西方数学史家盛称的所谓 Cavalieli 原理相等价的 “祖暅原理” 或 “刘祖原理” 等) 的生命力。因此十分清楚，如果人们承认微积分的发明是属于所谓数学发展的 “主流” 的话，那么，就不应当否认中国古代数学对这一主流的贡献。

数学史的结论是以可靠的史料与科学的分析为基础的。吴文俊从 20 世纪 70 年代中期开始，花费了大量精力直接钻研中国古代数学文献，围绕着中国传统数学的特点及其对世界数学主流的影响等问题，开展了空前系统而深入的研究。

针对某些西方学者认为中国古代没有几何学的偏见，吴文俊首先从几何学入手，他的研究揭示了一个与欧几里得几何风格迥异的中国古代几何体系。这一体系不是采用 “定义 — 公理 — 证明 — 定理” 那种演绎系统，而是从几条简明的原理出发，在此基础上推导出各种不同的几何结果。吴文俊提到的 “简明原理” 有:

① 出入相补原理; ② 刘徽原理; ③ 祖暅原理。

其中，“出入相补原理” 和 “刘徽原理” 都是吴文俊在研究刘徽著作的基础上首次概括出来的，特别是出入相补原理，已成为解释中国古代几何中许多疑难问题的一把金钥匙。

用现代术语表述，出入相补原理相当于说: 一个平面或立体图形被分割成几部分后，面积或体积的总和保持不变。吴文俊本人用它来成功地复原了刘徽《海岛算经》中的重差公式、秦九韶《数书九章》中的三角形面积公式的证明等等，而这些公式的来源曾使以往的数学史家长期感到迷惑或争论不休。尤为重要的是，吴文俊在他关于重差术与天元术的关系的研究 (见参考文献 [1] ) 中发现，正是出入相补原理，引导中国古代数学家将几何问题转化为代数方程求解，从而逐步形成了中国古代几何不同于希腊几何的另一个更为本质的特征 —— 几何代数化，而几何代数化在近代数学的兴起过程中有着不可低估的作用。

吴文俊认为，“代数无疑是中国古代数学中最发达的部门”，他对中国古典代数学的研究所引出的最重要结论是，指出 “解方程是中国传统数学蓬勃发展的一条主线”。吴文俊对从《九章算术》中解线性联列方程组的消元法，到宋元数学家解高次方程的数值方法 (增乘开方法、正负开方法)，以及特别是朱世杰等人的 “四元术” 中所包含的多项式运算与消元技术，开展了全面的考察，并且将这些算法编成程序在计算机上加以实施。正是在这里，吴文俊对中国古代数学的特点的理解趋于成熟，他在 20 世纪 80 年代中的一系列文章里，明确地、反复地强调:“就内容实质而论，所谓东方数学的中国数学，具有两大特色，一是它的构造性，二是它的机械化。”(见参考文献 [2])

中国古代数学的构造性与机械化这两大特点的概括，为人们科学地、全面地理解数学发展的客观历程指明了正确的方向。在吴文俊的影响下，20 世纪 80 年代中国数学史界连续掀起了对中国古代数学再认识的研究高潮。这期间，仅吴文俊本人主编的中国数学史著作就有:《《九章算术》与刘徽》(1982)《秦九韶与《数书九章》》(1987) 《《九章算术》及其刘徽注研究》(1990)《中国数学史论文集 (1-4)》(1985—1996) 等，最近又推出了 10 卷本巨著《中国数学史大系》。吴文俊的观点在国外也产生了广泛的影响。1986 年，在美国伯克利举行的国际数学家大会上，他应邀作了关于中国数学史的 45 分钟报告。

这里必须说明的是，吴文俊以构造性、机械化的数学与演绎式、公理化的数学相对，从根本上肯定了中国古代数学对世界数学发展主流的贡献。但这并不意味着他对演绎式、公理化数学的否定，相反地，吴文俊认为，数学研究的两种主流 “对数学的发展都曾起过巨大的作用，理应兼收并蓄，不可有所偏废”，说明了他对数学史的客观与科学的态度。

## 三、数学史研究科学方法

吴文俊在数学史领域中的创造性见解与成果的获得，是与他所提倡和恪守的科学的研究方法分不开的。吴文俊在对中国数学史研究的现状进行了深入的调研分析后发现，以往的中国数学史研究中存在着一个普遍而又严重的方法论缺陷，就是不加限制地搬用现代西方数学符号与语言来理解中国或其他文明的古代数学。吴文俊认为，这种错误的研究方法乃是对中国古代数学的许多误解与谬说的根源之一。他指出:“我国传统数学有着它自己的体系与形式，有着它自己的发展途径与独创的思想体系，不能以西方数学的模式生搬硬套。”

作为一位严肃的科学家，吴文俊提出了研究古代数学史的方法论原则。他曾在不同场合多次阐明这些原则，并在国际数学家大会 45 分钟报告中将其提炼为:

原则一: 所有研究结论应该在幸存至今的原著的基础上得出。

原则二: 所有结论应该利用古人当时的知识、辅助工具和惯用的推理方法得出。

为了说明吴文俊提出的上述原则对于数学史研究的功效与意义，这里举一个例子 —— 吴文俊对海岛公式证明的复原，这是他在数学史方面一个关键的发现。刘徽《海岛算经》第一问中的海岛公式为

$$\text{岛高} = (\text{表高} \times \text{表距})/\text{表目距的差} + \text{表高}。$$

刘徽的证明和所用的图已经失传，后人补了许多证明，用到三角学、欧氏几何(如添加平行线) 等，吴文俊指出这样做是没有根据的，因为中国古代没有三角学，也没有平行线概念。为了合理地重构海岛公式，吴文俊首先注意到海岛公式是由《周髀算经》中的日高公式:

$$\text{日高} = (\text{表高} \times \text{表距})/\text{影差} + \text{表高},$$

改日高为岛高变来的。他深入研究了与刘徽几乎同时代的另一位数学家赵爽为《周髀算经》作注遗留下来的 “日高图” 及其图说，根据这些残缺不全却是原始的信息，利用《九章算术》中经常出现的 “出入相补” 原理，吴文俊复原了赵爽的 “日高图”，并补出了日高公式的证明。如下图:

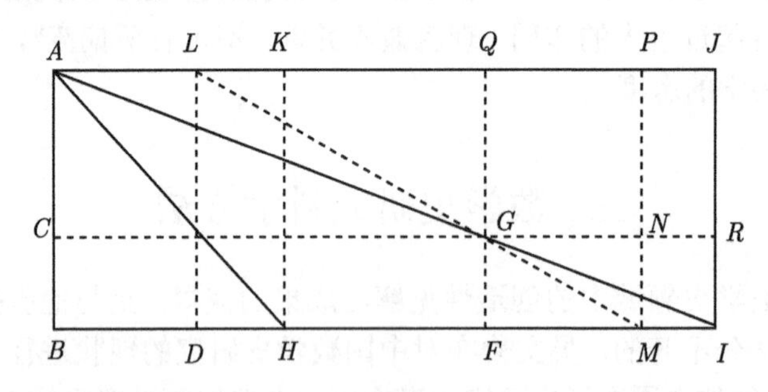


其中三角形 $\triangle ABI$ 全等于 $\triangle AJI$, $\triangle ACG$ 全等于 $\triangle AQG$，而 $\triangle FGI$ 全等于

$\triangle GRI$。根据“出入相补”原理，应有

$$\triangle AJI\text{的面积} - (\triangle AQG\text{的面积} + \triangle GRI\text{的面积})$$
$$= \triangle ABI\text{的面积} - (\triangle ACG\text{的面积} + \triangle FGI\text{的面积}),$$

即 $\square JG = \square GB$，这里 $\square JG$ 表示以 $J$ 和 $G$ 为顶点的矩形的面积，$\square GB$ 类似地定义。同理，$\square KE = \square EB$。相减可得 $\square JG - \square KE = \square GD$，即

$$(FI - DH) \times AC = ED \times DF,$$

也即

$$\text{影差} \times (\text{日高} - \text{表高}) = \text{表高} \times \text{表距}。$$

这就得到了日高公式，或称海岛公式。

遵循同样的原则，吴文俊很自然地、不加任何雕琢地补出了《海岛算经》中其余八个问题中那些复杂公式的证明 (见参考文献 [3])。吴文俊还按照同样的路线复原了秦九韶《数书九章》中的三角形面积公式

$$S^2 = \frac{1}{4}\left[c^2a^2 - \left(\frac{a^2 + c^2 - b^2}{2}\right)^2\right],$$

其中 $S$ 为三角形面积，$a,b,c$ 分别为三角形的三边长。秦九韶的公式与希腊的海伦公式

$$S = \frac{1}{4}\sqrt{(a+b+c)(b+c-a)(c+a-b)(a+b-c)}$$

等价，以往由于秦九韶公式来历不明，某些数学史家认为它是由已传入中国的海伦公式推得的。吴文俊对秦九韶公式证明的复原，为驳斥这种西方传入说提供了令人信服的依据。

吴文俊的古证复原原则，很快被证明是探索中国古代数学史的正确途径，同时也适用于一般的数学史研究。吴文俊首次运用这些原则的论文《出入相补原理》，最初发表在《中国古代科技成就》(见参考文献 [4]) 一书中，后来被译成英文，已成为被引用频率最高的数学史论文之一。国内外许多学者竞相效法，运用上述的古证复原原则，从中国古代固有的一些简单原理出发，获得了大量的研究成果。现在，吴文俊提出的古证复原原则，已被越来越多的数学史同行所认同，它本身就成为数学史界乃至整个科学史界的宝贵财富。

## 四、古为今用的典范

数学史研究的重要意义之一，就是从历史的发展中获得借鉴和汲取教益，促进现实的数学研究，通俗地说就是“古为今用”。吴文俊对此有精辟的论述，他说:“假如你对数学的历史发展，对一个领域的发生和发展，对一个理论的兴旺和衰落，对一个概念的来龙去脉，对一种重要思想的产生和影响等这许多历史因素都弄清了，我想，对数学就会了解得更多，对数学的现状就会知道得更清楚、更深刻，还可以对数学的未来起一种指导作用，也就是说，可以知道数学究竟应该按怎样的方向发展可以收到最大的效益。”吴文俊本人的数学史研究从一开始就贯彻了这种古为今用的原则，其最丰硕的成果就是数学机械化理论的创立。以下我们重点就吴文俊在创立数学机械化理论的道路上的两个转折关头时数学史研究所起的作用进行粗浅的分析。

第一个转折是从布尔巴基式的数学转向数学机械化研究，这大约是从 1976 年下半年开始的，即在吴文俊涉足中国数学史研究一年以后。如上所述，吴文俊根据对中国数学史的研究，肯定了数学发展中与希腊演绎式数学相对的另一条主流 —— 构造性、机械化数学的存在。这一认识与他对当时方兴未艾的计算机科学必将给数学带来深刻影响的敏锐预见相结合，促使吴文俊毅然决定从拓扑学研究转向数学机械化研究，并且首先在几何定理证明方面取得了突破，于 1976 年至 1977 年之交成功地提出了对某一类非平凡几何定理的机械化证明方法。

根据吴文俊的几何定理机器证明论文以及他的有关自述，他的几何定理机器证明方法至少具有以下三方面的历史渊源。

1. 中国古代数学中的几何代数化倾向。这一点我们在前面已经有所介绍。正如吴文俊本人在《几何定理机器证明的基本原理》一书的导言中所说的，“几何定理证明的机械化问题，从思维到方法，至少在宋元时代就有蛛丝马迹可寻。虽然这是极其原始的，但是，仅就著者本人而言，主要是受中国古代数学的启发。”

2. 笛卡儿解析几何思想。吴文俊指出，笛卡儿《几何学》不仅为几何定理证明提供了不同于欧几里得模式 (即从公理出发按逻辑规则演绎地进行，一题一证，没有通用的证明法则) 的可能性，而且开创了可用计算来证明几何定理的局面。

3. 希尔伯特《几何基础》。吴文俊在希尔伯特的著作中发现，希尔伯特首先指出了几何定理可以不必逐一证明，而是一类定理可以用统一的方法一起证明; 在引入适当的坐标后，这种统一的方法也可以算法化。吴文俊的这一发现是出人意料的，因为希尔伯特《几何基础》向来被奉为现代公理化方法的经典，能够从中找到定理证明机械化的思想借鉴，这反映了吴文俊对历史考察的深度。

吴文俊注意到，希尔伯特是第一个试图使数学全部机械化的数学家，其著名的数理逻辑纲领由于哥德尔不完全性定理而遭受挫折。吴文俊却指出：希尔伯特的想法有些部分仍是可行的，关键是选择适当的范围，使一方面在这缩小的范围内的定理可用统一的方法证明 (或否证)，另一方面这个范围又包含了足够的有意义的定理。吴文俊关于初等几何的机械化定理和初等微分几何的机械化定理，恰恰都给出了这种适当的范围。吴文俊希望用这种方式跨越数学的诸领域。这样，吴文俊的定理证明机械化理论，很清楚正是循着下面的历史轨迹发展的:

中国古代数学 → 笛卡儿 → 希尔伯特。

吴文俊创立数学机械化理论的另一个转折点，是由单纯的几何定理证明到更一般的解方程。这一转折也有着很强的数学史背景。我们知道，笛卡儿的解析几何不过是他建立所谓"通用数学"计划的一个具体实现。笛卡儿的"通用数学"实际上是一个将一切问题化为代数方程问题来求解的计划，吴文俊多次在讲演与论文中征引载于笛卡儿未完成的著作《指导思维的法则》中的这一计划。吴文俊本人研究几何定理机器证明的实践，也使他认识到：许多问题最后都归结为解方程，而定理机器证明可看成是解方程的特殊应用。这促使吴文俊提出了一个后来被证明卓有成效的将问题化为代数方程求解的数学机械化方案，其中最关键的步骤是将代数方程组化为单个代数方程。

笛卡儿当初显然忽视或低估了这方面的困难，他在《几何学》一书中倾力给出了解一元高次方程的机械作图法，而对怎样将多元方程组化为一元方程则未置一词。在欧洲，较系统的多元高次代数方程消元法直到 18 世纪末才出现在 E· 别朱 (1730—1783) 等人的著作中，而至今国外尚无完整的求解非线性多项式方程组的方法。目前唯一完整的方法是吴文俊发现的三角化整序法，国际上称之为"吴算法"，而吴算法恰恰有着中国数学史的借鉴，就是宋元数学家的"四元术"等。吴文俊本人说道:"我解方程的方法基本上可以说是从朱世杰那儿来的，他用消去法，一个个消元，方法上可以说有个原始的样板。当然朱世杰没有什么理论，很粗糙，就是算;我发展下来，有一个真正现代数学的基础，就是代数几何。"

吴文俊上述这段话表明，从历史借鉴到理论创新并不是当然的过程，如果停留于历史的考察，那么"借鉴"将只能是一种愿望或设想。正是在这里，需要数学家们高度的创造性。例如，上面提到的吴文俊的三角化整序法，正是在现代代数几何的基础上发展宋元数学家的消去法，并且打破现代代数几何研究中的理想论论式传统，恢复零点集论式而取得的巨大成功。又如，在初等几何定理证明中，将杂乱无章的代数关系式整理成序是问题的关键，这也需要代数几何的帮助，吴文俊摆脱了流行的存在性理论，采用经他本人改造的构造性理论而使问题有所突破，等等。这些应该是数学机械化的专门内容了。

综观中外数学史，许多重大的发明都是历史借鉴与当代创造的完美结合。吴文俊的数学机械化理论，提供了又一个范例。从吴文俊的数学史研究，到他的数学机械化理论的创立、完善，其中有许多问题本身就是数学史研究饶有意义的课题，值得数学史与数学工作者认真探讨。

## 五、丝路精神，光耀千秋

2002 年 8 月，举世瞩目的第 21 届国际数学家大会在北京召开，吴文俊院士荣任大会主席，他在开幕式主席致辞中指出:

"现代数学有着不同文明的历史渊源。古代中国的数学活动可以追溯到很早以前。中国古代数学家的主要探索是解决以方程式表达的数学问题。以此为线索他们在十进位值制记数法、负数和无理数及解方程式的不同技巧方面做出了贡献。可以说中国古代的数学家们通过'丝绸之路'与中亚甚至欧洲的同行们进行了活跃的知识交流。今天我们有了铁路、飞机甚至信息高速公路，交往早已不再借助'丝绸之路'，然而'丝绸之路'的精神 —— 知识交流与文化融合应当继续得到很好的发扬。"

正是为了发扬丝路精神，就在北京国际数学家大会召开的前一年，吴文俊院士从他荣获的国家最高科技奖奖金中先后拨出 100 万元人民币建立了 "数学与天文丝路基金"(简称 "丝路基金")，鼓励支持有潜力的年轻学者深入开展古代与中世纪中国和其他亚洲国家数学与天文学沿丝绸之路交流传播的研究，努力探讨东方数学与天文遗产在近代科学主流发展过程中的客观作用与历史地位，为我国现实的科技自主创新提供历史借鉴，同时通过这些活动逐步培养出能从事这方面研究的年轻骨干和专门人才。

诚如前述，吴文俊院士自 20 世纪 70 年代以来的数学史研究揭示了数学发展史上的两大主要活动: 证明定理和求解方程。定理证明是希腊人首倡，后构成数学发展中演绎倾向的脊梁; 方程求解则繁荣于古代和中世纪的中国、印度，导致了各种算法的创造，形成了数学发展中强烈的算法倾向。统观数学的历史将会发现，这两大活动构成了数学发展的两大主流，二者相辅相成，对数学的进化起着不可或缺、无可替代的重要作用。特别应该指出的是，正是沿丝绸之路进行的知识传播与交流，促成了东西方数学的融合，孕育了近代数学。

然而，遗憾的是，相对于希腊数学而言，数学发展中的东方传统与算法倾向并没有受到应有的重视甚至被忽略。有些西方数学史家就公然声称中国古代数学“对于数学思想的主流没有影响”。要澄清这一问题，除了需要弄清什么是数学发展的主流，同时还需弄清古代中国数学与天文学向西方传播的真情实况，而这种真情实况在许多方面至今仍处于层层迷雾之中。揭开这层层迷雾，恢复中西数学与天文传播交流历史的本来面目，丝绸之路是一条无可回避和至关重要的线索。

中国古代数学在中世纪曾领先于世界，后来落后了，有许多杰出的科学成果在14世纪以后遭到忽视和埋没，有不少甚至失传了。其中有一部分重要成果曾传到亚洲其他国家，特别是沿丝绸之路流传到中亚各国并进而远播欧洲。因此，探明古代中国与亚洲各国沿丝绸之路数学与天文交流的情况，对于客观地揭示近代数学中所蕴含的东方元素及其深刻影响，无疑具有正本清源的历史价值。

当今中国正处在加速社会主义现代化建设，赶超世界先进水平的重要历史时期。我们要赶超，除了学习西方先进科学，同时也应发扬中国古代科学的优良传统。在这方面，吴文俊院士本人身体力行，同时也大力提倡年轻学者继承和发扬中国古代科学的优良传统并在此基础上做出自己的创新。要继承和发扬，就必须学习和发掘。因此，深入发掘曾沿丝绸之路传播的中国古代数学与天文遗产，对于加强我国科学技术的自主创新具有重要的现实意义。

这方面的研究以往由于语言和经费等困难在国内一直没有得到应有的开展，而推动这方面的研究，是吴文俊先生多年来的一个夙愿。他设立的“数学与天文丝路基金”，必将产生深远影响。几年来，在吴文俊丝路基金的支持、推动下，有关的研究得到了积极的开展并取得了初步的成果，由吴先生任名誉主编的大型丛书《丝绸之路数学名著译丛》已由科学出版社出版(2008)，同时还出版、发表了一系列中外数学天文史比较研究的专著和研究论文。特别是，吴文俊丝路基金支持的分布各地的课题组，已形成一支中外数学天文史比较研究的、有发展潜力的中青年专家队伍。另外，吴文俊丝路基金支持的“沿着丝绸之路”等国际会议的成功召开，有力地促进了这方面的国际交流与合作。“千里之行始于足下”，吴文俊“数学与天文丝路基金”所开辟的数学史方向，已经有了良好的开端，必将引导更多的有志之士特别是年轻学者投身探索，为弘扬中华科学的光辉传统与灿烂文化，同时也为激励更多具有中国特色的自主科技创新而作出重大贡献。

值此吴文俊院士九十华诞之际，我们谨向吴文俊院士致以崇高的敬意。

丝路精神，光耀千秋!

## 参考文献

[1] 吴文俊. 我国古代测望之学重差理论评介，兼评数学史研究中某些方法问题//科技史文集(8). 上海：上海科学技术出版社，1982

[2] 吴文俊. 从《数书九章》看中国传统数学构造性与机械化的特色//秦九韶与《数书九章》. 北京：北京师范大学出版社，1986

[3] 吴文俊.《海岛算经》古证复原//《九章算术》与刘徽. 北京：北京师范大学出版社，1982

[4] 吴文俊. 出入相补原理//中国古代科技成就. 北京：中国青年出版社，1978

[5] Wu Wen-Tsun. Opening speech of ICM-2002//Proceedings of the ICM-2002, I. 21-22. Beijing: Higher Education Press, 2002

## 1.8 新兴领域对控制理论的需求和挑战*

程代展 中国科学院数学与系统科学研究院

控制理论具有两个明显的特征: 一个是它具有数学的严密性; 另一个是它在科学与工程中的广泛应用。一方面控制理论涉及的数学十分广泛，几乎所有的数学工具都能用上。关肇直先生曾说过，研究控制理论，十八般武艺都能用上。而历史上真正对控制理论做出突出贡献的学者，如 Pontryagin, Bellman, Kalman，都是数学家。控制论创始人 Wiener 有一本自传《我是一个数学家》(Wiener，1964)。

另一方面，控制理论有其极强的实践性。回顾控制理论的历史，是自动调节或控制装置的开发和应用催生了控制理论。早在远古时代，中国的指南车、地动仪、翻斗水车等，就是早期的自动化装置。明朝科学家宋应星写的《天工开物》，里边有许多中国古代的自动化装置。在西方，一千多年前雅典的克泰希以斯水钟利用反馈原理调节流量。在欧洲工业革命时期出现的瓦特蒸汽机的离心调速器，俄国人发明的锅炉水位自动控制装置，以及较后出现的轮船自动驾驶仪等，则已具备近代自动控制器械的雏形。

到了 20 世纪初，在工业过程控制中出现了 PID 控制器; 瑞典工程师 Dalen 发明了用于灯塔和浮标照明储气器的自动调节器，从而获得了 1912 年诺贝尔物理学奖。1913 年，Wright 兄弟的飞机飞行成功，飞机控制成为另一个研究热点; 在理论研究方面的进展包括: Nyquist 和 Bode 发展了一套检测系统稳定性的办法，Lyapunov 的运动稳定性理论，Hurwitz 和 Routh 等的稳定判据，以及苏联学者提出的谐波平衡法 …… 这一切都为控制论的诞生准备了条件。

第二次世界大战期间，为了设计火炮定位装置、雷达跟踪系统、飞行器及战舰的自动驾驶仪，甚至包括初期导弹制导等，自动控制的相关理论和新技术得到很大发展。这个时期的主要成果形成了以反馈理论为基础，以传递函数、拉氏变换为主要工具的古典自动控制理论。Wiener 在 1948 年出版了一本书，叫《控制论 —— 关于在动物和机器中控制和通信的科学》。这本书提出或概括了许多控制论中的概念和方法，如反馈、稳定性、镇定等。通常将这本书作为控制论诞生的标志。但实际

---

* 转载自《系统与控制纵横》2015 年第 2 期。

上，是钱学森的《工程控制论》平息了学术界对维纳控制论的怀疑，使控制论与工程应用紧密联系起来了。此后，由于航空、航天等新技术的需求，以及近代计算机的助力，控制理论又有了一个较大的飞跃。代表性的理论贡献包括 Pontryagin 的极大值原理、Bellman 的动态规划、Kalman 的状态空间方法及 Kalman 滤波。这些工作使控制理论有了一个质的飞跃，建立在这些工作基础上的理论成果被称为现代控制理论。因此，从学科自身的特点看，工程以及科学研究中的应用是控制理论的一条重要生命线。

再从控制理论学科发展的时间点看，控制论在 20 世纪兴起并隆极一时。钱学森曾说过相对论、量子力学和控制论被认为是 20 世纪最伟大的三项成就。2010 年何毓琦先生转发了美国 NSF 项目主管的一句话:“控制已经死了”(control is dead)，这在国内控制界引起一场轩然大波。不管对这些说法的认同程度如何，有一点大概是不争的事实: 目前，控制论被人们关注的程度比 20 世纪下降了许多。其实，这一点也不奇怪: 20 世纪下半叶是现代控制理论的创世期，自然会是轰轰烈烈。当一种面向应用的理论体系成形并且成熟后，对它的关注度一定会下降。

但是，对单纯理论研究兴趣的降低并不说明学科重要性的降低。正因为控制理论在理论和方法上的成熟，它开始在众多科学技术领域发挥越来越大的作用。因此，如果用一句话概括控制理论现状的话，或许可以说 “现在是应用 (特别是高科技) 导向的控制理论发展的黄金时期”。20 世纪，当人们谈论控制理论时，常常按照系统 (即控制对象模型) 的形式将控制理论分为线性系统 (理论)、非线性系统 (理论)、分布参数系统 (理论)、随机系统 (理论) 等。这样的划分，不仅体现了模型的不同，也反映了所使用的基本数学工具与方法的差异。可以说，这是基础理论研究导向时期的特征。从 20 世纪末到 21 世纪初十余年，由于信息爆炸，高新科技的飞速发展，以及科学技术对空间、时间、速度、能量、温度、压力等极限条件的挑战，应用导向的控制理论研究成为主流。因此，当今人们谈论控制理论时通常冠以研究对象，如复杂系统控制、网络控制、飞行器控制等。正是这些高科技领域的飞速发展，为控制理论的发展提出了挑战，也提供了大好的发展机遇。当然，这并不意味着控制学科自身的理论突破不会在将来某个时间点再次成为主流，恰恰相反，高科技的挑战或许会是重大理论突破的导火索。

那么，当代哪些新兴的科技领域对控制理论的挑战最大，或对控制理论的发展影响最大呢? 先从广义角度看，包括控制理论在内的整个科技界所面临的主要挑战性问题有哪些呢? 国际上在这方面也有许多讨论。例如，美国国家工程院和欧盟组织的一些专家近期提出的一些研究报告都对此发表了一些有价值的探索 (National Academy of Engineering，2008; European Commission, 2010a; European Commission,

2010b; Ogle, 2007)。从美国国家工程院的报告 (National Academy of Engineering, 2008) 看，主要提到①太阳能、风能等环境友好型能源的开发，对核能的安全使用等; ②二氧化碳的减排和生物吸收，防范酸雨, 水污染、全球变暖，对氮循环的反措施、水资源保护等; ③大脑的逆向工程、健康信息的计算机处理、开发新药等; ④对付恐怖主义以及地震、暴风等灾害; ⑤计算机病毒、网络空间的安全保障等。欧盟组织的一些专家的报告 (European Commission, 2010a; European Commission, 2010b; Ogle, 2007) 大致类似，但也有各自不同的侧重点。文献 (Samad and Annaswamy, 2011) 将以上报告中提出的主要挑战大略地总结为四个方面: 能源、环境、交通、生命健康。

由于控制理论在科学技术及各种工程问题中的普适性，当今社会对科技领域的挑战几乎无一例外地直接或间接地转化成为新兴科技领域对控制理论的挑战。当然，作为控制领域的科研人员，我们有必要将广义需求与具体学科特点相结合，提出更具体的控制理论学科所面临的挑战和应战的举措、路线或设想。国际控制界的组织和学者在这方面也做了许多探索。

在 21 世纪初，美国空军部曾组织一批国际控制论著名专家，研讨新世纪控制论的走向。在研讨报告 (Richard et al., 2003) 中指出，前瞻的应用研究方向包括: ①飞行器与交通; ②信息与网络; ③机器人与智能机器; ④生物学与医学; ⑤材料与过程等。这是一份很有价值的研究报告，对每个研究方向都有详细的说明。和美国工程院、欧盟组织的一些专家的报告 (National Academy of Engineering, 2008; European Commission，2010a; European Commission, 2010b; Ogle, 2007) 相比，它更强调挑战问题背后的科学问题。

2011 年，IEEE 控制系统协会 (IEEE Control System Society) 组织一批专家撰写了一份新的关于自动控制的研究报告，标题是《控制技术的威力 —— 综述、成功故事和挑战》(*The Impact of Control Technology—Overview, Success Stories, and Research Challenges*)。其中，提到的新的交叉研究方向包括: ①网络化决策系统 (Net Worked Decision Systems); ②网络物理系统 (Cyber- physical Systems); ③认知控制 (Congnitive Control); ④系统的系统 (Systems of Systems)。该报告列举的控制理论所面临的挑战性问题可大致归纳如下: ①生物系统控制; ② 能源与智能电网; ③网络与通信; ④汽车控制; ⑤控制装置 (原子力显微器、采油平台等); ⑥经济系统; ⑦算法与可靠性等。

国际自动控制联合会 (IFAC) 最近的一份战略规划 (IFAC, 2012) 还列举了八个新的发展方向，包括: ①网络化控制系统 (Networked Control Systems); ②量子控制 (Quantum Control); ③微系统与纳米系统 (Microand Nano Systems); ④智能

建筑 (Smart Buildings); ⑤博弈论方法 (Game-theoretic Methods); ⑥控制的优化 (Optimization for Control); ⑦医疗保健系统控制 (Control of Healthcare Systems); ⑧逻辑网络与逻辑动态系统 (Logical Networks and Logical Dynamic Systems)。

综上可见，国际学术组织和相关国家也十分重视现实世界的挑战及其带来的学科发展的方向性研究。对控制领域的研究基金向应用而不是基础研究倾斜，特别重视应用中的挑战性问题 (报告原文:"…… recent funding trends in control point toward applied rather than basic research and toward the pursuit of application challenges")。实际需求和挑战对具体学科及相关研究具有重大的指导意义。特别是像控制理论这样为前沿科技发展服务的学科，必须与时俱进。这使得研究新兴领域对控制理论的需求和挑战成为一个刻不容缓的重要课题。

中国是最大的发展中国家，有自己的国情。根据我国的发展阶段和现状，我们一方面必须关注国际自动控制领域的发展动向，在研究工作中与国际接轨，力求做出前沿突破性的工作。另一方面，也要根据中国的国情，包括国民经济的需求，按照有所为有所不为的原则，提出我们所面临的主要需求和挑战，以及应对这些挑战的战略设想。下面提出几个挑战性问题。

(1) 航空航天: 无论是航空飞机还是航天飞行器都是国际科学技术竞争和对抗的前沿，是国家的迫切需求，它们的控制问题面临许多挑战。这些挑战包括: 模型的复杂性，即非线性、相合、高速、不确定等; 异构控制; 信息、通信、环境、容错以及计算机数值实现等。

(2) 新能源与智能电网: 目前，能源资源的短缺与激烈的国际竞争，成为对人类生存与发展的重大考验。然而，风能、太阳能等新能源存在难以储存、难以控制等特性。建立能控制的智能电网，包括大型蓄能装置、燃料电池，涉及电网的自愈、兼容、优化、互动与集成。这一切都需要新的系统建模、估计和预测、协调控制等控制理论工具。

(3) 生物系统调控: 生命科学被认为是 21 世纪的科学，这是因为人类基因组计划的完成和测序技术等的进步，使人们对生命体的研究从对单元素的研究进入了对整个系统的研究。系统生物学需要将经典的分子细胞生物学方法与“组学”方法、系统控制理论、数学等组合起来，对代谢系统完成整体认知、评价，从而实现对复杂分子网络进行控制与改造。

(4) 网络化控制与多自主体协调: 人类社会如今已进入了网络时代。随着微传感器、微控制器、微电机、传感器网络与通信网络技术的高速发展，分布式的控制技术得到越来越广泛的应用。它具有集中控制系统所不具备的性质，如通信信道约束、系统连接拓扑与扩展问题、用局部控制律实现整体目标等。这些挑战要求一种网络化分布式的新的控制理论。

(5) 微观世界调控: 诞生于 20 世纪的量子理论，使人类对微观世界有了革命性的新认识，并产生了以激光、半导体和核能等为代表的第三次技术革命。量子控制是量子力学与控制论交叉的新兴学科。它在开放量子系统控制、量子系统动态解相、量子估计与传感、量子反馈控制等若干相应经典控制问题上向控制论提出了新的挑战。

“为了应对这些挑战，我们必须要发展新的数学系统与控制理论、算法、控制方法及工具”(Samad et al., 2011),“随着控制应用越来越复杂和多样化，继续与数学结合变得越来越重要”(Richard et al.，2003)。特别是考虑到我们所处的计算机时代，以及计算机对控制发挥的日益重要的作用，“科学的重要发展将发生在计算机科学和对科学发展有潜在深刻影响的诸多科学交界的领域，特别是研究复杂系统的科学领域”(Emmott, 2006)。因此，这些挑战的解决很可能会依赖于一些与计算机相关的新的数学工具。

## 参考文献

[1] 贝塔朗菲 · 冯. 一般系统论. 魏宏森, 译. 北京：清华大学出版社，1987
[2] 钱学森. 论系统工程. 长沙：湖南科学技术出版社，1982
[3] 英大百科. 中文版. 1985, 4
[4] 普利戈金, 斯唐热. 从混沌到有序. 曾庆宏, 沈小峰, 译. 上海：上海译文出版社，1984
[5] Bukhachenko A L. 还原论 —— 检验真理的标准. 俄罗斯科学院通报 (俄文)，2013, 83: 12
[6] 钱学森. 物理力学讲义. 北京：科学出版社，1962
[7] Maxwell N. The Comprehensibility of the Universe. Oxford: Clarendon Press, 2003
[8] 吴文俊. 计算机时代的脑力劳动机械化与科技现代化. 蔡自兴、徐光佑著《人工智能及其应用》一书的代序. 北京：清华大学出版社，2004
[9] Weinberg S. Lake Views—This World and Universe. Harvard: Belknap Press of Harvard University, 2011
[10] 吴杰. 系统哲学. 北京：人民出版社，2008
[11] 李喜先. 科学系统论. 北京：科学出版社，1995
[12] Brockman J. What We Believe But Cannot Prove. New York: Harper Collins, 2006
[13] Wiener N. Differential space. J. Math. Phys., 1923, 3:131-174
[14] Wiener N. Un probleme de probabilities denombrables. Bull. Sos. Math. France, 1924, 52: 569-578
[15] Kolmogorov A N. Uber die analytischen metoden in der Wahrscheinlich-Keitsrehnung. Math. Ann, 1931, 104: 415-458

[16] Ito K. Stochastic intgral. Proc. Imp. Acad. 1944, 20: 519-524
[17] Chen H F(陈翰馥), Guo L(郭雷). Identification and Stochastic Adaptive Control. Boston: Birkhauser, 1991
[18] 侯振挺, 郭先平. 马尔可夫决策过程. 长沙：湖南科学技术出版社，1997
[19] Yong J M(雍炯敏), Zhou X Y(周迅宇). Stochastic Control. New York: Springer, 1999

# 二　己立立人

## 2.1　聚贤集智，与时俱进
## —— 中国系统工程学会四十年发展侧记

中国系统工程学会秘书处

1978 年，《文汇报》刊登钱学森、许国志、王寿云撰写的《组织管理的技术 —— 系统工程》文章，在刚吹起科学春风的年代各地掀起了普及推广、学习应用系统工程的热潮。1979 年 10 月 11—17 日在京西宾馆举行了北京系统工程学术讨论会。会议由国防科委发起，联合中国科学院、教育部、中国社会科学院、各工业部门、总参、总后、各军兵种、军事科学院等单位共同召开。在这次会议上钱学森、关肇直、许国志、刘豹、陈珽、刘源张、宋健、李国平、张钟俊、薛葆鼎、汪浩等 21 位专家发起倡议成立全国性的系统工程学术团体，并组建中国系统工程学会筹委会。1980 年 9 月 12 日中国科协正式批文 (80) 科协发学字 278 号文，11 月 18—22 日，中国系统工程学会成立大会暨第一届学术年会在北京召开。创立伊始，由自然科学领域的科学家钱学森和社会科学领域的经济学家薛暮桥担任名誉理事长，充分体现系统工程跨部门、跨领域交叉学科性质特点。首任理事长为时任中国科学院系统科学研究所所长关肇直院士，到目前为止已有十届理事会，其中第二、三届理事长是许国志，第四、五届理事长是顾基发，第六、七届理事长是陈光亚，第八、九届理事长是汪寿阳，第十届理事长是杨晓光。学会的建立不仅为系统工程各种专业的研究工作者以及各条战线真正实践和关心系统工程发展的领导和管理工作者创造了互相学习、互相交流的条件，架起了与各界联系的桥梁，也切实推动了系统工程在国家经济建设和社会发展的各个领域的推广普及应用。1988 年学会编撰出版《系统工程案例集》，学会成立八年后在教育、交通、能源、工程设计、农业、矿业、经济、企业管理、军事、环境、大型项目、水资源、生物和医学等方面应用系统工程获得可喜成果。时至今日，从中央文件到各级领导讲话中经常对一些复杂的大问题冠以 “这是一项 (复杂的) 系统工程”，显示出系统工程已深入人心。

学会首要的任务是学术交流，学会自创立到进入 21 世纪，已开展国内外学术交流 150 余次，其中，国内综合性、专业性学术会议 130 多项，国际学术交流 20

余项，参加交流人数累计达 1.5 万人次，交流论文万余篇，出版学术会议论文集和科技图书 50 多种，进入 21 世纪后，随着经济高速稳定发展、科技投入加大，学术活动空前踊跃，不断涌现出新分支学科交流，显示出蓬勃发展的态势。在国内学术交流中，具有规模和影响的活动有每两年举行一次的中国系统工程学会学术年会，从 1980 年至 2018 年已召开 20 届，从第三届年会起，每届都有与经济建设密切相关的主题 (表 1)。从第五届年会起开始出版会议论文集，直至 2012 年第 17 届学术年会，共出版 13 卷。此后为适应国内科研评估和知识产权等政策需求，不再出版正式论文集，改为摘要集并由万方收录到文献库中，同时会议推荐投稿论文到学会主办的期刊发表。自 2017 年，中国系统科学大会创办，以一年一次的频率举办，学会作为会议的一个依托平台，有力地支撑了该大会的顺利组织，更体现了社会经济发展进入新时代以来学会所代表的学术共同体继承并发展钱学森创建的系统学，进一步丰富系统学研究，构建系统科学学科体系的系统性行动。

**表 1 学会学术年会举办时间和会议主题**

| 名称 | 地点 | 时间 | 主题 | 规模 |
| --- | --- | --- | --- | --- |
| 成立大会暨第一届学术年会 | 北京 | 1980/11/18—22 | | 118 |
| 第二届学术年会 | 长沙 | 1982/4/28—5/2 | | 198 |
| 第三届学术年会 | 武汉 | 1983/11/21—27 | 系统工程为国民经济和国防建设服务 | 293 |
| 第四届学术年会 | 西安 | 1985/7/14—19 | 2000 年的中国与系统工程 | 256 |
| 第五届学术年会 | 歙县 | 1987/10/21—24 | 发展战略与系统工程 | 289 |
| 第六届学术年会 | 天津 | 1990/8/2—6 | 科学决策与系统工程 | 149 |
| 第七届学术年会 | 上海 | 1992/10/14—16 | 企业发展与系统工程 | >100 |
| 第八届学术年会 | 北京 | 1994/11/16—18 | 复杂巨系统理论、方法、应用 | 200 |
| 第九届学术年会 | 南京 | 1996/11/27—30 | 系统工程与市场经济 | 120 |
| 第十届学术年会 | 广州 | 1998/12/2—4 | 系统工程与可持续发展 | 180 |
| 第十一届学术年会 | 宜昌 | 2000/11/4—7 | 系统工程、系统科学与复杂性研究 | 180 |
| 第十二届学术年会 | 昆明 | 2002/11/1 | 西部开发与系统工程 | 200 |
| 第十三届学术年会 | 长沙 | 2004/10/28 | 全面建设小康社会与系统工程 | 150 |
| 第十四届学术年会 | 厦门 | 2006/10/31—11/2 | 科学发展观与系统工程 | 200 |
| 第十五届学术年会 | 南昌 | 2008/10/22—23 | 和谐发展与系统工程 | 300 |
| 第十六届学术年会 | 成都 | 2010/10/13—16 | 经济全球化与系统工程 | 250 |
| 第十七届学术年会 | 镇江 | 2012/10/26—28 | 社会经济发展转型与系统工程 | 300 |
| 第十八届学术年会 | 合肥 | 2014/10/24—26 | 协同创新与系统工程 | 650 |
| 第十九届学术年会 | 北京 | 2016/10/29—30 | 系统工程与创新发展 | 900 |
| 第二十届学术年会 | 成都 | 2018/10/27—28 | “一带一路” 与系统科学/系统工程 | 800 |

为扩展中国学者与国际同行的交流，学会创立之后，许国志理事长等通过各方渠道与国际同行交流的同时，从 1988 年起，由学会发起在北京举办了三届系统科

学与系统工程国际会议 (ICSSSE'88，ICSSSE'93 和 ICSSSE'98)，第一届会议时国际应用系统分析研究所 (IIASA) 即为协办机构，第二届 IEEE SMC，国际系统研究联合会 (IFSR)，日本系统研究所 (JISR) 等也成为协办单位，国际会议成为当时国内系统科学与系统工程学者与世界沟通的窗口，有利拓展了学会及国内学者与国际同行对话，并开拓自身的学术影响力，也给国际机构提供了进入国内开展学术交流活动的机会，例如，IEEE SMC 年会于 1996 首次在华举办 (北京，1996 年 10 月 14—17 日)。第四届系统科学与系统工程国际会议移师到香港举办后考虑到改革开放后培养的学者已具有参与其研究领域的国际顶级学术组织学术活动的能力，此项国际会议的培育发展任务已圆满完成，国际会议不再继续。

通过前期的国际学校交流，学会不仅与一些国际性学会如国际运筹学联合会 (IFORS) 和 IEEE 的 SMC 委员会等建立联系，共同组织了国际会议，亦成为国际系统研究联合会 (IFSR) 和国际模糊系统协会 (IFSA) 的成员组织，凸显了中国系统研究学派的实力和影响力。而中国系统研究学派的形成伴随着学会的创立和发展，始终离不开钱学森满怀热情的研究探索和宽阔视野，从系统工程学科建立到提出开放复杂巨系统的概念和解决开放复杂巨系统问题的从定性到定量综合集成方法论，通过系统学讨论班海纳百川，博采众长而提出创建系统学的目标，为中国系统科学与系统工程的发展树立了目标。学会于 1991 年 12 月和 1996 年 12 月分别在北京举行钱学森系统科学与系统工程学术思想讨论会，会议就钱学森系统科学与系统工程学术思想的由来和发展及其在理论与应用发展方面所作的贡献进行研讨，其中钱学森出席了 1991 年的讨论会。通过钱学森、许国志等不断促进和推动下，学会在创立 40 年间学术交流不断深化并国际化的过程亦是中国系统学派树立的过程。1995 年创办并持续三届的中英日系统方法论研讨会就是联络英国和日本两国系统学者交流，并深化中国系统学派的重要节点。2002 年学会卸任理事长并在日本 JAIST 任教的顾基发教授当选 IFSR 主席，2012 年创立的国际系统与控制科学院 (IASCYS)，学会多位前理事长、副理事长和现任副理事长任职会士，显现着学会始终的国际影响力。

学会为了开展工作，相继成立了工作委员会，率先成立的学术工作委员会承担了年会组织工作，前面所讲的国际交流活动则由设立在清华大学的国际交流工作委员会发挥着重要作用。期刊与编辑出版工作委员会最早设立在天津大学，协调组织了学会主办或者协办的系统工程领域相关期刊的办刊和出版等。至今，学会作为第一主办单位的期刊有 5 种，分别是《系统工程理论与实践》《系统工程学报》《系统科学与系统工程学报》(英文版，*JSSSE*)《交通运输系统工程与信息》和 *Journal of Systems Science and Information*(《系统科学与信息学报》)，其中 *JSSSE* 是 SCI

期刊境外由 Springer 分销;《系统工程理论与实践》为 EI 全文索引期刊，长期占据信息科学与系统科学类期刊评比之冠。

在教育与普及专业委员会组织下，学会于 2000 年前曾连续举办了四届系统科学与系统工程青少年夏令营，从青少年起培养他们对系统工程的兴趣。此后，还在国防科大举办过大学生夏令营，进一步发现和吸引投身系统工程的研究生。

学会初期的蒸蒸日上体现了系统工程学科的蓬勃发展，一个重要方面是不少老、中系统工程专家为举办各种系统工程培训班作出了不懈的努力，钱学森先生带头为中央上层领导作宣传普及，其他同志在中央各部委、地方向各司、局级以及其他专业和行政干部作过不少报告，举办过各种形式的训练班，其中农业系统工程的培训班是最突出的，训练出一大批具有农业系统工程知识的领导干部和专业人员、取得了全国 500 个县运用系统工程帮助制订地区和农业区域规划工作的成就。2000 年学会举办的 "系统科学与工程" 高级研讨班，为培养系统科学人才走出的第一步棋子。同年我国第一本《系统科学》教材和反映我国系统科学与系统工程 20 年的研究成果《系统科学与工程研究》专著的出版，在促进系统科学与系统工程的发展中迈出了坚定的一步。学会申报获得中国科协的资助，分别出版了《2009—2010 系统科学与系统工程学科发展报告》《2014—2015 系统科学与系统工程学科发展报告》，对近十几年中国系统科学与系统工程的发展和主要成就，进行了系统的总结梳理，并由中国科协向全球推介。

学会重视青年人才的成长，1992 年学术年会上即同意设立青年工作委员会，由西安交通大学负责。1991 年青年工作委员会主持下的第一届全国年会，即全国青年管理科学与系统科学年会在西安召开，此后按照每两年一届的原则坚持，今年将举办第 16 届。值得一提的是，青年工作委员会倡议下设立的学术会议优秀论文奖已超过 20 年，是该领域最早针对青年学者特别是研究生所设立的奖项，显示了学会栽培青年科技人才方面的持之以恒的决心。1988 年开始中国科协设立的中国青年科技奖以来，学会推荐者已有 15 人获奖。在中国科协的青年托举人才项目中，学会推荐人选在首批项目中即获得资助，此后顺利主持一次中国科协青年科学家论坛，并在 2015 年和 2019 年获得国家自然基金委优秀青年基金和杰出青年科学基金。

为了鼓励系统科学与系统工程的不断创新，促进系统科学与系统工程在各个领域中推出创新性理论成果和创造性应用成果，促进系统科学与系统工程在我国国民经济建设和社会进步中的应用和实践，根据中华人民共和国国务院颁布的《国家科学技术奖励条例》和科学技术部颁发的《社会力量设立科学技术奖管理办法》，在充分酝酿和科学出版社的支持下，学会于 2012 年开始设立 "系统科学与系统工程科学技术奖”，包括终身成就奖、理论奖和应用奖 (简称科技奖)。每两年评选并在当年年会上颁奖，第三届科技奖评选时增设青年科技奖，第四届增设优秀博士论文奖，通过系列奖项，制定并不断完善奖励条例，表彰在系统科学与系统工程领域做出重大贡献者，即在系统科学与系统工程领域的理论方面做出创新性成果或在系统科学与系统工程领域做出产生显著社会效益或经济效益应用成果的个人以及青年才俊。至今终身成就奖、理论奖和应用奖分别各有 8 人获得，9 人获得青年科技奖，5 篇博士论文作者获得优博奖。

学会至 2014 年经过中国科协和民政部审批成立了专业委员会 16 个，分别是：军事系统工程专业委员会、系统理论专业委员会、社会经济系统工程专业委员会、模糊数学与模糊系统专业委员会、农业系统工程专业委员会、教育系统工程专业委员会、信息系统工程专业委员会、科技系统工程专业委员会、交通运输系统工程专业委员会、过程系统工程专业委员会、决策科学专业委员会、人–机–环境系统工程专业委员会、林业系统工程专业委员会、草业系统工程专业委员会、系统动力学专业委员会和医药卫生系统工程专业委员会。2014 年开始随着政策调整，4 年间，学会相继批准了 11 个专业委员会成立，包括金融系统工程专业委员会、船舶和海洋系统工程专业委员会、能源资源系统工程分会、服务系统工程分会、物流系统工程专业委员会、水利系统工程专业委员会、应急管理系统工程专业委员会、港航经济系统工程专业委员会、可持续运营与管理系统分会、系统可靠性工程专业委员会和智能制造系统工程专业委员会。这些分支机构各自的学术活动不断拓宽了系统科学与系统工程的学科边界和应用领域。

中国系统工程学会的成立和中国系统工程的发展得益于国家的改革开放和中国经济高速发展，随着中国加入 WTO 到目前成为全球第二大经济体的进程中，大型基建工程、高速铁路、探月计划、航空母舰、大型民用飞机等无不展现着系统工程的卓越成就。如果说 1988 年出版的《系统工程应用案例集》中所展示的系统工程应用只是小试牛刀，初露锋芒，那么展示现代复杂系统工程的应用实践则在现实中触手可及，直接影响到百姓生活的方方面面。互联网时代以来，云计算、大数据、物联网等，尤其是人工智能技术的全面普及应用所引发的第四次产业革命带来新发展机遇，而随着中国经济增长进入转型期，国家发展处在全面建成小康社会的决胜阶段，更为棘手的复杂系统工程问题摆在面前，教育、卫生健康、“一带一路”、国家与社会安全、城镇化、环境生态、创新与就业增长等，机遇与挑战已对中国系统工程提出更高而紧迫的任务，中国系统工程学会也理应正视挑战，在国家发展的新时代脚踏实地继续前行。

近四十年来，在中国科协的领导和关怀下，中国系统工程学会团结和组织广大系统科学和系统工程工作者，积极投身社会主义现代化建设，成长为中国系统科学和系统工程科技工作者的学术性群众团体，成为发展中国系统科学和系统工程科技事业的一支重要的社会力量。在中国系统工程学会即将迎来四十年成立之际，学会将继续努力，与时俱进，壮大学会，在中国科协的领导下，进一步通过广泛开展国内外学术交流、系统科学与系统工程普及等方面的活动，为提升我国系统科学与系统工程发展、促进科技人才的成长和提高继续努力，真正发挥中国科协联系系统科学与系统工程工作者的纽带作用。不断发展同国际系统科学团体友好联系和交往，强化中国系统学派的国际影响力，为促进世界系统科学的进步贡献力量。

## 2.2 控制理论专业委员会的历史、现在及未来

中国自动化学会控制理论专业委员会秘书处

中国自动化学会控制理论专业委员会 (Technical Committee on Control Theory, Chinese Association of Automation) 成立于 1961 年 11 月底，是中国自动化学会成立时最早设立的四个专业委员会之一，也是中国自动化学会目前最活跃的专业委员会之一。其宗旨是团结国内外从事控制理论、系统理论及其应用研究的科学技术人员，促进控制理论和系统理论的发展与普及，加强控制科学和系统科学的应用研究，密切理论研究部门与工程实际部门之间的联系，为我国系统控制科学的发展及经济建设和国防建设服务。

自成立以来，控制理论专业委员会一直致力于构建学术交流与合作的平台，成功开展了形式多样、规模不等的学术交流活动，如中国控制会议、1988 年国际自动控制联合会 (IFAC) 辨识和系统参数估计会议、1999 年第 14 届 IFAC 世界大会、2009 年第 48 届 IEEE 决策与控制会议 (IEEE CDC) 和第 28 届中国控制会议联合大会、中日双边会议、控制科学与工程前沿论坛、系列性学组研讨会等。

中国控制会议是控制理论专业委员会主办的系列学术年会，其前身是“全国控制理论及其应用学术会议”。1979 年，第一届“全国控制理论及其应用学术会议”在福建厦门召开。1994 年，在广泛征求意见的基础上，控制理论专业委员会建议并经中国自动化学会批准将每年一次的“全国控制理论及其应用学术会议”更名为“中国控制会议”(Chinese Control Conference，CCC)。自 2003 年开始，专业委员会的工作重点是推进中国控制会议的规范化和国际化。此后，中国控制会议的组织、内容、形式等多个方面都逐渐与国际上有影响的控制会议接轨。

四十多年来，中国控制会议已先后在福建厦门、广西桂林、四川峨眉山、云南昆明、安徽屯溪、黑龙江牡丹江、湖南索溪峪、山东曲阜、陕西西安、浙江杭州、山东威海、江苏南京、湖北武汉、山西太原、安徽黄山、山东青岛、江西庐山、浙江宁波、香港、辽宁大连、湖北宜昌、江苏无锡、广东广州、黑龙江哈尔滨、湖南张家界、云南昆明、上海、北京、山东烟台、安徽合肥、陕西西安、江苏南京、浙江杭州、四川成都、辽宁大连、湖北武汉等地成功举办了 38 届，投稿数量、会议规模逐年增长，影响力日益扩大，已成为国内外控制领域具有重要影响力的系列

学术会议之一。会议以中文和英文为工作语言，采用大会报告、专题研讨会、会前专题讲座、分组报告与张贴论文等形式进行学术交流。自 2005 年起会议论文集由 ISTP(CPCI) 收录，自 2006 年起会议论文集进入 IEEE Xplore，并由 EI 收录。会议的召开不仅促进了中国学者间的学术交流，更成为中国学者与国际学术界交流、了解世界的窗口。

为促进中国系统控制学科的发展，专业委员会先后设立了四个奖项。为鼓励从事系统控制理论及其应用的青年科技人员做出国际一流的成果，推动控制科学的发展，同时缅怀和纪念对推动我国控制理论及其应用的发展做出重要贡献的关肇直教授，1994 年控制理论专业委员会设立了"关肇直奖"，2003 年成为中国自动化学会的一个奖项，现已成为国内控制界有重要影响的奖项。2006 年，为活跃和丰富张贴论文形式，设立了"中国控制会议张贴论文奖"。2010 年，为表彰长期服务于专业委员会、为推动控制理论与应用在中国的发展做出杰出贡献的人士，设立了"杰出贡献奖"。2014 年，为奖励在控制科学和系统科学领域取得突出成绩的杰出学者，激励原始创新，促进中国控制科学和系统科学的发展，设立了"陈翰馥奖"。

控制科学与工程前沿论坛是由控制理论专业委员会主办的系列学术年会，是专业委员会的另一个重要学术活动。论坛面向国民经济及社会重大需求，研究系统与控制理论及其应用研究的最新动态，探讨学科发展的新生长点。参会人员以专委会顾问、委员为主。自 2009 年起，控制科学与工程前沿论坛已先后在河北昌黎、上海、陕西西安、江苏南京、山东青岛、河北承德、吉林长春、天津、浙江杭州、山东日照、新疆乌鲁木齐成功举办了 11 届。

根据控制科学理论及其应用的发展需求，控制理论专业委员会自 2015 年起设立专业学组和工作组。学组和工作组旨在团结、联合、组织相近领域的专业人士开展学术交流和科研合作，以推动控制科学在理论、技术、实际领域的前沿研究，引领学科发展方向。专委会先后设立了 14 个学组和 2 个工作组：随机系统控制学组、量子控制理论与技术学组、网络化控制系统学组、无人飞行器自主控制学组、非连续控制学组、模型预测控制学组、非线性系统与控制学组、抗干扰控制及应用学组、离散事件动态系统学组、多自主体控制学组、不确定系统建模与优化学组、物流系统智能优化与控制学组、新能源控制学组、逻辑系统控制学组；控制理论与应用教育工作组、女学者工作组。学组和工作组按照横纵交叉的方式共同推进专委会的工作。

专业委员会从成立之初的 15 人，发展到现在的 215 人，从最初的座谈会，发展到现在每年超过千人的国际会议，控制理论专业委员会一直致力于打造国际化的学术交流平台，增进国内控制工作者与国际同行的交流，促进中国控制科学的发展。

五十多年来，专业委员会汇聚了一代又一代控制界的精英翘楚，团结了一大批享誉国际控制界的专家学者，为系统控制领域的国际合作与交流以及我国系统控制领域研究与国际前沿的接轨发挥了重要的桥梁作用，为提升我国控制界的国际影响和国际地位做出了重要贡献。

在新的世纪，国家工业、农业、能源、国防等行业对系统控制提出了更高的要求，系统控制科学将在更加广阔的领域显示出巨大的活力，这也为控制理论专业委员会的发展提供了更广阔的天地。站在新起点，我们将团结奋进、开拓创新，谱写控制理论专业委员会的新篇章。

## 2.3 中国数学会计算机数学专业委员会简介

支丽红　贾晓红　中国科学院数学与系统科学研究院

中国数学会计算机数学专业委员会是中国数学会下设二级分支机构，2007 年 9 月经由中国数学会批准生效，英文名称为 The Computer Mathematics Society of China，简称 CMSC。专委会挂靠在中国科学院系统科学研究所数学机械化重点实验室，由数学机械化重点实验室创始人吴文俊院士担任名誉主任。

中国数学会计算机数学专业委员会是由全国从事计算机数学的科研、教学及应用的工作者自愿组成的全国性学术团体，是非营利性的社会组织。专委会的宗旨是促进数学与计算机科学的交叉研究与数学机械化研究，促进相关科学知识的普及和科技人才的培养，促进数学与信息技术的结合，为推动我国相关高新技术产业的发展做出贡献。

专委会的首届主任是中国科学院系统科学研究所数学机械化重点实验室高小山研究员，副主任由南开大学陈永川院士、中国科学院系统科学研究所李洪波研究员及华东师范大学曾振柄教授担任，中国科学院系统科学研究所王定康研究员担任秘书长。中国科学院系统科学研究所吴文俊院士、万哲先院士、李邦河院士、中国科学院成都计算机应用研究所张景中院士、中国科学院数学研究所陆汝钤院士、中国科学院软件研究所林惠民院士等资深学者担任专委会顾问委员。首届专委会委员由全国各地高校和科研单位的 42 名计算机数学领域的专家组成。

由中国数学会计算机数学专业委员会主办、中国科学院数学机械化重点实验室与南昌大学承办的首届全国计算机数学学术会议于 2007 年 11 月 12 日至 15 日在江西省南昌市召开。首届会议主席由吴文俊院士担任，高小山研究员担任程序委员会主席，曾广兴教授担任组织委员会主席。会议邀请了该领域著名学者张景中院士及李邦河院士等资深学者做了精彩的学术报告。参加会议的国内外从事计算机数学研究的 30 多位科研人员报告了其在本领域所取得的科研成果，开展了深入的学术交流。从 2007 年至 2018 年，中国数学会计算机数学专业委员会已经在南昌、上海、广州、长春、重庆、合肥、深圳、湘潭及武汉举办了十届全国计算机数学学术会议，参会人员已达到 160—200 人。会议报告的优秀中文论文收录于中国科学院系统科学研究所主办的《系统科学与数学》杂志专辑，英文论文推荐发表于 SCI

期刊 *Journal of Systems Science and Complexity* 杂志。

中国数学会计算机数学专业委员会的第二届主任由中国科学院系统科学研究所数学机械化重点实验室李子明研究员担任，副主任由南开大学陈永川院士、中国科技大学陈发来教授、中国科学院系统科学研究所李洪波研究员及华东师范大学曾振柄教授担任，中国科学院系统科学研究所王定康研究员担任秘书长。专委会的第三届主任由中国科学院系统科学研究所数学机械化重点实验室支丽红研究员担任，副主任由中国科技大学陈发来教授、广西大学吴尽昭教授、北京大学夏壁灿教授及天津大学侯庆虎教授担任，中国科学院系统科学研究所贾晓红副研究员担任秘书长。

为表彰并鼓励杰出的计算机数学领域的青年科研人员、促进计算机数学青年人才的培养，中国数学会计算机数学专业委员会经由中国数学会批准，于 2017 设立“中国数学会吴文俊计算机数学青年学者奖”。该奖项的设立获得了吴文俊院士的大力支持，也获得了吴文俊家属、科学出版社及 Maple 符号计算软件公司的赞助。首届获奖者为中国科学院数学与系统科学研究院数学机械化重点实验室冯如勇研究员和中国科学院大学申立勇教授。

从 2007 年设立至今，中国数学会计算机数学专业委员会已经走过逾十载春秋。在全国计算机数学领域科研人员的大力支持下，专委会组织不断成熟与壮大，目前已拥有超过百位专委会委员。专委会将始终致力于数学机械化精神的传承与全国相关科研人员的凝聚，努力为全国计算机数学事业的发展做出贡献。

## 2.4 岁月如歌话期刊——系统科学研究所主办刊物的历史回顾

《系统科学与数学》编辑部

在举国上下庆祝中华人民共和国成立七十周年之际，中国科学院系统科学研究所 (以下简称系统科学研究所) 迎来了建所四十周年。关肇直、吴文俊和许国志三位院士高瞻远瞩，在四十年前就认识到系统科学的重要性，创建了系统科学研究所，并创办了系统科学在我国的第一个期刊《系统科学与数学》。现在三位院士的研究方向：系统与控制理论、数学机械化证明、运筹管理，继往开来，人才辈出，成果卓著，已经长成参天大树。系统科学研究所成立以来，几任所长和广大科研人员为系统科学的发展，为我国国民经济建设和国防现代化事业作出了巨大贡献，系统科学研究所主办的期刊也在专家们的努力下发展壮大，《系统科学与数学》至今已走过 39 个年头，我国的系统科学类期刊相继问世，百花争春。今年正好是关肇直、吴文俊、许国志三位院士的百岁诞辰，吃水不忘挖井人，为表达对系统科学研究所主办的《系统科学与数学》《系统科学与复杂性》(英文版)《数学的实践与认识》等有关刊物的创建人、办刊人的敬意，在庆贺系统科学研究所成立四十周年之际，回顾系统科学研究所主办的期刊发展历程，我们请李凤翎老师回忆当年，记录如下。

1979 年系统科学研究所成立，从原数学研究所主办的期刊中分出《数学的实践与认识》由系统科学研究所主办。众所周知，《数学的实践与认识》是 1971 年创办的，当时大环境是轻理论重实践，是 "革基础理论研究的命" 时期，它的办刊宗旨与系统科学研究所的研究发展方向存在较大差距。在全国改革开放，科研春天已到来的大好形势下，为适应系统科学研究所研究方向的发展需要，首任所长关肇直院士亲自创办了《系统科学与数学》中文版季刊，1981 年正式出刊。关先生任主编，陈翰馥同志任常务副主编 (吴文俊院士任名誉主编)。当时中国的大门已打开，研究所的科学研究工作越来越多地参与到国际学术界的交流活动中，该刊为扩大学术交流，不仅刊登中文学术论文，每期还辟出 1/4 到 1/3 的页面刊登英文论文，吴文俊先生的有关数学机械化机器证明的奠基性论文就发表在《系统科学与数学》1984 年第 4 卷第 3 期。

1987 年 11 月，召开了《系统科学与数学》第一届编委会，讨论、修改、补充了编委会章程。会议通过了陈翰馥同志任主编，林群、郑忠国 (北大数学系) 任副主编，朱广田、陈兰荪 (数学所)、吴传义、应玫茜、余澍祥、章祥荪 (应用数学所) 任常务编委。在此期间，为促进系统科学的发展，进一步扩大学术交流，在中科院出版委的支持下，经系统科学研究所申请，国家新闻出版署、国家科委批准 (1987 年 11 月 23 日收到批文) 创办了《系统科学与数学》英文版季刊。为了与原中文版的英文译名*Journal of Systems Science and Mathematical Sciences* (简称*JSSMS*) 加以区别，英文刊命名为*Systems Science and Mathematical Sciences* (简称*SSMS*)。SSMS于 1988 年 8 月正式出刊，与*JSSMS*中文刊是同一个编委会。

《系统科学与数学》与*SSMS* 两刊是刊登国内外高水平学术论文的学报类期刊，始终贯彻百花齐放、百家争鸣的方针，以发表具有相当学术价值的科研成果为主要任务，既重视科学性、应用性，又注重基础理论的创造性。两刊内容覆盖系统建模、系统控制、系统分析、系统管理、信息处理、数理统计、构造数学、数学物理、应用泛函以及有关的一些近代数学分支。主要刊登上述诸方面以及它们的交叉研究在理论上、方法上有创造性的学术论文，科学技术报告和重要的学术动态报道，是我国学术类刊物中的重要核心期刊。

随着计算机软件与网络技术的飞速发展，1991 年，*SSMS*英文刊实现了使用 LaTex 软件微机排版，是中科院主管的期刊中最早采用激光照排技术的期刊之一；1995 年，《系统科学与数学》中文刊也实现了微机排版。从此，两刊的编辑、排版、印刷质量及出版速度都有了长足的进步。

《系统科学与数学》与*SSMS*的各届编辑委员会，从首届至今的第 8 届，工作都非常负责，他们遵循办刊宗旨，规范办刊，与时俱进。许多编委积极、主动承担组稿、审稿工作，不计报酬、义务奉献。

1998 年，中科院知识创新工程启动，作为创新基地的试点单位，数学与系统科学研究院宣布成立。系统科学是创新基地中的一个重要学科方向。SSMS更要集中报道系统科学、系统工程、系统控制、系统运筹、系统统计、复杂系统与复杂性科学等方面的成果，进一步突出系统科学的特色，特别是复杂系统科学的研究是当时国际学术界十分热门的科学前沿，被誉为“二十一世纪的科学”。这一科学也正是*SSMS*所涵盖的内容。为吸引更多高水平研究成果，把该刊办成系统科学领域的国际化精品刊，扩大发行量，刊名更应相对集中并突出重点。2000 年，系统科学研究所向中科院出版委等上级单位申请将*SSMS*更名为*Journal of Systems Science* *and Complexity* (简称*JSSC*)。期刊更名如同申请创办新刊，也需要上级层层审批。更名后该刊的宗旨不变，涵盖内容基本不变，只是不再接受纯数学理论的文章，使该刊更具系统科学专业特色，更适合 21 世纪科学发展的趋势和特点。经系统科学研究所郭雷院士、汪寿阳研究员及编辑部成员的努力运作，英文刊物*JSSC*(《系统科学与复杂性学报》) 于 2001 年在京创刊。编辑委员会另行组成。时任中科院数学与系统科学研究院院长郭雷院士担任主编，副院长汪寿阳任常务副主编，李凤翎为专职副主编。还聘请了全国人大原副委员长成思危教授、全国政协原副主席宋健院士等 8 位著名学者担任顾问，30 余位国内外知名学者被聘为编委，其中海外编委接近半数。

《系统科学与数学》及*JSSC* (《系统科学与复杂性学报》) 两刊自创刊起就坚持为美国的《数学评论》提供每期论文的英文文摘；为国家图书馆、国家科委信息中心、中国科学院文献情报中心等部门报送全刊；为万方数据库、中国科学引文数据库提供数据。当清华光盘中心建立大数据库时，我们《系统科学与数学》也是最早入选的期刊。2000 年《系统科学与数学》荣获中国科学院优秀期刊三等奖。2003 年，两刊编辑部有了自己的数据库，每期文章都实现了全文上网；编务、编辑全部工作实现办公自动化。

《数学的实践与认识》是 1979 年系统科学研究所成立时分给系统科学研究所管理主办的通报类期刊，它下属中国数学会，国内外公开发行。主要报道数学的最新理论成果及其在工业、农业、环境保护、军事、教育、科研、经济、金融、管理决策等工程技术、自然科学和社会科学中的应用成果、方法和经验。主要任务是沟通数学工作者与其他科技工作者之间的联系，推动数学在我国的发展。读者对象是在校大学生、研究生和企业的工程技术人员及相关数学爱好者。

系统科学研究所自建所以来一直承担着《数学的实践与认识》的编辑、出版工作，实际上这与系统科学研究所的研究方向存在差距，我们所是在为社会和中国数学发展做贡献。由于不断深化的财务制度改革和拨款方式的变化，研究所办刊经费短缺，系统科学研究所于 1995 年对其办刊方式进行了调整，决定由北京市数学会承办《数学的实践与认识》，编辑部迁往北京大学数学科学学院，同时聘请朱广田研究员全权承担、处理该刊的编辑、出版、发行工作。系统科学研究所仍然是该刊的主办单位，负责对各上级单位的材料报送和上级指示精神的上传下达，刊物的发展和学术质量等方面的管理。2004 年《数学的实践与认识》被中文期刊要目总览评定为核心期刊。

时光荏苒，四十年的峥嵘岁月如诗如歌，这些往事李老师提起来仍如数家珍。

2005 年《系统科学与数学》由季刊变为双月刊，2008 年又变更为月刊，不断适应飞速发展的我国系统科学研究。2008 年开始,《系统科学与数学》及*JSSC*(《系统科学与复杂性学报》) 两刊还设立了系统科学最佳论文奖，每年评选出前两年发表在两刊上的优秀论文 1—2 篇，给文章作者以奖励，并在系统科学研究所每年的总结会上颁奖，进一步推动系统科学的发展。

2006 年，经郭雷院士、汪寿阳研究员、高小山研究员等人的多方努力，*JSSC* 与 Springer出版公司签订了合作协议，由其负责海外发行和推广，同年提出了加入 SCI 数据库的申请并在 2007 年初被收录。EI 也于 2007 年收录了*JSSC*。2010 年*JSSC* 由季刊变更为双月刊，并于 2012 年获得国家自然科学基金委的期刊专项基金资助，2015 年获得了中科院科学出版基金择优支持，2016 年获得数学天元基金资助，2016 年获得中国科技期刊国际影响力提升计划 C 类资助，进入国家英文期刊的前列。

《数学的实践与认识》由季刊到双月刊再到月刊，直到半月刊不断发展壮大，并于 2017 年入选中国精品科技期刊。

系统科学研究所走过了四十年的历程，主办的刊物在这四十年中从无到有，从小到大，取得的各种成绩荣誉都是几代系统科学研究所人辛勤耕耘，无私奉献的成果。今天我们伴随她一同进步，明天一定会越来越好。

# 2.5 中国系统工程发展的精彩舞台
## ——《系统工程理论与实践》发展历程回顾

《系统工程理论与实践》编辑部

四十年弹指一挥间，转眼间，中国科学院系统科学研究所迎来了它的四十周年之庆。几乎与中国科学院系统科学研究所诞生的同时，中国系统工程学会成立，并且开始出版自己的会刊《系统工程理论与实践》，成为我国系统科学与系统工程领域展现学术成果最重要的平台。为庆祝中国科学院系统科学研究所成立四十周年，表达对会刊做出重要贡献的专家和广大作者的敬意，我们回顾《系统工程理论与实践》的发展历程，重温这段满载着荣誉与光荣的历史。

### 一、创刊初期，波澜壮阔

1978 年召开全国科学大会，启动了中国科学之春。在邓小平同志“科学技术是第一生产力”的思想指导下，乘着科学大会的春风，1979 年中国系统科学与系统工程领域的先驱者钱学森、关肇直、薛暮桥、于光远、马洪、汪道涵、张敬夫、许国志、邹家华、杨国宇、姜圣阶、蒋崇璟、吴文俊、蒲锡文、刘源张、李国平、张钟俊、刘豹等云集在一起，讨论筹建中国系统工程学会和《系统工程与科学管理》期刊。在这一年的金秋十月，关肇直、吴文俊、许国志等老一辈科学家深谋远虑、高瞻远瞩，集结原数学研究所的精英之才，创立了中国科学院系统科学研究所，由关肇直院士任首任所长。

1980 年 11 月 18 日至 22 日中国系统工程学会成立大会在北京召开。钱学森、薛暮桥任名誉理事长，关肇直任理事长，许国志任秘书长。《系统工程与科学管理》诞生之时就是作为中国系统工程学会的会刊出版的。1980 年《系统工程与科学管理》共出版了三期 26 篇文章，由钱学森、张钟俊、刘豹、宋健等为刊物撰写文章。1981 年 3 月，为更好地体现会刊以促进中国系统科学与系统工程发展的责任，中国系统工程学会理事会将其更名为《系统工程理论与实践》。主编许国志，副主编宋健、应昆岗、王寿云，挂靠单位是国防科委。主要刊登系统科学与系统工程理论及其在科研、生产、经济、军事、教育、组织管理等方面应用的文章。《光明日报》刊载了创刊号钱学森"再谈系统科学的体系"以及李国平、刘源张、马洪、薛葆鼎、陈立、罗沛霖、吴洪鳌、许以文、元存贤、王众托、汪克夷等论文的目录。1982 年 4 月,《系统工程理论与实践》召开了编委会一届二次会议,会议着重讨论了办刊方针、报道重点、开辟栏目等问题,为刊物的发展指明了方向。

## 二、茁壮成长,打造精品

1986 年中国系统工程学会开会决定,《系统工程理论与实践》由原国防科委情报所承办改为中国科学院系统科学研究所承办。会议一致通过推荐宋健同志为名誉主编。1988 年 12 月,在北京召开了《系统工程理论与实践》编委会工作会议,会议决定坚持原有的办刊方针不变,继续"促进系统工程的发展,繁荣系统科学事业,促进系统工程学科知识的普及与推广,促进国内外学术交流,以提高我国管理技术水平,为国民经济建设和四个现代化服务",从 1989 年起《系统工程理论与实践》由季刊改为双月刊。1994 年《系统工程理论与实践》由双月刊改为月刊,并延续至今。

1992 年《系统工程理论与实践》被列为全国中文核心期刊。也是在这一年,为了促进国际系统科学与系统工程的理论和应用研究的交流和发展,《系统科学与系统工程学报》(英文) 正式创刊,英文刊名为*Journal of Systems Science and Systems Engineering*,由中国系统工程学会主办,万国学术出版社出版,以季刊形式发行。

在全体刊物工作者的共同努力奋斗和科研工作者高质量的投稿论文推动下,《系统工程理论与实践》质量不断提高,1995 年入选 EI 数据库,EI 作为国际上最具有权威性的科技文献检索工具之一,对《系统工程理论与实践》的肯定也反映了当时刊物的高水平、高质量、高标准。1998 年,数学与系统科学研究院作为中科院知识创新工程宣告成立,《系统工程理论与实践》和《系统科学与系统工程学报》(英文) 也不断适应着时代的进步和环境的发展,在期刊建设的软实力和硬实力方面都有了较大的提升。1999 年 12 月,《系统工程理论与实践》获得中国科协优秀科技期刊择优资助。

《系统工程理论与实践》和《系统科学与系统工程学报》(英文) 始终不忘初心,秉持"促进系统工程的发展,繁荣系统科学事业"的办刊宗旨,促进了系统科学与系统工程知识的普及与推广,对促进国内外学术交流和提升我国管理技术水平起到了重要作用。

## 三、高速发展，频频获奖

迈入 21 世纪后，党和国家高度重视科研工作，数学与系统科学研究院加大投入，编辑部同仁们也不断努力，在学术质量提升、人才队伍建设和数字化平台建立等诸多方面制定了行之有效的措施，期刊开始进入高速发展期，频频获奖。自从 2006 年起中国科协精品科技期刊项目实施以来，《系统工程理论与实践》一直位列择优支持期刊的前列。2008 年起，7 篇论文荣获“中国科协期刊优秀学术论文奖”，4 篇论文荣获“中国百篇最具影响优秀国内学术论文奖”。每年有 10 余篇论文入选中国科学技术信息研究所评选的“领跑者 5000—— 中国精品科技期刊顶尖学术论文 (F5000)”。本刊被国家自然科学基金委员会管理科学部认定为 A 级重要学术期刊，被 EI，CSSCI，Scopus，CSCD，CSTPCD，CNKI 等多个数据库收录，是全国中文核心期刊。多次被中国科学技术信息研究所评选为“百种中国杰出学术期刊”，一直被评选为中国精品科技期刊，多次获得中科院科学出版基金择优支持，2012 年获得国家自然科学基金重点学术期刊支持。2014 年和 2018 年连续两届获得中国出版政府奖期刊奖提名奖，该奖项是中国新闻出版行业的最高奖。2015 年获得中国科协精品科技期刊 TOP50 项目资助，是管理类期刊唯一入选 TOP50 项目资助的期刊。

在《系统工程理论与实践》蓬勃发展的同时，为了继续扩大系统科学在国际上的影响力，自 2012 年 6 月中国科协设置优秀国际科技期刊奖项以来，《系统工程理论与实践》编辑部同仁与系统工程学会负责期刊的同志一起积极申请创办英文刊，历经一年多的筹备，国家新闻出版广电总局于 2013 年 9 月批准同意创办《系统科学与信息学报》(英文)，英文刊名为*Journal of Systems Science and Information*，以双月刊形式出版。《系统科学与信息学报》(英文) 依托《系统工程理论与实践》，从创办之初便致力于办成在国际系统科学领域有重要影响的学术刊物，并积极推进期刊走向世界，希望能够尽快被 SCI 等国际知名数据库检索。《系统科学与信息学报》(英文) 虽然创办时间较晚，但始终以“充分发挥系统科学的综合优势，注重建设多学科交叉前沿的创新研究”为办刊宗旨，瞄准国家科技发展战略目标和国际科技前沿，报道国内外系统科学与系统工程、管理科学、信息科学等领域重大科研进展和科技动态，搭建学术建设和学科交流的信息平台，促进系统科学学科的发展、普及与推广，并于 2015 年被中国科学引文数据库 (CSCD) 核心库收录。

## 四、继往开来，续写辉煌

近年来，《系统工程理论与实践》坚决贯彻执行党和国家的出版工作方针和政策，始终坚持严格审稿和理论联系实践的原则，坚持为作者和读者服务的精神，坚持规范化出版和科学、严谨、高效、求实的工作态度，树立了良好的社会形象，受到了国内外同行的普遍赞扬。《系统工程理论与实践》刊发的论文质量越来越高，影响越来越大，已成为系统工程与系统科学和管理科学等领域最有影响力的期刊之一。

时光的长河浩浩荡荡，向前奔涌，从不停息，经过四十年的发展，在一代又一代期刊工作者共同的辛勤耕耘，一篇又一篇优秀的科研论文浇灌下，《系统工程理论与实践》等期刊已成为中国科学院系统科学研究所的品牌期刊，可以说她们真实、客观地记载和见证了中国系统科学与系统工程以及管理科学的成长和发展，并不断向前迈进，续写新的历史。回顾历程，我们为所奉献事业的兴旺发达而欣慰，展望未来，我们的事业任重而道远。值此新中国成立七十周年，暨中国科学院系统科学研究所成立四十周年之际，衷心地祝福老一辈科学家和工作人员们身体健康，幸福长乐。在全体同仁的共同努力下，中国科学院系统科学研究所定能如松柏般长青，继续开创下一个光辉灿烂的四十年!

## 2.6 弹指一挥三十五载 —— 缅怀故人，继续奋进*

李树英 华南理工大学

秦化淑 中国科学院数学与系统科学研究院

《控制理论与应用》创刊已经整整三十五年了。三十五年弹指一挥间，它从无到有，由弱到强，走过了一条艰辛的不平凡的创业之路。我们作为学报的老编委，抚今追昔，无不感慨万千。

首先，我们深切怀念为创办本刊倾注大量心血的学术前辈关肇直先生、许国志先生，以及同我们为创刊并肩战斗的挚友王恩平教授和吴捷教授。

记得三十七年前的一个寒冷的冬季，来自全国各地的控制理论专家，汇聚到羊城，在白云山深处一个被叫做“老虎洞”的地方 —— 橘园开会，商讨办刊大计。

创办《控制理论与应用》的最初构想是关先生对中国控制理论的未来发展规划的一个组成部分。他预见到国际控制理论发展的趋势，相信中国在 20 世纪 70 年代兴起的现代控制理论的研究热潮，必将推动自动化学科的发展，并转化为控制技术的广泛应用，使自动化学科为祖国的四个现代化做出更大的贡献。随着国家改革开放政策的提出，迎来了祖国科学的春天。此时，关先生不失时机地建议在我国南方创办一个将控制理论与应用相结合的刊物，以适应控制科学和控制工程的发展需要，他的建议受到国内自动控制界的广泛赞许，特别是华南工学院 (后更名为华南理工大学) 自动化系的积极响应和大力支持。于是在中国科学院系统科学研究所和华南工学院领导的支持下，在全国许多控制界同仁的拥护和鼓励下，这个刊物终于在 1984 年诞生了。

我们都亲自受到过关先生的教导，聆听过他的讲课和学术报告，他的睿智，他对理论问题的精辟见解，他对理论与实践结合的辩证关系的深刻理解，他和蔼可亲、诲人不倦的长者风范，一直在教育、感染和鼓励着我们，并使我们终身受益，也使我们的刊物受益匪浅。可惜他未见到刊物的出版就永远地离开了我们。为彰显

---

* 此文发表在《控制理论与应用》2004 年第 6 期，对内容略作修改。

关先生对创刊的巨大贡献，我们依然推崇他为第一任主编，并在创刊号上发表了宋健院士的纪念文章。此后创刊的筹办就落到他的老友、我们尊敬的长辈许国志院士肩上。许先生以他宽厚的长者风范和活跃的学术见地，动员团结国内自动控制界同仁，作了许多深入细致的工作，使刊物顺利出版，许先生义不容辞地担当了《控制理论与应用》的第二任主编，两位长者精湛的学术造诣，运筹帷幄的战略眼光，特别是他们豁达的科学家的人文精神，一直影响着我们的刊物，使我们的编审队伍成为一个和谐的、充满学术民主和团结氛围的战斗集体，两位长者的努力和心血在我们刊物的风格形式上留下了深深的印迹。

一件令我们十分感动的事是，1999 年我们举办关先生诞辰八十周年纪念会及控制系统学术交流会，吴文俊先生、许国志先生、卢强院士、冯纯伯院士、陈翰馥院士和林群院士等多位关先生的好友和学生及关先生的女儿参加了会议。而许先生不顾年高体弱，携夫人蒋丽金院士赶到广东阳江出席会议，并发表了热情洋溢的讲话。此后不久他溘然长逝。我们震惊之余深感失去良师益友之痛。至今，他的音容笑貌还清晰地留在我们的记忆之中。

王恩平教授的才干受到关先生的器重。王教授为人诚恳、朴实、热情；对待事业兢兢业业，不辞劳苦。20 世纪 80 年代，他曾多次到华南工学院讲学，并积极参与和指导刊物的编审工作，使刊物的两个主办单位的关系更加密切。他英年早逝，我们为痛失一位挚友和编委而深深惋惜。

三十五年来，在两个主办单位的密切合作和各届编委会深入细致的具体参与下，在广大读者、作者和审者的大力支持以及编辑部全体同志的辛勤工作下，刊物一直坚持“促进国内外学术交流，推动我国自动控制理论与应用技术的发展，为祖国社会主义建设服务”的办刊宗旨，认真贯彻执行党和国家的有关编辑工作的方针、政策和法规，使《控制理论与应用》走上一条持续发展的道路。2003 年，我们得到国家科学技术部的批准，实现了创办英文刊的目标 (刊名：*Journal of Control Theory and Applications*，2014 年更名为*Control Theory and Technology*)。2004 年始中文刊正式被美国《工程索引》收录，2007 年英文刊也被美国《工程索引》收录；2013 年和 2016 年英文刊连续两次获中国科技期刊国际影响力提升计划项目资助；2017 年中文刊获中国精品科技期刊；2018 年 9 月英文刊正式向科睿唯安提交进入 SCI/SCIE 数据库的申请报告。这标志着我们刊物的质量和学术影响又跨上了一个新的台阶，实现了我们多年的夙愿。

撰写此文，一方面缅怀故人，另一方面更寄希望于未来。我们高兴地看到，自第五届编委会以来，学报增加了许多年轻的新编委，包括一批优秀的海外编委，他们敏锐的思路，开阔的视野，他们的科学精神和人文精神正在并将继续为本刊注入新的活力。刊物在前进，中国的控制事业在发展，滚滚长江，后浪推前浪，一浪更比一浪高。我们预祝刊物百尺竿头，更进一步。并深信，明天我们的《控制理论与应用》更加辉煌。

# 三　鸿儒巨擘

# 3.1 吴文俊*

胡作玄 中国科学院数学与系统科学研究院

吴文俊，1919 年 5 月 12 日生于上海。中国科学院数学物理学部委员、中国科学院系统科学研究所研究员。主要研究方向是拓扑学、中国数学史、数学机械化。

## 一、生 平

吴文俊于 1919 年 5 月 12 日出生在上海一个知识分子家庭。父亲吴福国毕业于上海交通大学前身的南洋公学，长期在一家以出版医药卫生书籍为主的书店任编译，埋头工作，与世无争。家中关于“五四运动”时期的许多著作与历史书籍对少年吴文俊的思想有重要影响。吴文俊在初中时对数学并无偏爱，成绩也不突出。只是到了高中，由于授课教师的启迪，逐渐对数学及物理产生兴趣，特别是几何与力学。1936 年中学毕业后，吴文俊并没有专攻数学的想法，甚至家庭也对供他上大学有一定困难，只是因为当时学校设立三个奖学金名额，一个给他，并指定报考交通大学数学系，才使他考入这所著名学府。

比起国内当时一些著名大学来，上海交通大学数学系成立较晚，数学内容也比较国老，数学偏重计算而少理论，这使吴文俊念到二年级时，对数学失去了兴趣，甚至想辍学不念了。到三年级时，由于武崇林讲授代数与实变函数论，才使吴文俊对数学的兴趣发生了新的转机。他对于现代数学尤其是实变函数论产生了浓厚的兴趣，在课下刻苦自学，反复阅读几种著作，在数学上打下了坚实的基础。有了集合论及实变函数论的深厚基础后，吴文俊进而钻研点集拓扑的经典著作 (如 F. 豪斯多夫 (Hausdorff)，W. H. 杨 (Young) 等人的名著) 以及波兰著名期刊《数学基础》(*Fundamenta Mathematica*) 上的论文。前几卷几乎每篇都读，以后重点选读，

---

* 转载自《中国现代数学家传》第四卷，江苏教育出版社。

现在他还保存着当时看过的论文摘要。然后又进而学习组合拓扑学经典著作。他的高超的外文水平 (特别是英文、德文) 大大有助于他领会原著。只是毕业之后无法接触现代数学书刊，加上日常工作繁重，只得中断向现代数学的进军，而抽空以初等几何自娱，实属迫不得已。实际上，他的现代数学基础主要还是靠大学三四年级自学而成。

1940 年吴文俊从上海交通大学毕业，时值抗日战争，因家庭经济问题而经朋友介绍，到租界里一所育英中学工作，不但教书同时还要兼任教务员，搞许多繁琐的日常事务性工作。1941 年 12 月珍珠港事件后，日军进驻各租界，他失业半年，而后又到上海培真中学工作。在极其艰苦的条件下，勉强度过日伪的黑暗统治时期。他工作认真，在 5 年半期间里竟找不到多少时间钻研数学，对他的成长不能不说是一大损失。

抗日战争胜利后，他到上海临时大学任教。1946 年 4 月，陈省身从美国返回国内，在上海筹组中央研究院数学研究所。吴文俊经亲友介绍前去拜访，亲戚鼓励他说，陈省身先生是学者，只考虑学术，不考虑其他，不妨放胆直言。在一次谈话中，吴文俊直率提出希望去数学所，陈省身当时未置可否，但临别时却说："你的事我放在心上。" 不久陈省身即通知吴文俊到数学所工作。从 1946 年 8 月起，吴文俊在数学所 (上海岳阳路) 工作一年多。这一年陈省身着重于 "训练新人"，一周讲 12 小时的课，讲授拓扑学。听讲的年轻人除吴文俊外，还有陈国才、张素诚、周毓麟，等等。陈省身还经常到各房间同年轻人交谈，对他们产生了巨大的影响。现在已成为经典。陈省身对此十分欣赏，把它推荐到普林斯顿大学出版的《数学年刊》(*Annals of Mathematics*) 上发表。在数学荒疏多年的情况下，一年多时间之内就在以难懂著称的拓扑学的前沿取得如此成就，不能不说是因为吴文俊的天才和功力。

1947 年 11 月，吴文俊考取中法交换生赴法留学。当时正是布尔巴基 (Bourbaki) 学派的鼎盛时期，也是法国拓扑学正在重新兴起的时代。吴文俊在这种优越的环境中迅速成长。他先进斯特拉斯堡 (Strasbourg) 大学，跟埃瑞斯曼 (C. Ehresmann) 学习。埃瑞斯曼是嘉当 (E. Cartan) 的学生，他的博士论文是关于格拉斯曼 (Grassmann) 流形的同调群的计算，这个工作对后来吴文俊关于示性类的研究至关重要。同时，他还是纤维丛概念的创始人之一，他的一些思想对吴文俊后来的工作也有一定影响。在法国期间，吴文俊继续进行纤维空间及示性类的研究。在埃瑞斯曼的指导下，他完成了《论球丛空间结构的示性类》的学位论文，于 1949 年获得法国国家博士学位。这篇论文同瑞布 (Reeb) 的论文一起，在 1952 年以单行本出版，吴文俊还发表了多篇关于概复结构及切触结构的论文。在斯特拉斯堡他结识了托姆 (R. Thom) 等人。他的一些结果发表后，引起广泛注意。由于他的某些结果与以前结果表面不同，而使霍普夫 (H. Hopf) 亲自来斯特拉斯堡澄清他们的工作。霍普夫同吴文俊交谈后才搞清楚问题，非常赞赏他的工作，并邀请他去苏黎世讲学一周。在苏黎世吴文俊结识了当时在苏黎世访问的江泽涵。他的工作还受到了怀特黑德 (J. H. C. Whitehead) 的注意。取得学位后，吴文俊到巴黎，在法国国家科学研究中心 (CNRS) 做研究，在 H. 嘉当的指导下工作。这时，H. 嘉当举办著名的嘉当讨论班，这个讨论班对于拓扑学的发展有重要意义。与此同时，反映国际数学主要动向的布尔巴基讨论班也刚刚开始，当时参加人数还不多，一般二三十人。吴文俊参加这两个讨论班，并在讨论班上作过报告。当时嘉当致力于研究著名的斯廷罗德上同调运算，吴文俊从低维情形出发，已猜想到后来所谓的嘉当公式。嘉当在他的全集中，也把这一公式的发现归功于吴文俊。吴文俊 1950 年发表的一篇论文，也预示了后来所谓的道尔德 (Dold) 流形。

1951 年 8 月，吴文俊谢绝了法国师友的挽留，怀着热爱祖国的赤诚之心，回到祖国。他先在北京大学数学系任教授，在江泽涵的建议下，又于 1952 年 10 月到新成立的中国科学院数学研究所 (简称数学所) 任研究员。当时数学所在清华大学校园内，他和张素诚、孙以丰共同建立拓扑组，形成中国的拓扑学研究工作的一个中心。不久他结识陈丕和女士，并于 1953 年结婚。婚后生有三女一子：月明、星稀、云奇、天骄，现皆学有所成。当时国内政治学习及运动还不算太多，但总是占了不少时间及精力，家务琐事也使他有所分心。从 1953 年到 1957 年短短五年间，他还是做了大量研究工作。在这段日子里，他主要从事庞特里亚金 (Л. С. Понтрягин) 示性类的研究工作，力图得出类似于史梯费尔–惠特尼示性类的结果。但是庞特里亚金示性类要复杂得多，许多问题至今未能解决。他在五篇关于庞特里亚金示性类的论文中所得许多结果，长期以来是最佳的。1956 年，他作为中国代表团的一员，赴苏联参加全苏第三次数学家大会，并作关于庞特里亚金示性类的报告，得到好评。庞特里亚金还邀请他到家中作客并进行讨论。

其后，吴文俊的工作重点从示性类的研究转向示嵌类的研究。他用统一的方法，系统地改进以往用不同的方法所得到的零散结果。由于在拓扑学示性类及示嵌类的出色工作，他与华罗庚、钱学森一起分获 1956 年第一届国家自然科学奖的最高奖 —— 一等奖，并于 1957 年增选为中国科学院数理化学部委员。1957 年，他应邀去波兰、民主德国、法国访问；在巴黎大学系统介绍示嵌类理论达两个月之久，听众中有海富里热 (Haefliger) 等人，吴文俊对他们后来的嵌入方面的工作有着明显的影响。1958 年，吴文俊被邀请到国际数学家大会作分组报告 (因故未能成行)。

1955 年起，数学所拓扑组开始有新大学生来工作，他们在吴文俊的指导下，开始走上研究的道路。其中有李培信、岳景中、江嘉禾、熊金城及虞言林等。

1958 年起，由于“反右”，理论研究已不能继续进行，拓扑学研究工作被迫中断。在“理论联系实际”的口号下，数学所的研究工作大幅度调整。吴文俊同一些年轻人开始对新领域 —— 对策论进行探索。在短短的一两年中不仅引进了这门新学科，而且以其深厚的功力，做出值得称道的成果。1960 年起，他担任中国科学技术大学数学系 1960 级学生的主讲教师，开出三门课程：微积分、微分几何和代数几何，共七个学期，他深入浅出的教学内容使这届学生获益匪浅。

三年困难时期，科研工作部分得到恢复。1961 年夏天，在颐和园召开龙王庙会议，讨论数学理论学科的研究工作的恢复问题。1962 年起，吴文俊重新开始拓扑学的研究，特别着重于奇点理论。其后又结合教学对代数几何学进行研究，定义了具有奇点的代数簇的陈省身示性类，这大大领先于西方国家。1964 年起的社会主义教育运动 (“四清”运动) 再一次使研究工作中断。1965 年 9 月，他以普通工作队员的身份到安徽省六安县参加半年“四清”运动，回京后不久，“文化大革命”开始了。数学所大部分研究工作从此长期陷于停顿，吴文俊也不得不参加运动以及接受“批判”。他的住房也大大压缩了，六口人挤在两小间屋子里，工作条件可想而知。但就在这种“文化大革命”的困难时期中，他仍然抓紧时间从事科研工作，只是方向上有所变化。他在 1966 年注意到他的示嵌类的研究可用于印刷电路的布线问题，特别是他的方法完全是可以算法化的，而这种“可计算性”是与以前在布尔巴基影响下的纯理论的方向完全不同的。大约从这时开始，他完成了自己数学思想上一次根本性的改变。也就在同时，他还进行了仿生学的研究。1971 年他到无线电一厂参加劳动。

1972 年，科研工作开始部分恢复。同时中美数学家开始交流，特别是陈省身等华裔数学家回国，带来许多国际上的新信息。数学所拓扑组开始讨论由苏里汉 (D. Sullivan) 等人开创的有理同伦论，据此吴文俊提出了他的 $I^*$ 函子理论，其显著特点之一也是“可计算性”。大约同时，吴文俊的兴趣转向中国数学史。他用算法及可计算性的观点来分析中国古代数学，发现中国古代数学传统与由古希腊延续下来的近现代西方数学传统的重要区别；他对中国古算做了正本清源的分析，在许多方面提出了独到的见解。这两方面，是他在 1975 年到法国高等科学研究院访问时的主要报告题目。

1976 年粉碎“四人帮”之后，科学研究开始走上正轨。年近花甲的吴文俊更加焕发出青春活力。他在中国古算研究的基础上，分析了西方笛卡儿 (R. Descartes) 的思想，深入探讨希尔伯特 (Hilbert)《几何基础》一书中隐藏的构造性思想，开拓机械化数学的崭新领域。1977 年，他在平面几何定理的机械化证明方面首先取得成功，1978 年进一步发展成对微分几何的定理的机械化证明。这完全是中国人自已开拓的新的数学道路，产生了巨大的国际影响。到 20 世纪 80 年代，他不仅建立了数学机械化证明的基础，而且扩张成广泛的数学机械化纲领，解决了一系列理论及实际问题。

1979 年以后，我国数学家的国际交往也日益频繁，吴文俊也多次出国。从 1979 年被邀请为普林斯顿高等研究所研究员起，几乎每年都出国访问或参加国际学术会议，对于在国外传播其数学成就起着重要作用。尤其是吴文俊机械化数学的思想与中国传统数学受到国际上的瞩目。1986 年，他在国际数学家大会上作关于中国数学史的报告，引起广泛的兴趣。这样，在我国现代数学史上，初步形成了复兴中国数学的新趋势，中国人开创并领导了一个崭新的数学分支，中国数学不再只是沿袭他国的主题、问题与方法了，从而引起国际数学界对我国的数学研究工作的日益密切的注意。

1980 年，在陈省身的倡议下，吴文俊积极参与 "双微" 会议的筹备及组织工作。从 1980 年到 1985 年，共举行六届 "双微" 会议，这对于同国内外数学界的交流起着重要推动作用。

1983 年，吴文俊当选为中国数学会理事长，他积极筹备了 1985 年在上海举行的中国数学会成立 50 周年纪念大会。到 1987 年任满。

1979 年夏，吴文俊、关肇直、许国志等人筹建中国科学院系统科学研究所 (简称系统所)，1980 年正式成立。吴文俊任副所长兼基础数学室室主任、学术委员会主任。1983 年起任名誉所长。在职期间，对所的基本建设有着极大助益。1990 年该所正式成立数学机械化研究中心，吴文俊担任主任。他领导的数学机械化研究小组和他组织并领导的讨论班，在这一新领域已进行了相当长时间的研究，并完成了大量为国际瞩目的研究成果。研究中心成立后，学术活动更为活跃。吴文俊满怀信心地要把系统所的数学机械化研究中心，发展成为国际交流的中心，吸引国内外同行为深入开展这一新领域的研究而努力。由于他的成就，吴文俊于 1990 年荣获第三世界科学院数学大奖，次年当选为该院院士。

1980 年，吴文俊加入中国共产党。1978 年、1983 年、1988 年、1993 年，他当选为中国人民政治协商会议全国委员会委员及常委。

## 二、学 术 成 就

吴文俊的数学研究博大精深，涉及面很广，包括代数拓扑学与微分拓扑学、代数几何学、微分几何学、对策论、中国数学史、数学机械化理论、应用数学等领域。这里简述其主要成就。

1. 代数拓扑学与微分拓扑学

纤维丛及示性类理论，是现代数学最基本概念之一，对数学各个领域乃至数学物理 (如杨–米尔斯 (R. Mills) 规范场论) 有着广泛的应用。吴文俊最早的工作之一就是对惠特尼的丛乘积公式给出一个圆满的证明。到法国之后，在他的博士论文中，他定出各种不同示性类之间的种种关系，并得出 4 维可定向微分流形上具有概复结构的充分必要条件。这些工作主要是基于对格拉斯曼流形的细致研究。吴文俊运用当时发现不久的更强的拓扑工具 —— 上同调运算，特别是斯廷罗德 (Steenrod) 平方 $S_q$，由此得出

$$S_s^r W_2^s = \sum_{t=0}^{r} \begin{pmatrix} s-r+t-1 \\ t \end{pmatrix} W_2^{r-t} W_2^{s+t}$$

这样漂亮的公式，其中 $\begin{pmatrix} p \\ q \end{pmatrix}$ 为 (模 2) 二项式系数，并证明：球丛的史梯费尔–惠特尼示性类只由维数为 $2^k$ 的类完全决定。上述公式还被应用于解决另外一大问题：微分流形的示性类的拓扑不变性，即与微分结构无关。吴文俊通过同调性质把示性类明显表出，这就是著名的 “吴 (文俊) 公式”：设 $M$ 是紧 $n$ 维微分流形，令史梯费尔–惠特尼示性类 $W = S_qV$，其中 $V$=1+$V_1$+$\cdots$+$V_n$ 由等式 $V \cup X = S_qX$ 唯一决定，它对所有 $X \in H^*(M)$ 均成立。由这公式可以使史梯费尔–惠特尼示性类的计算成为例行公式，从而导致一系列应用，例如非定向流形的配边理论的标准流形 (实射影空间及吴–道尔德流形) 的完全决定。这最终使史梯费尔–惠特尼示性类理论成为拓扑学中最完美的一章。

吴文俊的下一目标是庞特里亚金示性类，而庞特里亚金示性类的问题要难得多。吴文俊研究时，只有庞特里亚金的一个简报 (1942) 及一篇论文 (1947)。庞特里亚金用的是同调，吴文俊在博士论文中，首先把它改造成上同调，并对其胞腔分解等作了一系列简化，其后运用类似庞特里亚金平方等上同调运算，先后证明模 3 及模 4 庞特里亚金示性类的拓扑不变性，并得出明显表示。其后引入另一类 $Q_p^i$，证明其拓扑不变性，由此推出某些庞特里亚金类的组合 (模 $p$) 的拓扑不变性。

实现或嵌入问题 —— 示嵌类。几何学与拓扑学中最基本问题之一是实现或嵌入问题。初等几何学中的对象如曲线、曲面均置于欧氏空间中，往往通过坐标及方程来刻画。而拓扑学中的基本概念如流形或复形，都是抽象地或内蕴地定义的。是否可把它们放在欧氏空间中使我们产生具体的形象，成为子流形或子复形，这就是实现或嵌入问题。在吴文俊的工作之前，已有范坎彭 (E. R. van Kampen) 及惠特尼等人的部分结果。而吴文俊把以前表面上不相关联、方法上各异的成果统一成一个

系统的理论。他主要的工具是考虑一空间的 $p$ 重约化积，利用史密斯 (P. A. Smith) 的周期变换理论定义上同调类 $\Phi^i_{(p)}(X)$，他的嵌入理论的基本定理是：

若 $X$ 能实现于 $R^N$ 中，则

$$\Phi^i_{(p)}(X) = 0,\ i \geqslant N(p-1),$$

这定理包含以前所有结果为特例，而且不论是拓扑嵌入、半线性嵌入，还是微分嵌入均成立。由此可以推出一系列具体结果，某些结果也为沙比罗 (Shapiro) 独立得到。吴文俊于 1957 年又把结果扩充到处理同痕问题，特别是证明：

只须 $n > 1$，所有 $n$ 维微分流形在 $R^{2n+1}$ 中的微分嵌入均同痕。从而可知高维扭结不存在，这显示 $n = 1$ 与 $n > 1$ 有根本不同。这里值得一提的是：$n$ 重约化积的想法早在 1953 年构造非同伦型的拓扑不变量时就已得出，而且曾用于证明例如模 3 庞特里亚金示性类拓扑不变性，从此成为研究拓扑问题的有力工具。

1966 年，吴文俊为他的嵌入理论找到了实际应用，集成电路布线问题实际上就是一个线性图的平面嵌入问题。吴文俊运用示嵌类理论把问题归结为简单的模 2 方程的计算问题，他不仅可得出是否可嵌入的判据，而且可以指示如何更好地布线。他的方法完全可以计算，可以上计算机，效率远超过同类算法。

$I^*$ 函子。在苏里汉等人工作的基础上，1975 年吴文俊首先提出一种新函子 —— $I^*$ 函子。它比已知的经典函子，如同调函子 $H$、同伦函子 $\pi$、广义上同调 $K$ 函子等，更易于计算及使用。对于满足一定条件的有限型单纯复形，可以定义一个反对称微分分次代数，简记为 DGA。对每个 DGAA，可唯一确定一个极小模型 Min$A$，即 $I^*$。吴使这些定义范畴化，并指出它们的可计算性。$I^*$ 函子不仅可以得出 $H^*$ 及 $\pi$ 的有理部分信息，而且可以得出一些复杂的关系。对于由 $X$ 或由 $X, Y$ 生成的空间，如 $X \vee V, X/Y, X, Y$ 构成的纤维方等，用 $H^*(X)$, $H^*(Y)$ 得不出 $H^*(X \vee Y)$ 的完全信息，$\pi$ 也是如此。但对 $I^*$ 函子，这些公式均可通过明显公式得出。吴文俊通过大量计算，处理纤维方、齐性空间等典型，将这些关系写出，并特别强调其可计算性。在 1981 年上海 “双微” 会议上，他还对于著名的德拉姆 (de Rham) 定理作了构造的解释。1987 年，吴文俊的工作总结在斯普林格出版社《数学讲义丛书》第 1264 号中，这样 $I^*$ 成为构造性代数拓扑学的关键部分。

2. 中国数学史

《海岛算经》中证明的复原。刘徽于公元 263 年作《九章算术注》中，把原见于《周髀算经》中的测日高的方法，扩张为一般的测望之学 —— 重差术，附于勾股章之后。唐代把重差这部分与九章分离，改称《海岛算经》。原作有注有图，后失

传。现存《海岛算经》只剩九题。第一题为望海岛，大意为从相距一定距离的两座已知高度的表望远处海岛的高峰，从两表各向后退到一定距离即可看到岛峰，求岛高及与表的距离。对此刘徽得出两个基本公式

$$\text{岛高} = \frac{\text{表高} \times \text{表间}}{\text{相多}} + \text{表高},$$

$$\text{岛与前表距离} = \frac{\text{前表退行距} \times \text{表间}}{\text{相多}},$$

其中相多表示从两表后退距离之差。

吴文俊研究后人的各种补证之后，发现除了杨辉的论证及李俨对杨辉论证的解释之外，并不符合中国古代几何学的原意。尤其是西算传入以后，用西方数学中添加平行线或代数方法甚至三角函数来证明，是完全错误的。吴文俊对于《海岛算经》中的公式的证明，作了合理的复原。吴文俊认为，重差理论实来源于“周髀”，其证明基于相似勾股形的命题或与之等价的出入相补原理，从而指出中国有自己独立的度量几何学的理论，完全借助于西方欧几里得体系是很难解释通的。

出入相补原理的提出。吴文俊在研究包括《海岛算经》在内的刘徽著作的基础上，把刘徽常用的方法概括为“出入相补原理”。他指出，这是“我国古代几何学中面积体积理论的结晶”。吴文俊进一步指明，中国数学的体积求法，除了依据出入相补原理之外，还要提出刘徽定理。吴文俊认为，自己的中国数学史的工作，是最重要的创造性工作；并曾表示愿把证明重差术的图刻在自己的墓碑上。

### 3. 数学机械化纲领

吴文俊近十多年的成就，往往因早期工作被狭窄地认为只是机器证明；而实际上，这只不过是一个使数学机械化的宏伟纲领的开端。

数学机械化的思想来源于中国古算，并从笛卡儿的著作中找到根据，提出一个把任意问题的解决归结为解方程的方案：

$$\text{任意问题} \xrightarrow{(1)} \text{数学问题} \xrightarrow{(2)} \text{代数问题}$$

$$\xrightarrow{(3)} \text{解方程组} \begin{cases} P_1(x_1, \cdots, x_n) = 0 \\ P_n(x_1, \cdots, x_n) = 0 \end{cases} \xrightarrow{(4)} \text{解方程} P(x) = 0,$$

这里 $P_i$ 及 $P$ 均为多项式。现在知道，这里每一步未必行得通，即使行得通，是否现实可行也是问题。吴文俊的贡献在于：

(1) 提出一套完整的算法，使得代数方程组通过机械步骤消元变成一个代数方程。

(2) 解代数方程组可扩大为带微分的代数方程组，从而大大扩张研究问题的范围。

(3) “吴方法” 不仅能证明定理，而且能自动发现定理。

(4) 与许多以前的原则可行的证明定理的方法相比较，“吴方法” 是现实可行的。

(5) “吴方法” 能同时得出全部解，这与其他算法有很大区别。

下面分述一下细节：

几何定理的机器证明。1976 年冬开始研究，1977 年春取得初步结果，证明初等几何主要一类定理可以机械化，问题分成三个步骤：

第一步，从几何的公理系统出发，引进数系统及坐标系统，使任意几何定理的证明问题，成为纯代数问题。

第二步，将几何定理假设部分的代数关系式进行整理，然后依确定步骤验证定理终结部分的代数关系式，是否可以从假设部分已整理成序的代数关系式中推出。

第三步，依据第二步中的确定步骤编成程序，并在计算机上实施，以得出定理是否成立的最后结论。

1977 年，他在一台档次很低的计算机 (长城 203 式台式计算机) 上，首次按上述步骤实现像西姆逊 (Simson) 线那样不很简单的定理的证明，并陆续证明了 100 多条定理。周咸青应用吴氏算法证明了 600 多条定理。1978 年初，吴文俊又证明初等微分几何中的一些主要定理也可以机械化。其后，他把机器定理证明的范围推广到非欧几何、仿射几何、圆几何、线几何、球几何等领域。

吴文俊的机械化方法基于两个基本定理：一是瑞特 (J. S. Ritt) 原理，二是零点分解定理。由于这两个定理可以推广到微分多项式组，从而用它们也可实现初等微分几何定理的机械化证明。不仅如此，它还可以用来自动发现定理以及鉴别各种退化情形，而这些退化情形在一般定理证明中往往不予深究而使定理的证明并不完整。其后，吴文俊把研究重点转移到数学机械化的核心问题 —— 方程求解上来。他把瑞特原理及零点分解定理加以精密化，得出作为机械化数学基础的整序原理及零点结构原理。它不仅可用于代数方程组，还可以解代数偏微分方程组，从而大大扩大理论及应用的范围。一个突出的应用是由开普勒 ((J. Kepler) 三定律自动推导牛顿万有引力定律，这在任何意义下来讲都应该说是一件最了不起的事。在这种表述之下，自然可以料想各种应用纷至沓来：

(1) 建立一系列新算法，并用来解决各种实际问题，特别是吴文俊能处理极难的非线性规划问题，从而有效解决化学平衡问题，这一问题在化学及化工方面都是最基本的。

(2) 建立一系列未知关系，例如双曲几何中边长与面积等关系的自动推导，有些即使在通常情况下也是很难得出的。

(3) 证明不等式及各种定理。

(4) 解决一系列实际问题，如机器人逆运动方程求解问题、连杆运动方程求解问题等。

在吴文俊的总纲领之下，他的同事及学生吴文达、石赫、刘卓军、王东明、胡森、高小山、李子明、王定康等得出一系列理论及实际应用的成果，如多元多项式因子分解及极限环问题等。可以期望未来还会有更大和更多的应用。

从理论上讲，吴文俊用零点集的表述方式代替理想论的表述方式，这对代数几何学是一个新的冲击。这同 1965 年他关于一般的 (有奇点) 代数簇的陈类定义，都是对代数几何学的突出贡献。

## 三、影　　响

吴文俊的各项独创性研究工作，使他在国内外产生了广泛的影响，享有很高的声誉。

他对拓扑学的各项研究早已成为经典成果，"吴公式""吴类" 已成为许多论文的题目、研究工具及研究对象，并且是许多优秀结果的出发点。近年来，他对于中国数学史的研究及定理机器证明的数学机械化纲领，正在急剧地扩大影响，真正成为一个独具中国特色的构造性的、可机械化的数学运动。单是定理机器证明就已获得许多热情的赞扬。莫尔 (Moore) 认为，在吴的工作之前，机械化的几何定理证明处于黑暗时期，而吴的工作给整个领域带来光明。美国定理自动证明的权威人士沃斯 (Wos) 认为，吴的证明路线是处理几何问题的最强有力的方法，吴的贡献将永载史册。而这些只不过是对吴机械化数学方案的早期工作的评价，而他的整个的机械化数学方案的实现，才刚开始。

陈省身称吴文俊 "是一位杰出的数学家，他的工作表现出丰富的想象力及独创性。他从事数学教研工作，数十年如一日，贡献卓著 ······"。这是对吴的工作的确切评价。20 世纪 70 年代以后，吴文俊对中国文化有了更深刻的认识，他通过自己的科研工作，真正切实地初步实现了复兴中国文化优秀内核的理想。吴文俊作为一位数学家，在自己的工作领域里，最终找到了发扬爱国主义精神、弘扬中国传统文化的正确道路。

# 吴文俊主要论著目录

## 专著

[1] Sur les classes caracteristiques des structures fibrees spheriques. Actualifes Sci. Ind. no. 1983. Paris: Hermann & Cie, 1952

[2] A Theory of Imbedding and Immersion in Euclidean Space. Peking, 1957 (mimeographed); A Theory of Imbedding, Immersion and Isotopy of Polytopes in A Euclidean Space. Beijing: Science Press, 1965. (中文本) 可剖形在欧氏空间中的实现问题. 北京: 科学出版社, 1978

[3] 力学在几何中的应用. 北京: 人民教育出版社, 1963

[4] 几何定理机器证明的基本原理 (初等几何部分). 北京: 科学出版社, 1984

[5] 分角线相等的三角形 (初等几何机器证明问题) (与吕学礼). 北京: 人民教育出版社, 1985

[6] Rational Homotopy Type—A Constuctive Study Via Theory of the $I^*$-measure. Lecture Notes in Math, No. 1264. New York: Springer, 1984

[7] 吴文俊文集. 济南: 山东教育出版社, 1986

## 编著

[8] 《九章算术》与刘徽. 中国数学史研究丛书之一. 北京: 北京师范大学出版社, 1982

[9] 秦九韶与《数书九章》. 中国数学史研究丛书之二. 北京: 北京师范大学出版社, 1987

[10] 现代数学新进展. 刘徽数学讨论班报告集. 合肥: 安徽科学技术出版社, 1988

## 论文

### 拓扑学与几何学

[11] Note sur les produits essentiels symetriques des espaces topolo-giques. C. R. Acad. Sci., 1947, 224: 1139-1141

[12] On the product of sphere bundles and the duality theorem modulo two. Ann. of Math, 1948, 49(2): 641-653

[13] Sur L'existence d'un champ d'elements de contact ou d'une structure complexe sur une sphere. C. R. Acad. Sci., 1948, 226: 2117-2119

[14] Sur les classes caracteristiques d'un espace fibre en spheres. C. R. Acad. Sci., 1948, 227: 582-584

[15] Sur 1e second obstacle d'un champ d'elements de contact dans une structure fibree spherique. C. R. Acad. Sci., 1948, 227: 815-817

[16] Sur la structure presque complexe d'une variete differentiable reelle de dimension 4. C. R. Acad. Sci., 1948, 227: 1076-1078

[17] Sur la structure presque complexe d'une variete differentiable reelle. C. R. Acad. Sci., 1949, 228: 972-973

[18] Classes caractéristiques et i-carrés d'une variété. C. R. Acad. Sci., 1950, 230: 508-511

[19] Les i-canes dans une variete grassmannienne. C. R. Acad. Sci., 1950, 230: 918-920

[20] Sur les puissances de Steenrod. Colloque de Topologie de Strasbourg, 1951, no. IX,. La Bibliothèque Nationale et Universitaire de Strasbourg, 1952: 9

[21] 格拉斯曼流形中的平方运算, 数学学报, 1952, 2: 203-230. (英文本) On Squares in Gxassmannians manifolds. Sci. Sinica, 1953, 2: 91-115

[22] 有限可剖分空间的新拓扑不变量. 数学学报, 1953, 3: 261-290

[23] 论 Pontrjagin 示性类Ⅰ. 数学学报, 1953, 3: 291-315

[24] 论 Pontrjagin 示性类Ⅱ. 数学学报, 1954, 4: 171-199. (英文本) Sci. Sinica, 1959, 8: 455-490

[25] 论 Pontrjagin 示性类Ⅲ. 数学学报, 1954, 4: 323-346. (英译本) American Mathematical Society Translations, Ser 2, Vol Ⅱ, 155-172, AMS, 1959

[26] 论 Pontrjagin 示性类Ⅳ. 数学学报, 1955, 5: 37-64. (英文本) Sci, Sinica, 1959, 8: 455-490

[27] 论 Pontrjagin 示性类Ⅴ. 数学学报, 1955, 5: 401-410

[28] 一个 H. Hopf 推测的证明. 数学学报, 1954, 4: 491-500

[29] 复合形在欧氏空间中的实现问题Ⅰ. 数学学报, 1955, 5: 505-552. (英文本) On the realization of Complexes in Euclidean SpacesⅠ. Sci. Sinica, 1958, 7: 251-297

[30] 复合形在欧氏空间中的实现问题Ⅱ. 数学学报, 1957, 7: 79-101. (英文本) On the realization of Complexes in Euclidean spaces Ⅱ. Sci. Sinica, 1958, 7: 365-387

[31] 复合形在欧氏空间中的实现问题Ⅲ. 数学学报, 1958, 8: 79-94. (英文本) On the realization of complexes in Euclidean spaces Ⅲ. Sci. Sinica, 1959, 8: 133-150

[32] On the imbedding of polyhedrons in Euclidean spaces. Bull. Acad. Polon. Sci. Cl. Ⅲ, 1956, 4: 573-577

[33] Smith 运算与 Steenrod 运算的关系. 数学学报, 1957, 7: 235-241. (英文本) On the relations between Smith operations and Steenrod powers. Fund. Math., 1957, 44: 262-269

[34] 关于拓扑空间的 $\Phi_{(p)}$ 类. 科学记录 (新辑), 1957, 1: 347-350. (英文本) On the$\Phi_{(p)}$ classes of a topological space. Sci. Record (N. S.), 1957, 1: 377-380

[35] On the reduced products and the reduced cyclic powers of a space. Jber. Deut. Math. Verein., 1958, 61: 65-75

[36] 关于正常有可数基空间的维数. 科学记录 (新辑), 1958, 2: 61-63. (英文本) On the dimension of a normal space with countable base. Sci. Record (N. S.), 1958, 2: 65-69

[37] 在 $(2n+1)$ 维欧氏空间中 $n$ 维 $C^r$-流形的同痕问题. 科学记录 (新辑), 1958, 2: 333-336. (英文本) On the isotopy of $C^r$-manifold, of dimension $n$ in Euclidean $(2n+1)$-space. Sci.

Record (N. S.), 1958, 2: 271-275

[38] Topologie combinatoire et invariants combinatoires. Collog. Math., 1959, 7: 1-8

[39] 关于胞腔丛的一些不变量. 科学记录 (新辑), 1959, 3: 107-110. (英文本) On certain invariants of cell-bundles. Sci. Record (N. S.), 1959, 3: 137-142

[40] 复合形在欧氏空间中的同痕问题 I. 数学学报, 1959, 9: 475-493. (英文本) On the isotopy of a complex in a Euclidean space I, Sci. Sinica, 1960, 9: 21-46

[41] 有限复合形在欧氏空间中的同痕问题 I. II. 科学记录 (新辑), 3: 274-281. (英文本) On the isotopy of a finite complex in a Euclidean space I. II. Sci. Record (N. S.), 1959, 3: 342-351

[42] 关于 Leray 的一个定理. 数学学报, 1961, 11: 348-356. (英文本) On a theorem of Leray, Sci. Sinica. 10(1961), 793-805. (英译本) On a theorem of Leray, Chinese Math., 1962, 2: 398-410

[43] 某些实二次曲面的示性类 (与李培信). 数学学报, 1962, 12: 203-215. (英译本) The characteristic classes of certain real quadrics. Chinese Math, 1963, 3: 218-231

[44] Notes on complex manifolds and algebraic varieties. I. Pliicker's formula. Sci. Sinica, 1962, 11: 575-590

[45] On the imbedding of orientable manifolds in a Euclidean space. Sci. Sinica, 1963, 12: 25-33

[46] 欧氏空间中的旋转. 数学进展, 1963, 6: 96-97

[47] A theorem on immersion. Sci. Sinica, 1964, 13: 160

[48] On the immersion of $C^\infty$-3-manifolds in a Euclidean space. Sci. Sinica, 1964, 13: 335-336

[49] On the notion of imbedding classes. Sci. Sinica, 1964, 13: 681-682

[50] On the imbedding of manifolds in a Euclidean space I. Sci. Sinica, 1964, 13: 682-683

[51] On complex analytic cycles and their real traces. Sci. Sinica, 1965, 14: 831-839

[52] 代数簇上的陈省身示性类系. 数学进展, 1965, 8: 395-401

[53] 具有对偶有理分割的代数族. 数学进展, 1965, 8: 402-409

[54] On critical sections of convex bodies. Sci. Sinica, 14(1965), 1721-1728

[55] 集成电路设计中的数学问题. 数学的实践与认识, 1(1973), 20-40

[56] 线性图的平面嵌入. 科学通报, 19(1974), 226-228

[57] $S_k$ 型奇点所属的同调类. 数学学报, 17(1974), 28-37

[58] 印刷电路与集成电路中的布线问题. 可剖形在欧氏空间中的实现问题. 吴文俊. 北京: 科学出版社, 1978: 213-261

[59] 代数拓扑的一个新函子. 科学通报, 1975, 20: 311-312

[60] 代数拓扑 $I^*$ 函子论 —— 齐性空间的实拓扑. 数学学报, 1975, 18: 162-172

[61] 代数拓扑 $I^*$ 函子论 —— 纤维方的实拓扑. 中国科学, 1975, 18: 527-541. (英文本) Theory of $I^*$-functor in algebraic topology—Real topology of fibre squares. Sci. Sinica, 1975, 18: 462-482

[62] 代数拓扑 $I^*$ 函子论 —— 复形上 $I^*$ 函子的具体计算与公理系统. 中国科学, 1977, 20: 196-209. (英文本) Theory of $I^*$-functor in algebraic topology—Effective caleulation and axiomatization of $I^*$-functor on complexes. Sci. Sinica. 1976, 19: 647-664

[63] 代数拓扑 $I^*$ 函子论 —— 纤维空间的 $I^*$ 函子 (与王启明), 中国科学, (1978). (英文本) Theory of $I^*$ functor in algelraic topology—$I^*$-functor of a fiber space. Sci. Sinica, 1978, 21: 1-18

[64] $I^*$ 量度对复形和与有关作法的能计算性. 科学通报, 1980, 25: 196-198. (英文本) On calculability of $I^*$-measure with respect to complex-union and other related constructions. Kexue Tongbao, 1980, 25: 185-188

[65] de Rham-Sullivan measure of spaces and its calculability. Proc. Chern Symposium, 1980: 229-245

[66] A Constructive theory of algebraic topology—Part Ⅰ. Notions of measure and calculability. Journal of Systems Science and Math, Sciences, 1981, 1: 53-68

[67] de Rham theorem from Constructive point of view in Proc. 1981, Shanghai Symposium on Differential Geometry and Differential Equations. Beijing: Science Press, 1984: 497-528

[68] Chern classes on algelraic varieties with arbitrary singularities. Several Complex Variables. Boston, Mass. 247-249

[69] On the planar imbedding of linear graphs. J. Syo. Sci. Math. Sci., 1985, 5: 290-302; 1986, 6: 23-35

[70] Some remarks on jet-transformations. Bull. Soc. Math. Belglque, 1986, 38: 409-414

[71] On Chern numbers of algebraic varieties with arbitrary singularities. Acta Math. Sinica, (N. S.), 1987, 3: 227-238

## 对策论

[72] 关于博弈理论基本定理的一个注记. 科学记录 (新辑), 1959, 3: 179-181. (英文本) A remark on the fundamenfal theorem in the theory of games. Sci, Record, (N. S.), 1959, 3: 229-233

[73] 活动受限制下的非协作对策. 数学学报, 1961, 11: 47-62. (英译本) On non-cooperative games with restricted domains of activities. Chinese Math, 1962, 2: 54-76

[74] Essential equilibrium points of $n$-person non-cooperative games (与江嘉禾). Sci. Sinica, 1962, 11: 1307-1322

## 中国数学史

[75] 出入相补原理. 收入《中国古代科技成就》. 北京: 中国青年出版社, 1978: 80-100

[76] 我国古代测望之学重差理论评介兼评数学史研究中某些方法问题. 收入《科技史文集》第8辑. 上海: 上海科学技术出版社, 1982: 10-30

[77] 出入相补原理. 收入吴文俊主编《九章算术与刘徽》. 北京: 北京师范大学出版社, 1982: 58-75

[78] 《海岛算经》古证探源. 收入吴文俊主编《九章算术与刘徽》. 北京: 北京师范大学出版社, 1982: 162-180

[79] 复兴构造性的数学. 数学进展, 1985, 14: 334-339

[80] Recent studies of the history of Chinese mathematics. Proc. ICM, 1987, 986: 1657-1667

[81] 从《数书九章》看中国传统数学构造性与机械化的特色. 收入吴文俊主编《秦九韶与"数书九章"》. 北京: 北京师范大学出版社, 1987: 73-88

## 数学机械化

[82] 初等几何判定问题与机械化证明. 中国科学, 1977, 20: 507-516. (英文本) On the decision problem and the mechanization of theorem-proving in elementary geometry. Scientia Sinica, 1978, 21: 159-172. 重印于 Automated Theorem Proving: After 25 years. Eds. Bledsoe W W, Loveland D W. American Mathematical Society, 1984, 213-234

[83] 初等微分几何的机械化证明. 中国科学, 1979, 1: 94-102

[84] Mechanical theorem proving in elementary geometry and differential geometry. Proc. 1980 Beijing DD-Symposium, 1982, 2: 1073-1092

[85] Toward mechanization of geometry—Some comments on Hilbert's "Grundlagen der Geometrie". Acta Math. Scientia, 1982, 2: 125-138

[86] Some remarks on mechanical theorem-proving in elementary geometry. Acta Math. Scientia, 1983, 3: 357-360

[87] Basic principles of mechanical theorem-proving in elementary geometries. J. Sys. Sci. Math. Sci., 1984, 4: 207-235. 重印于 J. Automated Reasoning, 1986, 2: 221-252

[88] Some recent advance in mechanical theorem-proving of geometries. Automated Theorem Proving: After 25 Years. Eds. Bledsoe W W, Loveland D W. American Mathematical Society, 1984, 235-242

[89] A Constructive theory of differential algebraic geometry. Proc. DD-6 Symposium, Shanghai, 1985. Eds. Gu C, Berger M, Bryant R L. 1987, 173-189

[90] On zeros of algebraic equations—an application of Ritt principle. Kexue Tongbao, 1986, 31: 1-5

[91] A mechanization method of geometry, I. Elementary geometry, Chinese Quart. J. Math, 1986, 1: 1-14. Errata and Addenda, ibid, 1987, 2: 20

[92] A mechanization method of geometry and its applications, Ⅰ. Distances, areas, and volumes. J. Sys. Sci. Math. Sci., G, 1986, 204-216

[93] 几何学机械化方法及其应用Ⅰ. 欧氏及非欧几何的距离、面积和体积. 科学通报, 1986, 31: 1041-1044. A mechanization method of geometry and its applications I. Distances areas, and volumes in Euclidean and non-Euelidean geometries. Kexue Tongbao, 1986, 32: 436-440

[94] 几何学机械化方法及其应用Ⅱ. Bertrand 型曲线偶. 科学通报, 1986, 31: 1281-1284. A mechanization method of geometry and its applications, Ⅱ. Curve Pairs of Bertrand type. Kexue Tongbao, 1987, 585-588

[95] (解方程器) 或 (SOLVER) 软件系统概述. 数学的实践与认识, 1986, 2: 32-39.

[96] (解方程器) 或 (SOLVER) 软件系统应用举例. 数学的实践与认识, 1986, 3: 1-11

[97] A zero structure theorem for polynomial-equations-solving and its applications. MM-Res. Preprints, 1987, 1: 2-12

[98] Mechanical derivation of Newton's Gravitational Laws from Kepler's Laws. MM-Res. Preprints, 1987, 1: 53-61

[99] A mechanization method of geometry and its applications, 3. Mechanical proving of polynomial inequalities and equations-solving, MM-Res. Preprints, 1987, 2: 1-17. Also in J. Sys. Sci. & Math. Scis. Inst. of Systems Sciences, 1989, 2

[100] On reducibility problem in mechanical theorem proving of elementary geometries, Chinese Quarterly J. of Math., 1987, 2: 1-19. Also in MM-Rds. Preprints, 1987, 2: 18-36

[101] A mechanization method of geometry and its applications, 4. Some theorems in planar kinematics. Sys. Sci. & Math. Scis., 1989, 2: 97-109

[102] On the foundation of algebraic differential geometry, MM-Res. Preprints, 1989, 3: 1-26. Also in Sys. Sci. & Math. Scis., 1989, 2: 289-312

[103] Some remarks on characteristic-set formation. MM-Res. Preprints, 1989, 3: 27-29

[104] A mechanization method of geometries and its applications (with Wu Tianjiao), 5. Solving transcendental equations by algebraic methods. MM-Res. Preprints, 1989, 3: 30-32

[105] 几何学机械化方法及其应用. 收入吴文俊主编《现代数学新进展》. 刘徽数学讨论班报告集. 合肥: 安徽科学技术出版社, 1988: 181-188

[106] On the generic zero and Chow basis of an irreducible ascending set. MM-Res. Preprints, 1989, 4: 1-21

[107] On a oroiection theorem of quasi-varieties in elimination theory. MM-Res. Preprints, 1989, 4: 40-48. Also in Chinese Annals of Math., 1990, 220-226

[108] On the chemical equilibrium problem and equations-solving. MM-Res. Preprints, 1989, 4: 22-39. Also in Acta Math. Scientia, 1990

[109] A mechanization method of geometry and its applications, 6. Solving inverso kinematic equatiops of PUMA-type robots. MM-Res. Preprints, 1989, 4: 49-53

[110] A mechanization method of equations solving and theorem proving. Issues in Robotics and Nonlinear Geometry. Adv. in Computing Res., 1990, 6

[111] Automatic derivation of Newton's gravitational laws from Kepler's laws. New Trends in Autfomated Mathematical Reasoning, 1990

[112] Mechanical theorem proving of differential geometries and some of its aonlications in mechanics. Journal of Automated Reasoning, 1991, 2: 171-191

[113] Automation of theorem-proving. MM-Res. Preprints, 1990, 5: 1-4

[114] On the construction of Gröbner basis of a Polynomial Ibdeal based on Riquier-Janet theory. MM-Res. Preprints, 1990, 5: 5-22

# 3.2　中国现代控制理论的开拓者 —— 关肇直*

程代展　冯德兴　中国科学院数学与系统科学研究院

关肇直，1919 年 2 月 13 日生于天津。1936 年考入清华大学土木工程系，1938 年转入燕京大学数学系。1941 年毕业，后留校任教。1946 年转到北京大学任教。1947 年加入中国共产党，并经党组织批准赴法留学。1949 年回国，参与中国科学院组建工作，为中国科学院首届党组成员之一。历任中国科学院数学研究所副研究员、研究员、副所长等职。1979 年组建中国科学院系统科学研究所并任所长。曾任中国数学会秘书长、中国自动化学会副理事长、系统工程学会理事长，1981 年当选为中国科学院学部委员 (院士)。1982 年 11 月 12 日病逝于北京。

他开创性地揭示出泛函分析中“单调算子”的思想，证明了求解希尔伯特空间中非线性方程的最速下降法的收敛性。他应用抽象空间中线性算子的谱扰动理论，给出平板几何情形的中子迁移算子的谱的确切结构，并指出本征广义函数组的完整性。

从 20 世纪 60 年代开始，他全身心地投入现代控制理论的研究及其在中国的推广。他提出细长飞行器弹性振动的闭环控制模型，开创了分布参数系统理论的一个新方向。他用线性算子紧扰动方法，证明了一类无穷维系统的能控性与能观测性。他主持的课题“现代控制理论在武器系统中的应用”和“我国第一颗人造卫星的轨道计算与轨道选择”获 1978 年全国科学大会奖；“飞行器弹性控制理论研究”获 1982 年国家自然科学奖二等奖；他还主持了“尖兵一号返回型卫星和东方红一号”项目中轨道设计、轨道测定和地面站配置等三个课题，该项目获 1985 年国家级科技进步特等奖，关肇直个人被授予“科技进步”金质奖章。

为推广现代控制理论，他踏遍了祖国的山山水水。在他的领导、组织和推动

* 转载自《系统与控制纵横》2014 年第 2 期。

下，中国有了第一个控制理论研究室，第一次“全国控制理论与应用”会议，第一本《控制理论与应用》杂志 …… 他是中国现代控制理论的开拓者，一位杰出的先驱者。

## 一、炫目的生平

关肇直原籍广东省南海县。父亲关葆麟早年留学德国，回国后任铁道工程师。母亲陆绍馨毕业于北洋女子师范大学，曾任教于北京女子师范大学。出生于这样一个书香门第，他从小受到良好的文化熏陶。当他十一岁的时候，父亲因病去世。从此，生活的重担就落到了他母亲的身上。她以微薄的工资艰难地抚育关肇直和他的弟弟妹妹。母亲对他们的教育尤为重视，让他们个个读书成才。出于对母亲的感激，关肇直一生侍母甚孝，此是后话。

关肇直从小跟父母学习英语和德语。1931 年考入英国人办的北京崇德中学。学校对英语要求十分严格，因此，关肇直英语极佳。加上他的语言天分，日后他还熟练掌握了德语、法语、西班牙语、俄语等多种外语。1936 年高中毕业，他考入清华大学土木工程系。一年后因病休学。休学期间，为打发时间他读了一些数学书，无意间对数学产生了浓厚的兴趣。身体康复后，他转入燕京大学数学系学习。

关肇直兴趣广泛，博学多才，有很好的哲学、历史和文学素养，加之能言善辩，常常语出惊人，因此深得同学们的钦佩，称他为“关圣人”。他有着惊人的记忆力，读过的书籍、文章几近过目不忘。同事们经常为一些学术问题，甚至哲学、历史、天文、地理等杂学讨教于他，他总能旁征博引，详加解说，直到你满意。有时，他甚至会告诉你，这个问题在某书或某杂志的哪一页可以找到答案。博闻强记至此，令人叹服。

1941 年他大学毕业，由于成绩优异，留校任教。那时，正是日寇侵略、国土沦丧、抗日烽火燃遍祖国大地的年代。不久后，他与燕大师生一起，不得不离开北平，负笈西行，颠沛流离。他一边治学，一边积极参加中国共产党领导的抗日救亡运动。他曾代表进步师生，在“读书与救亡运动”问题上与当时燕大校务长司徒雷登公开辩论。他的胆识与见地、敏捷的反应和流畅的英语，折服和影响了一大批师生。司徒雷登也十分器重他的才华，为了让他放弃其政治理想，司徒雷登于 1945 年亲自推荐他到美国华盛顿大学留学。出乎意料的是关肇直在收到他的推荐信后，回了一封长信，不仅谢绝了他的推荐，同时愤怒谴责了美国的对华政策。不久后，在司徒雷登的推荐下，美国国务院直接授予了他一份优厚的奖学金，但他仍不为所动。1946 年，他离开燕京大学到北京大学数学系任教。次年加入了中国共产党。为了储备未来的建设人才，这一年，经党组织批准，他通过考试取得了赴法留学资格。在巴黎大学庞加莱研究所，他跟随一般拓扑学和泛函分析奠基人 M. Frechet 学习泛函分析。此后，泛函分析成为他终生致力的学科之一。同时，作为中国共产党旅法支部的成员，他积极参加革命活动，他是党领导的左翼统战组织“中国科学工作者协会”旅法分会的创办人之一，在法国组织和团结了一批优秀的爱国知识分子开展反蒋民主运动，其中包括著名的科学家钱三强、吴文俊等。

1949 年中华人民共和国成立的春雷令他欣喜万分。想到新中国百废待兴，急需人才，一种革命者的使命感使他毅然谢绝了导师和朋友们的挽留，放弃了取得博士学位的机会，漫卷诗书，束装回国。回国后他就全身心投入中国科学院的筹建工作。他是中国科学院首届党组成员。当时中国科学院图书和外文资料散失严重，亟待整理，他担任了首任院编译出版局处长 (当时无局长)、图书管理处处长、图书办公室主任等职。凭着工作热情和外语优势，他很快使混乱的图书资料管理走上了正轨。1952 年他参与了中国科学院数学研究所的筹组工作。此后，在数学研究所历任副研究员、研究员，从事他渴望已久的数学研究工作。

他还兼任数学所党组成员、党委书记、副所长等领导工作。他在科研工作中提出“要为祖国建设服务、要有理论创新、要发扬学术民主、要开展学术交流”的四条原则。他强调理论联系实际，重视学科发展的实际背景，强调应用数学的重要性。我国有关数学发展的许多重要方针、措施，均与关肇直的学术思想有关。他与华罗庚等老一辈数学家一道，为中国数学的发展做出了自己的贡献。

1962 年，正当现代控制理论在国际上初露端倪的时候，他和钱学森等国内一些优秀的科学家，以敏锐的洞察力，立刻意识到控制理论在工业及国防现代化中的重要作用。在钱学森的极力倡导和推动下，在关肇直全力以赴的努力下，中国第一个从事现代控制理论研究的机构 —— 数学研究所控制理论研究室成立了。关肇直亲自任主任，副主任由宋健担任。从此，他将自己的全部精力投入现代控制理论的研究和中国控制事业的发展中。他为控制理论在中国的启蒙、发展和应用做了大量奠基性和开拓性的工作。今天，许多中国控制界的老一辈专家都忘不了关肇直给过他们的指导和帮助。

1979 年，为适应系统科学与控制理论的发展，他以极大的热情主导了中国科学院系统科学研究所的创建，并担任所长。1981 年他被选为中国科学院数理学部委员 (院士)。作为中国数学与系统科学的主要学术带头人之一，他承担了许多组织和管理工作。他担任过中国数学会秘书长、北京数学会理事长、中国自动化学会副理事长、中国系统工程学会理事长、中国科学院成都分院学术顾问、国际自动控制联合会理论委员会委员等职。他同时还担任过《中国科学》《科学通报》《数学学报》《数学物理学报》《系统科学与数学》等杂志的主编、副主编或编委。

他还主编了一套《现代控制理论丛书》。他对这套丛书倾注了许多心血。这套丛书主要是为从事控制理论研究的科研工作者和工程技术人员写的，它注意理论与实际并重，内容包括线性系统理论、非线性系统理论、极值控制与极大值原理、系统辨识、最优估计与随机控制理论、分布参数控制系统、微分对策等。这部丛书先后出版了近 20 本，为现代控制理论在国内的传播、交流与发展做出了积极贡献。

由于长期超负荷工作，1980 年，他积劳成疾。在病榻上，他仍然坚持工作，为系统科学的未来，为控制理论研究的发展方向思索着、规划着。许多来看望他的同事，都被他的激情所感动，在病榻边和他讨论起工作或学术问题。这种情况最后只好由党委明令禁止。关肇直于 1982 年 11 月 12 日不幸病逝。他为了党的事业，为了自己的理想和追求，真正做到了鞠躬尽瘁，死而后已。

## 二、造诣与奉献

关肇直兴趣广泛、学识渊博，他的秉性和远见卓识以及他对发展祖国科学事业的责任感，使他勇于“开疆拓土，而不安于一城一邑的治理”(吴文俊、许国志语)。因而，他一生的研究工作涉足许多领域。其中，有代表性的是三个跳跃性的领域：数学中的泛函分析、物理学中的中子迁移理论、系统科学中的现代控制理论。

### 1. 对泛函分析的研究和传播

泛函分析，是数学中较年轻的一个分支，在 20 世纪初开始形成，30 年代才正式成为独立学科。它把具体的数学问题抽象到一种更加纯粹的代数、拓扑结构的形式中进行研究，逐步形成了种种综合运用代数、几何、拓扑手段处理分析问题的新方法。

20 世纪 40 年代之前的中国，泛函分析的教学与科研力量较薄弱。50 年代初，数学研究所成立不久，来到数学所的大学毕业生，绝大多数没有学过泛函分析的基础知识。关肇直以一贯的无私和开拓精神，为这些新来的年轻人补习泛函分析，引导他们逐步走上研究轨道。他又在北京大学数学力学系开设了我国第一门泛函分析专门化课程，将当时十分前沿的算子半群理论、非线性泛函、半序空间、正算子谱理论等都作了本质而精炼的介绍，表现出很高的学术水平和很强的前瞻性。1958 年关肇直编著的国内第一部泛函分析教科书 ——《泛函分析讲义》问世。该书吸取了当时国外几部有名的介绍泛函分析概要书之长处，内容适中，很具特色，便于初学。由于他的努力，为祖国培养了包括张恭庆院士等一批从事泛函分析研究的中坚力量。

关肇直善于从我国具体情况出发，开拓新的研究领域，发展新的学科。20 世纪 50 年代，国际上刚刚开始将非线性泛函分析用于近似方法的研究工作，他抓住时机，带领青年人开展这一领域的研究并取得了重要成果。1956 年他在《数学学报》上发表了论文《解非线性方程的最速下降法》，该文证明了求解希尔伯特空间中非线性方程的最速下降法依这个空间中的范数收敛，并且和线性问题相仿，其收敛速度是依照等比级数的。这种方法可以用来解某些非线性积分方程以及某些非线性微分方程的边值问题。此后无穷维情形最速下降法得到了迅速发展。特别应该指出的是，这篇论文中首次出现了单调算子的思想。论文的主要假设是位算子导数的正定性。关肇直指出 “在较弱的条件下证明本文中所提出的方法的收敛性似乎是值得研究的问题”，后来人们通过进一步深入研究发现，这个所谓 “较弱的条件” 就是目前大家所知道的 (强) 单调性条件。单调算子概念的正式提出是 20 世纪 60 年代初的事情。单调性理论，包括单调算子、增生算子、非线性半群和非线性发展方程等理论，现今已经成为非线性泛函分析中的一个重要分支。关肇直对单调算子理论的成长做了开创性的工作。

2. 对中子迁移理论与激光理论的研究

关肇直一贯主张理论要联系实际，强调数学在发展我国经济和国防建设方面的重要意义。20 世纪 60 年代初正当我国独立自主地发展核科学技术之际，他与有关部门联系，主动承担反应堆中有关的数学理论研究课题。这样他与田方增一起又带领年轻人开展了中子迁移理论的研究，填补了国内这一研究领域的空白，并做出了具有国际水平的工作。1964 年他完成了论文《关于中子迁移理论中出现的一类本征值问题》，应用希尔伯特空间中线性算子的谱扰动理论和不定度规空间中自伴算子的谱理论，指出了平板几何情形的中子迁移算子的谱的构造，以及本征广义函数组的完整性。在研究过程中，他把问题化成希尔伯特空间中一类特殊的本征值问题。可惜这一重要工作关肇直生前未能发表，直到他去世后，才于 1984 年发表在《数学物理学报》上。国际上 70 年代才出现相类似的工作，并且一直被认为是这一时期的中子迁移理论的创新工作。80 年代当国外同行得知他在 60 年代就做出如此出色的工作，都深表赞叹。他在数学所开创的中子迁移方程的研究工作，至今仍由其学生和同事林群院士等继续做下去。

在这一时期，关肇直也十分关注国际上兴起的激光理论中的数学问题。1965 年，他在《中国科学》上用法文发表了论文《关于 “激光理论” 中积分方程非零本征值的存在性》。国外学者用相当复杂的方法、大量的篇幅才证明了这种积分方程非零本征值的存在性，而关肇直则把问题化成一般形式的具有非对称核的积分算子的本征值问题后，在弱限制性的假设下用十分简捷的方法得到了上述结论的正确性。这一结果得到国内外专家的重视。

3. 中国“现代控制理论”的开拓者

1962 年中国科学院数学研究所成立了控制理论研究室，关肇直任主任。从此，他就将自己的全部精力投入到现代控制理论的研究、传播中去了。他从零开始，利用其数、理、天文等宽阔的知识面及外语优势，阅读大量文献。然后，亲自主持讨论班，及时报告国外有关现代控制理论的最新成果，尽快使年轻同行走上研究轨道。许多新的研究成果都是在这个讨论班上孕育和发展起来的。弹性振动控制的研究就是一个突出的例子。关肇直和宋健在讨论班上提出了细长飞行器弹性振动的闭环控制模型，开创了分布参数系统控制理论的一类新的研究方向。1974 年他和合作者在《中国科学》上发表论文《弹性振动的镇定问题》，以娴熟的泛函分析技巧，把弹性振动闭环控制模型写成抽象空间中的二阶发展方程，然后讨论相关的二次本征值问题。他应用线性算子紧扰动的方法，成功地得到了系统能控性的条件，并给出了系统能镇定的充分条件。在此之前，美国数学家 D. L. Russell 曾用别的方法讨论过与此类似的问题，但他自己认为他所得到的结果并不完全令人满意，增益系数的“增大应能改进系统的稳定性，但这样的整体性结果没有得到”。他甚至认为他所用的方法“带来了增益系数必须很小的缺陷 …… 但很怀疑这里的定理所表达的结果的精确化能用任何别的技巧来得到”。关肇直正是用了算子紧扰动的方法，摆脱了增益系数要很小的限制，得到了更符合工程意义的合理结论，受到国际同行的高度评价。

还应该指出的是，关肇直在 20 世纪 60 年代就提出了结构阻尼振动模型，直到 80 年代国际上才开始重视这类模型的研究。

关肇直不仅身体力行，成为一位站在现代控制理论研究前沿的战斗员，更是一位旗手和指挥员，为中国现代控制理论的发展掌舵导航。在“文化大革命”十年中，研究工作受到很大的干扰和冲击，他领导的研究室仍然坚持开展工作。早在 1969 年，他就以“抓革命，促生产”为契机，提出“每周二、三为数学所业务时间”，使科研工作得到部分恢复。他尽量使控制理论的研究与当时受冲击较小的军工及国防科研相结合，使研究室的工作得以继续和发展。这个时期的研究工作，包括卫星轨道定轨、惯性导航、细长飞行体制导等三项工作获 1978 年全国科学大会奖。这些工作使现代控制理论这一火种躲过了“十年浩劫”，得以在中国的土地上延续。

随着“四人帮”的垮台，科学的春天来临了。作为一个新兴而具有强烈需求的学科，现代控制理论在国内如火如荼地发展起来了。许多高校及科研机构迫切要求开展这方面的研究工作，这使控制理论研究室面临科研和传播、普及的双重任务。这段时期，研究室与许多高校和科研单位建立了合作关系。关肇直亲自带队，到上海、西安、遵义、内江、宜昌、天津、洛阳、沈阳等地的研究机构，了解实际问题，并举办关于现代控制理论的系列讲座。那时条件差，到了外地，他和其他同志住一个房间，为了第二天的报告，他总要在昏暗的灯光下工作到半夜。为了抓紧时间，在火车上、飞机上，甚至在公共汽车上，他都在看资料、想问题。当时资料缺乏，他亲自编写讲义、手刻油印。许多油印讲稿，当时都成了重要的参考文献。他的这些努力和工作带出了一批科研和工程技术骨干，使现代控制理论得到普及，并在许多工程中得到应用。关肇直曾自豪地说：“从二机部到七机部，我们都有合作项目。”1979 年，为了适应形势发展的需要，关肇直和吴文俊、许国志等一起，成立了中国科学院系统科学研究所，关肇直担任了第一任所长，直至病逝。从现代控制理论在中国初生、成长，到 20 世纪 80 年代初的扬帆起航，关肇直是当之无愧的舵手。他的名字将永远同中国的系统与控制事业融为一体。

## 三、坦荡的襟怀

关肇直关心青年，爱护青年，是青年人的良师益友。在他身边工作过的同志，都深深地被他那种平易近人和诲人不倦的精神所感动。控制室初创时，许多年轻同志对控制理论一无所知。关肇直花大量时间阅读国外文献，将自己消化了的东西一次次在室里报告，组织讨论，并详细解答大家的问题。“文化大革命”刚过，他发现室里一位年轻同志做了一项有意义的工作，为了让文章能用英文发表，他亲自动手，将全文翻译成英文。后来，室里许多人开始能用英文写文章了，但每篇文章从英文到内容他都要帮助修改。虽然许多年轻人的文章里没有他的名字，但都包含着他的心血和默默奉献。厦门大学李文清教授曾提到这样一件往事：“1958 年关先生邀请波兰学者奥尔利奇到京讲学，内容是线性泛函分析，用德文讲的，关先生进行口译。为了出版此书，关先生叫我帮他翻译一部分。当此书中译本出版时，关先生没有提他是主译者，只写了我的名字。”关肇直就是这样淡泊名利、提携后学。

关肇直为人正直。“文化大革命”期间他愤怒抨击“四人帮”所推行的那一套反科学的政策，他坚信科学是人类智慧的结晶，应当用于造福人类。当时有人借口反对“知识私有”，反对科学家个人署名的文章发表。对此，他公开表示反对。他说：“如果科学家不把他们的新发现新成果公布出来，而是留在自己抽屉里，或干脆留在脑子里，最后和他的躯体一起从这个世界消失，那对社会对国家有什么益处呢？科学又怎么发展呢？这才是真正应当反对的知识私有。”公开宣传这些显而易见的道理，在那个疯狂的年代，甚至可能招来杀身之祸。

在关肇直丰富的哲学思想中有一个突出的闪光点，就是他对理论与实践的辩证关系的深刻认识。他强调理论联系实际，并身体力行，将数学和控制理论等科学知识应用于解决国家急需的国民经济及国防工业中的问题。他同时指出，正因为要解决实际问题才更需要加强理论研究。他说过：“没有理论拿什么联系实际?”

1957 年夏天以后，当时极“左”压力很大。关肇直顶住压力，到北大讲授泛函分析，给学生鼓了气。由于他的威望，学生敢于去钻研理论。

陈景润完成他关于哥德巴赫猜想“1+2”的证明时，已是“文化大革命”前夕。关肇直顶住当时的极“左”思潮，坚决支持这项工作的发表。他说“这也是一项世界冠军，同乒乓球世界冠军一样重要”。2006 年，吴文俊回忆当年的情景时说，有一天，关肇直到他家找他，商议陈景润“1+2”工作的发表问题。他当时正担任《科学记录》的编辑，负责处理数学方面的稿件。关肇直希望把陈景润的成果以简报的形式发表在《科学记录》上，但由于数学研究所内有不同意见，所以来找他商议。他马上赞成了关肇直的意见。很快，简报就发表在 1966 年 5 月 15 日出版的《科学记录》上，赶上了“文化大革命”前的最后一班车。

即使在“左”倾思潮泛滥的“文化大革命”期间，他还坚持说“除国防与经济建设任务外，基础理论研究也要搞”。

有人一讲纯粹数学就把应用数学贬得一钱不值，一强调应用时又什么数学理论都不要了，甚至连建立数学模型都反对。关肇直不同意这种观点，他始终坚持要建模，要在应用数学中使用严格的数学方法。

1978 年的全国科学大会标志着科学春天的到来，接着召开科学规划会。当时有些人片面强调理论研究，而把搞应用和“左”联系起来。针对这一情况，关肇直和冯康、程民德等一起提出“理论要抓，应用也要抓”。

关肇直把纯粹数学与应用数学看作一个整体。他形象地解释说，这有如经纬交织，相辅相成，偏废哪一方面都是错误的。是他，把正了理论与应用之舵。

## 四、时势与英雄

关肇直常说，他首先是一个共产党员，然后才是一个科学家。他把自己的一腔热血倾注于祖国的建设事业，梦寐以求的是祖国科学事业的发展。然而，作为一个学者和一个天分极高的数学家，他是带着许多遗憾离开这个世界的。他曾经是

Frechet 最好的学生之一，却放弃博士学位提前回国。后来，他私下曾提到："也许当时应念完学位再回来。" 他首次提出 "单调算子" 的思想，却没有时间继续深入下去。在病榻上，他说："如果不是为了其他工作的需要，我会对单调算子做更多的工作。" 在《复杂系统的辨识与控制提纲》一文中，他提到了 Prigogine 有关非平衡态热力学的工作以及 Thom 的突变理论，在他看来这是系统科学的主要内容。这与钱学森的观点不谋而合。1982 年，当他病情已相当恶化时，他还表示，要等身体恢复健康后，着重致力于这方面的研究。可惜这项也许会是他一生最重要的工作，刚刚开始，即宣告结束。出师未捷身先死，长使英雄泪满襟。

那是一个动荡和巨变的时代，不平凡的历史总会铸就许多杰出人物，关肇直就是其中的一个 —— 一位带着深深的时代烙印的学者。他既是一位优秀的科学家，又是一位爱国者和一个忠诚的共产主义战士。他的一生是时代的见证。曾经教过他数学的剑桥大学 Ralph Lapwood 教授评价说："他是一个最聪明的学生"(Guan Zhao-Zhi was the most brilliant of them all)，"他对数学科学与中国科学发展做出了巨大贡献"(He achieved a great contribution to mathematical knowledge and to China's scientific progress)，"他是一个真正的爱国者，用自己的行动表达了他对自己祖国的爱"( He was a true patriot who demonstrated his love of his country by action)。这些评价相当中肯、全面而又有见地，似可作盖棺之论。然而，行笔至此，笔者感触颇多，忍不住狗尾续貂地感叹一句：他天资超群，本来可以也应当为科学做得更多，但他以天下为己任，将更多的才华和精力献给了祖国和自己的信仰。江山万古，留下了他的足迹；曲直荣辱，且留待后人评说。

**参考文献**

[1] 冯德兴. 关肇直//程民德. 中国现代数学家传记. 南京: 江苏教育出版社, 1994
[2] 陈翰馥, 秦化淑, 韩京清, 等. 开拓者的足迹. 控制理论与应用, 1999, 16(Suppl.): 2-6
[3] 《关肇直文集》编辑小组. 关肇直文集. 北京: 科学出版社, 1986
[4] 陈翰馥, 张恭庆, 秦化淑, 等. 把正理论与应用之舵 —— 记关肇直的创新思想与实践//中国科学院数学与系统科学研究院. 创新案例汇编, 2002
[5] 陈翰馥, 程代展. 求索在控制理论与应用的创新路上. 控制理论与应用, 2004, 21(6): 852-854

# 3.3 万哲先*

李福安 刘木兰 中国科学院数学与系统科学研究院

万哲先 (1927— )，山东淄川人。代数学家。1948 年从清华大学数学系毕业，获学士学位并留校任助教。1950 年被选入中国科学院数学研究所筹备处工作，此后在数学研究所工作了 30 余年，于 1978 年晋升为研究员。1984 年调入中国科学院系统科学研究所，曾任所学术委员会主任。1991 年当选为中国科学院院士。现任中国科学院数学与系统科学研究院研究员，*Algebra Colloquium* 主编及多个国际学术刊物编委，并被清华大学、南开大学、中国科学技术大学、苏州大学、山东理工大学等校聘为兼职教授。研究领域为代数学和组合理论，包括典型群、矩阵几何、有限域、有限几何、编码理论和密码学、区组设计、图论、格论等。发表研究论文 140 余篇，出版书 22 本 (其中学术专著 18 部)。1978 年获 3 项全国科学大会重大科研成果奖，1986 年获中国科学院科技进步奖一等奖，1987 年获国家自然科学奖三等奖，1995 年获华罗庚数学奖，1996 年获光华科技成果奖一等奖，1997 年获中国科学院自然科学奖一等奖。

## 一、简　历

万哲先祖籍湖北沔阳 (今湖北仙桃)。父万承珪 1913 年毕业于北京大学土木系 (科)，终身在国内铁路系统任工程师。母周维金。父母亲对子女的教育极为重视，自 3 岁起万哲先即由母亲授识字和算术，不满 5 岁即被胶济铁路张店小学录取。由于父亲工作不断调动，他读过多所小学和中学，父母亲总是选尽可能好的学校让他去报考。因抗日战争，他小学少读了一学期。1938 年夏以同等学力考入迁到贵阳的中央大学实验中学。1942 年进入在昆明的西南联合大学附属中学，并在那里度过了

* 转载自《20 世纪中国知名科学家学术成就概览》数学卷第二分册。总主编钱伟长。本卷主编王元。北京：科学出版社，2011。

中学的最后两年。在西南联大附中，他各科成绩一直优异。毕业考试时成绩名列全年级第一，也是云南省会考第一名。西南联大规定，附中毕业考试前五名可免去联大入学考试的初试。他参加了复试并被西南联大录取。入学后云南省会考才发榜，云南省教育厅规定前三名可以保送云南省任何一所大学。但此时他已进入西南联大，因而没有利用这个保送机会。由于家庭的影响，万哲先一直打算学工程，但进入西南联大附中后，受到西南联大学术气氛的熏陶，对数学产生了浓厚的兴趣，后来又受到数学老师龙季和先生的引导，便选择了数学作为他的志愿。

自 1944 年起，万哲先先后在西南联大和清华大学数学系学习。在大学学习期间，他有机会听了许多名家开设的课程，充实了知识，开阔了眼界。当时教过他课的有陈省身、许宝騄、程毓淮、申又枨、庄圻泰、赵访熊、蒋硕民、段学复、王湘浩、孙树本等先生。在清华大学学习时，他特别选修了段学复先生开设的多门代数课，从而打下了很好的代数基础。1948 年他在清华大学毕业，获理学学士学位，留校任助教。

1950 年，万哲先被选入中国科学院数学研究所筹备处工作，当时数学所的研究人员不足 10 人。他在数学所工作了 30 余年，其间于 1978 年晋升为研究员。1984 年调入中国科学院系统科学研究所，曾任所学术委员会主任。1991 年当选为中国科学院院士。现任中国科学院数学与系统科学研究院研究员，学术刊物 *Algebra Colloquium* 主编及 *Finite Fields and Their Applications*，*Annals of Combinatorics* 和 *Journal of Combinatorics, Information and System Sciences* 等多个国际学术刊物的编委，曾任《中国科学》《科学通报》《数学通报》和 *Discrete Applied Mathematics* 等刊物编委，还被清华大学、南开大学、中国科学技术大学、苏州大学和山东理工大学等校聘为兼职教授。

1957 年万哲先与王世贤女士结婚，他们有两个女儿。王世贤毕业于北京师范大学教育系，一直从事教育工作。她全力支持万哲先的事业，承担了全部家务和照顾丈夫的责任，从而使万哲先几十年来能够专心致志地从事数学研究。

## 二、学术成就

万哲先教授的研究领域为代数学和组合理论，研究兴趣包括典型群、矩阵几何、有限域、有限几何、编码理论和密码学、区组设计、图论、格论等。他是继华罗庚、段学复之后我国代数界公认的当之无愧的领导人。半个多世纪以来，他在典型群、有限几何、矩阵几何、编码与密码等领域做出了杰出的贡献，在国际上有重要影响。

1950 年初，华罗庚先生从美国归来，在清华大学任教并创建中国科学院数学研究所。万哲先在华罗庚的指导下从事典型群的研究。典型群是线性群、辛群、正交群、酉群、伪辛群及其子群和商群的总称，是几何学和物理学的重要研究对象。华罗庚选择典型群这一领域，是为了更好、更快地培养年轻的科研工作者。典型群需要的预备知识少，可以从简单处、具体处着手，而发展前途又不小，可以在研究过程中熟悉代数学、几何学的不少分支。华罗庚对学生要求非常严格，对研究工作要求很高，强调要有扎实的基本功，做到“拳不离手，曲不离口”，要有自己的想法，要创造而不要依样画葫芦。从华罗庚那里，万哲先受到了极好的研究工作的训练。

几十年来万哲先对研究工作始终兢兢业业，严肃认真，取得了丰硕的研究成果。在国内外著名学术刊物上发表研究论文 140 余篇，出版书 22 本 (其中学术专著 18 部)，还有 20 余篇介绍数学知识的通俗文章。特别值得一提的是，其中有 90 多篇学术论文和 16 本书是在他年逾花甲后的 20 年间完成的。如此高龄，如此丰硕的成果，其中的辛劳是可想而知的。其坚实的功底，广博的知识，成熟的技巧，以及许多开创性的工作令人十分敬佩。万哲先教授不但是基础数学专业的博士生导师，同时也是应用数学专业的博士生导师，培养了数十位硕士和博士研究生。

万哲先的学术贡献主要有以下几个方面：

1. **典型群**

华罗庚于 1950 年初到 1951 年夏，1951 年秋到 1952 年初，1956 年秋到 1957 年春，三次在清华大学和中国科学院数学研究所主持典型群讨论班，万哲先是唯一自始至终参加这个讨论班的成员。1960 年到 1961 年，万哲先主持了第四次典型群讨论班，并在 1963 年与华罗庚合著了《典型群》一书。

华罗庚和万哲先等人关于典型群的工作被法国 Bourbaki 学派创始人之一、国际著名数学家 J. Dieudonné在《典型群的几何学》(*La Géométrie des Groupes Classiques*) 一书中多次引用。国外称之为典型群的中国学派。无疑，万哲先是继华罗庚以后这一学派的领袖，并领导该学派大大拓广了研究领域，取得了很大的国际影响。这一学派被国外典型群专家誉为世界上该领域最有活力的研究群体之一。

万哲先解决了典型群结构和自同构方面的一系列问题，包括低维线性群的自同构和同构 (与华罗庚合作)，特征 2 的域上辛群的自同构 (与王仰贤合作)，正交群和酉群的换位子群的刻画及其商群结构等。1975 年访华的美国数学家代表团，在 1977 年以 “中华人民共和国的纯粹数学和应用数学 (Pure and Applied Mathematics in the People's Republic of China)” 为标题发表的访华报告中，将典型群方面的工作列为中国数学的五项重要成就之一，并指出该领域的工作以华罗庚和万哲先为代表。

在“文化大革命”以后，万哲先继续从事典型群的研究工作，虽然此项工作已被迫停顿了十几年，但他很快进入前沿，于 1980 年到 1981 年主持了第五次典型群讨论班。当时西方在该领域的发展很快，域和体上典型群的研究已经比较完善，剩下的都是难题。1986 年，他和他的学生任宏硕、武小龙证明，任意体上 2 阶射影特殊线性群的自同构都是标准型的，体上 2 阶射影特殊线性群之间的同构除了一个例外，其他都是标准型的，从而使体上线性群的自同构和同构问题得到彻底解决。这是华罗庚和迪厄多内长期关心的、国际上公认为极其困难的问题。此工作得到国外同行的高度评价。美国典型群专家 O. T. O'Meara 闻讯后专门来信表示祝贺。万哲先为发展华罗庚开创的国际上公认的典型群的中国学派做出了巨大贡献。20 世纪 80 年代以后，典型群的中国学派更多地关注环上典型群以及与之相关的代数 $K$ 理论的研究。

华罗庚和万哲先合著的《典型群》一书获得 1978 年全国科学大会重大科研成果奖。万哲先和他的学生任宏硕、李尊贤、李福安、武小龙关于典型群的同构理论的工作获得 1987 年国家自然科学奖三等奖。

2. 矩阵几何

矩阵几何的研究是 20 世纪 40 年代中期由华罗庚先生开创的。和他关于多元复变函数论的研究相关联，华罗庚开始研究的是复数域上的长方阵几何、对称阵几何、斜对称阵几何和埃尔米特阵几何，主要目的是用尽可能少的不变量来刻画这些几何的运动群，他称之为这些几何的基本定理。1950 年前后，他把他关于对称阵几何和长方阵几何的基本定理分别推广到特征 2 的任意域和元素个数大于 2 的任意除环上，并指出只需要“粘切”这一不变量就可以刻画运动群，还把它们应用到代数和几何中的某些问题上。1962 年万哲先和王仰贤补证了元素个数等于 2 的域上长方阵几何的基本定理。1965 年刘木兰在万哲先的指导下，将斜对称阵几何的基本定理推广到任意特征的域上的交错阵几何。

从 20 世纪 90 年代起，万哲先又发表了一系列论文，系统地研究了对称阵几何、埃尔米特阵几何和斜埃尔米特阵几何，把射影几何的基本定理分别推广到任意域和任意具有对合的除环上的这些矩阵几何，并发现了一些例外情形，使矩阵几何的理论日臻完备，还给出了它们对图论的应用。

为纪念华罗庚先生逝世十周年，万哲先撰写了英文专著《矩阵几何》(*Geometry of Matrices*)，该书的副标题是“怀念华罗庚教授”，1996 年由新加坡世界科学出版社出版。

万哲先曾多次在国际学术会议上作邀请演讲，介绍他在矩阵几何方面的工作，例如，1993 年在日本福冈举行的国际代数组合会议，1996 年在意大利阿西西 (Assisi) 举办的纪念意大利著名数学家 G. Tallini 的组合论国际会议，1997 年在香港举办的国际代数和组合会议等。

3. 有限几何

我国有限几何及其应用的研究是由万哲先开创的。典型群的中国学派以矩阵方法为其特点，但有深刻的几何背景，要懂得典型群中国学派的精髓，必须懂得它的几何背景。所以他从 20 世纪 60 年代起对有限域上典型群的几何学进行了深入系统的研究。

有限域上典型群的几何学的主要内容和基本问题是研究有限域上向量空间的子空间在每一类典型群的作用下：① 分成怎样的一些轨道？② 轨道的条数是多少？③ 如何计算每条轨道的长度？④ 一条轨道里有多少个子空间包含于一个给定的子空间？为了研究这些问题，万哲先创立并发展了一套新方法，使这些问题得到完满的解决。他确定了在各种有限典型群作用下向量空间的子空间所分成的轨道条数以及每一条轨道中的子空间的个数，并研究了各轨道生成的格 (部分工作由他和他的学生共同完成)。

1966 年科学出版社出版了他和他的学生戴宗铎、冯绪宁、阳本傅合作的专著《有限几何与不完全区组设计的一些研究》。1993 年瑞典的学者文献出版社 (Studentlitteratur) 和英国的 Chatwell-Bratt 出版社合作出版了他的英文专著《有限域上典型群的几何学》(*Geometry of Classical Groups over Finite Fields*)，其中包含了大量新的研究成果。1997 年科学出版社出版了他与霍元极合作的专著《有限典型群子空间轨道生成的格》。他关于有限域上典型群的几何学的研究是中国典型群学派工作的继续和发展。

万哲先关于有限几何研究的一大特点是有着明显的应用目的性，将它应用到组合设计、信息安全、纠错码、有限典型群子空间格、强正则图等领域的诸多重要问题。例如，20 世纪 60 年代，他利用有限几何构造了一些多个结合类的结合方案和 PBIB 设计。90 年代初，他利用有限几何构造了许多认证码，有很好的性能 (通信中采用认证码是解决认证问题的重要方法)。他和霍元极确定了子空间轨道生成的各个格的包含关系，刻画了格中元素，计算了这些格的特征多项式。他用有限域上典型群的几何学来计算有限域上一个给定的二次型表示另一个二次型的个数，并给出计数公式 (前人研究这一问题用的是数论方法，对域的特征加了限制，而且没有得到明确的计数公式)。他和他的学生唐忠明、周凯、顾振华用有限域上典型群的几何构作了一些强正则图，计算了它们的参数，并确定了它们的自同构群。

万哲先关于有限几何的研究工作，在国内外有很大影响并有许多追随者。他的著作已成为该研究领域的经典文献。几乎所有关于有限几何的书都提到或引用过他和他的学生的工作。在国内，在他的带领下已形成一支有相当实力的研究有限几何及其应用的队伍。

万哲先曾多次在国际学术会议上作邀请演讲，介绍他在这方面的工作，例如，1989 年印度加尔各答统计研究所纪念印度著名数学家、统计学家 R. C. Bose 的学术会议，1992 年日本京都数学解析研究所举办的代数组合论会议，1994 年在意大利罗马和蒙梯西瓦诺 (Montisilvano) 举行的关联几何和组合结构国际会议，1996 年天津南开数学研究所举办的国际组合论会议等。每次演讲他都有新的内容。

万哲先关于有限域上典型群的几何学及其应用的工作于 1997 年获得中国科学院自然科学奖一等奖。

4. 编码学和密码学

万哲先是我国最早从事编码学和密码学研究的数学家之一，对我国的国防安全做出了重要贡献。20 世纪 70 年代初，他和北京大学的段学复独立地解决了有关单位委托的关于移位寄存器序列的一个问题，他们为代数找到了实际应用而感到十分兴奋。于是从 1972 年初开始，万哲先在中国科学院数学研究所主持了编码讨论班，并多次组织编码和密码讲座，由他和他的学生戴宗铎、刘木兰、冯绪宁等介绍编码和密码知识以及他们的研究成果。这些讨论班和讲座都有油印讲义，赠送给国内有关单位，为我国普及编码和密码知识做出了贡献，国内不少从事编码和密码研究的著名学者都是从这些讨论班和讲座的油印讲义起步的。他在密码学领域的研究工作和开展的学术活动对于数学工作者在应用方面的研究起了很大的推动作用。

1976 年他的《代数和编码》一书由科学出版社出版 (2007 年由高等教育出版社出了第 3 版)。1978 年他和戴宗铎、刘木兰、冯绪宁合作的专著《非线性移位寄存器》由科学出版社出版。这两本书已成为国内编码、密码和信息安全领域的经典文献。他们关于伪随机码和移位寄存器序列的研究成果分别获得 1978 年全国科学大会重大科研成果奖和 1986 年中国科学院科技进步奖一等奖。

20 世纪 90 年代万哲先将有限几何用于构造验证码的新成果得到国际同行的重视，他曾被邀于 1990 年在荷兰召开的 IEEE 信息论专题讨论会上作学术讲演。他还用有限几何来计算某些射影码的广义 Hamming 重量和重量谱。广义 Hamming 重量是码的重要数字参数，但是只有很少数几个码的广义 Hamming 重量被完全算出。万哲先利用一类射影码的几何结构，完全算出了它的广义 Hamming 重量。

1997 年他的英文专著《四元码》(*Quaternary Codes*) 一书由新加坡世界科学出版社出版，这本书是关于四元码的第一本综述性著作。

他还与瑞典学者 R. Johannesson 合作，在卷积码的代数结构上取得了若干重要成果。例如，卷积码的极小编码矩阵有两个定义，20 世纪 70 年代以来一直被认为是等价的。1993 年他们举例指出这两个定义是不等价的，并引进了极小基本编码矩阵这一概念，从而澄清了长达 20 余年的一个混淆。他们还得到极小编码矩阵的几个充分必要条件。他又在码和格的关联方面进行研究，取得了一些有意义的结果。

5. 其他领域

万哲先教授的研究领域相当宽广。除了上述四个主要方面，他在图论、李 (Lie) 代数，Kac-Moody 代数、有限域等方面都有贡献。在图论研究方面，他曾对我国粮食部门创造的制订最优粮食调运计划的一种行之有效的图上作业法给出了严格的理论证明，并进行了推广应用。此项工作获得 1978 年全国科学大会重大科研成果奖。1964 年科学出版社出版了他的《李代数》一书，该书的英文版 1975 年由英国 Pergamon 出版社出版 (当时国内学者在国外出版专著是十分罕见的)。他的英文专著 *Introduction to Kac-Moody Algebra* 于 1991 年由新加坡世界科学出版社出版，*Introduction to Abstract and Linear Algebra* 于 1992 年由瑞典学者文献出版社 (Studentlitteratur) 和英国 Chatwell-Bratt 出版社合作出版。有限域对子域的最优正规基有两种类型，II 型的是自对偶的，确定 I 型的对偶基并计算它的复杂度是一个公开问题。2007 年万哲先和他的学生周凯解决了这个问题。

1995 年，万哲先由于在代数学和组合理论方面杰出的研究与贡献，获华罗庚数学奖。

## 三、学 术 风 格

开放、严谨、勤奋、创新是万哲先教授的学术风格。外表颇为儒雅的万先生非常善于和同行们进行学术交往。不管寒暑，他的办公室的门总是开得大大的，无论谁进去跟他谈论与数学有关的问题，他总是津津乐道，有问必答。万哲先教授在国内和国际的学术活动中十分活跃，每年都被邀请参加国内外的多个学术会议并应邀作大会报告或邀请报告。每次出国访问回来之后，必在他的研究所和有关院校作学术报告，讲他最新的研究成果。同时，万哲先教授还身兼国内和国外多个学术刊物的主编或编委，与国际上的代数学家、组合学家、信息论专家有着广泛的联系。2007 年初，他提议恢复了北京代数界“文化大革命”前的好传统，不定期地举行聚会，促进互相交流和沟通，他率先在第一次聚会时作了学术演讲。

万哲先教授非常关注当今国际上数学与应用数学以及相关领域的发展，关注新的重要科研成果，并及时地向国内介绍。他在国外访问期间，看到关于费马大定理证明的宣布及有关的研究结果，马上告知国内同行，还亲自写了介绍该问题的文章，以使年轻人能了解这项工作的意义，以及懂得只有具有广博的基础知识并能融会贯通，且具有创造性才能做出深刻的、出类拔萃的研究成果。

万哲先教授几十年如一日，坚持严谨的研究作风。他写的论文或书稿，总要验算、修改多次，使叙述更加准确，并把证明不断地简化。他认为，应该把最好的东西奉献给读者。国外常有读者向他索要论文的抽印本，并由衷地称赞他的论著写得清晰、简洁，对他如此高龄仍活跃在学术前沿表示钦佩。万哲先教授读别人的论文或专著，也往往要亲自算一遍。Leech 格是 1967 年由 J. Leech 引进的。Leech 格的唯一性于 1969 年由 J. H. Conway 证明，1978 年俄罗斯数学家 B. B. Venkov 给了一个简单的证明。凡可夫的证明被收进 J. H. Conway 和 N. J. Sloane 1988 年出版的巨著《堆球，格和群》(*Sphere Pakings, Lattices and Groups*) 以及其他一些书里，已经被学术界广泛认同。1995 年万哲先教授在阅读这本书时，感觉凡可夫的证明有模糊不清之处，经过仔细验算，发现这个证明有错误，于是利用他群论和编码学的深厚功底，给出了一个巧妙简洁的证明。1996 年初他写成论文，投稿后仅一个月就收到编辑部转来的审稿意见，审稿人说这个结果“正确、有趣、重要”。该文在《欧洲组合杂志》(*European J. Combinatorics*) 上发表，只有短短的 5 页。

做研究工作几乎是万哲先教授的全部生活内容。他在数学领域辛勤耕耘了近 60 年，对数学的热爱和迷恋达到了常人难以企及的程度，数学是他生命中最重要的组成部分。他夫人和他说话，他常常心不在焉，没有听进去，答非所问，回答的是某个他正感兴趣的数学问题。可对于找他谈数学的人，不管是他的朋友还是学生抑或是其他人，万先生都十分欢迎。有些年轻人写信向他请教数学问题，他都非常认真地一一给予回答。

万哲先教授的敬业精神非常感人。例如，1996 年暑期他在中国科学院系统科学研究所作不变量的系列演讲。当时正值酷暑季节，他不顾年近古稀，坚持每周作三次长篇报告。这期间，有一次在下班候车时被自行车撞倒受伤，引起身体不适，大家都劝他少作两次报告，但他还是坚持把全部内容讲完。

2003 年“非典”期间，他利用被困在山东的时间，完成了长达 350 多页的《代数导引》一书，很快由科学出版社出版。“老骥伏枥，志在千里”，直到现在，已达耄耋之年的他仍坚持每周一次的讨论班，还在撰写新著。他的严谨学风和一丝不苟的敬业精神给年轻人树立了良好的榜样。

## 四、教 书 育 人

万哲先教授对中国的教育事业非常热心，以培养数学人才为己任。从 20 世纪 50 年代起，他就应邀在一些大中学校向学生作通俗数学演讲。60 年代他开始带领学生一起做研究，“文化大革命” 后培养了数十名硕士和博士研究生，更多的人从他组织的讨论班或与他的交谈中受益。

改革开放初期，万哲先教授利用在国外访问的机会，不顾疲劳，经常参加各种学术会议，了解国际最新进展和动态，并为学生寻找出访进修的机会。一位台湾数学家说，他当时很奇怪万先生参加那么多的学术会议，现在明白了，因为大陆封闭了多年，这是万先生为自己同时也为学生寻找最合适的有意义的研究领域和方向。

万哲先教授十分注意培养学生严肃认真、一丝不苟的治学态度。他讲课非常严谨，条理清楚，他的板书总是那么清晰漂亮，他的讲稿稍加整理就是一部很好的书稿，他的书和论文总是写得深入浅出，可读性强，文笔优美，简洁流畅。数学在他手里，变成了一种艺术。在课堂上他作矩阵计算时，学生们看他用右手向左下方比画几下，再向右下方比画几下，两个复杂的 3 阶或 4 阶矩阵的乘积就算出来了。学生们惊叹于他炉火纯青的计算技巧，他却总是告诫学生要多做练习。从他身上，学生们懂得了什么叫做治学，什么叫做严谨。他经常和学生谈科研工作的体会，说一定要读名家的原著，然后抓住一个问题锲而不舍，并以华罗庚和陈省身作为例子来教育学生。“学而不厌，诲人不倦”，是他的真实写照。

对学生来说，他既是要求严格的老师，又是亲切慈祥的长辈。他亲自给学生修改和订正课堂笔记，帮助学生修改论文中的英语表述，生活上也体贴入微。他指导学生选择有意义的研究方向，积极推荐和鼓励学生参与国际学术交流。对于不是自己学生的年轻人，他同样给予热情的关心、爱护、指导和提携。大家从他身上，学到的不仅是知识、研究方法和技巧，还有他的为人之道。很多学生说，自己在学术上的每一点进步，都离不开万老师的关心和指引。在他的培养和熏陶下，他的学生绝大多数已成为科研和教育方面的骨干，许多人已是很有成就的教授。他的学生都以有这样的导师而感到幸运，不是他学生但同样得到过他帮助的年轻人则说 “下辈子一定要当万老师正式的学生”。

万哲先教授突出的优秀品质是为人正直，作风正派，乐于助人，与人为善，尊重前辈，提携后学。他看到同行 (特别是年轻人) 在科研中做出成绩，总是感到由衷的高兴。他很重视学术界的团结，认为数学研究和其他学科一样，也需要合作和团队精神。中国代数界之所以非常团结，正是由于段学复先生和万哲先教授以及其他老一辈代数学家的身体力行给年轻人做出了榜样。

万哲先教授还十分关心青少年的成长，为他们写了许多通俗读物，如《配方》《谈谈密码》《孙子定理和大衍求一术》《偏序集上的 Möbius 反演》等。1997 年河北科学技术出版社出版了由他写的部分通俗读物汇编成的《万哲先数学科普文选》。

## 3.4 丁夏畦

黄飞敏 中国科学院数学与系统科学研究院

丁夏畦 (1928—2015)，数学家，我国偏微分方程理论和应用研究的开拓者。长期致力于偏微分方程、函数空间、数论、数理统计、调和分析和数值分析的理论和应用研究，并作出了一系列突出贡献，为我国培养了一大批数学人才。丁夏畦 1928 年 5 月出生于湖南省桃江县，1951 年毕业于武汉大学数学系，毕业后即到中国科学院数学研究所工作。1978 年在数学研究所晋升为研究员。现任中国科学院应用数学研究所研究员。他是首批博士研究生导师之一，是新中国自己培养起来的著名数学家之一。1991 年当选为中国科学院院士。

他曾多次获得国家级奖励，1978 年全国的科学春天来临，全国召开了科学大会，他获得了两项全国科学大会奖，一项科学大会院重大成果奖；1980 年他获得中国科学院重大成果奖二等奖；1988 年他获得中国科学院科技进步奖一等奖；1989 年他获得国家自然科学奖二等奖；1989 年在庆祝中国科学院成立 40 周年之际，丁夏畦被评为中国科学院先进工作者，1999 年年底丁夏畦获得了“第四届华罗庚数学奖”。2000 年丁夏畦又获得了“何梁何利科学与技术进步奖”。

早在 1965 年丁夏畦就作为 3 人代表团成员之一出席了在匈牙利召开的“国际微分方程会议”，1980 年他作为以华罗庚教授为团长的中国纯粹数学和应用数学家 10 人代表团的成员之一，访问了美国。1994 年在美国召开了以美国科学院院士 J. Glimm 为主席的“第五次双曲问题国际会议”，丁夏畦为该会学术委员会成员。1996 年丁夏畦和刘太平任主席在香港召开了“第六次双曲问题国际会议”。

他曾任《应用数学学报》《数学物理学报》《经济数学》《应用数学》四个数学杂志的主编，是中国数学会理事、中国系统工程学会的常务理事和中国系统工程学会理论委员会主任。丁夏畦长期担任华中师范大学兼职教授，于 2000 年起创办了非线性分析实验室并担任首届实验室主任。

黎曼高斯众口传，而今早已不新鲜。

数坛代有才人出，各领风骚百十年。

1994 年，原中国科学院武汉数学物理研究所所长、所学术委员会主任丁夏畦院士在全所大会上朗诵了这首在清朝诗人赵翼的著名诗篇上他稍加改写的七绝 (见上)，以鼓励全所青年破除迷信，大胆创新。几十年来，丁夏畦本人正是在这种精神鼓舞下，克服了一个又一个的困难，爬上了一个又一个的高峰，取得了一个又一个的成果，成为国内外著名的数学家和中国科学院院士。

几十年来，丁夏畦进行了大量的、系统的、创造性的研究，做出了突出的贡献，发表了学术论著百余种，其中学术论文 113 篇，专著和主编的论文集 5 种，科普读物 3 种。他的研究工作面很广，涉及偏微分方程、函数空间、数论、数理统计、调和分析和数值分析等。尤以偏微分方程和函数空间的贡献为多。

## 一、青少年时期

早在中学时期，丁夏畦就对数学有着特殊的兴趣，他考入了湖南益阳石笋的育才初级中学后。当时数学老师张德滋先生讲授平面几何学出神入化，深深地吸引了丁夏畦对几何学以及后来对数学的热爱。他考入了湖南长沙明德中学高中部以后，又得到湖南省著名教师曹赞华先生几年的严谨的数学训练和熏陶。1946 年他毕业于湖南长沙明德中学，由于经济困难，他连去武汉参加升学考试的路费都没有，数学老师曹赞华先生十分赏识丁夏畦的才华，借路费给丁去武汉考大学，结果丁夏畦以第一名的成绩考入武汉大学数学系，当时武汉大学有许多我国著名的数学家在任教，例如李国平、熊全淹、张远达、路见可等教授。刚从美国纽约大学柯朗研究所深造回国的孙本旺教授 (他是华罗庚教授的助手)，也在武汉大学执教。在武汉大学，丁夏畦的学习成绩一直名列前茅。1951 年他以第一名的成绩毕业于武汉大学数学系，并且写了学术论文《一个弗罗贝尼乌斯 (Frobenius) 定理的推广》。当时，华罗庚教授刚从国外回来筹建中国科学院数学研究所，华正从全国各地物色优秀的青年学者到中国科学院数学研究所工作。由于孙本旺教授的推荐和丁夏畦写的学术论文，丁夏畦大学毕业后通过国家统一分配到中国科学院数学研究所工作。从此奠定了他终身从事数学研究的人生道路。

## 二、七八十年代的成就

1951 年，丁夏畦从武汉大学毕业后来到正处于筹备阶段的全国最高研究学府中国科学院数学研究所。来到这样一个学术氛围非常浓厚的地方，丁夏畦如鱼得水，但由于日夜苦读及工作，很快染上了肺病，几次住院治疗，直到 1957 年才痊愈。但即使是在住院期间，他的学术研究也从未间断。1955 年，他在吴新谋教授指导下发表了“混合型偏微分方程”的论文，这是中华人民共和国成立以后我国数学工作者所发表的第一篇偏微分方程的论文。该文讨论了两根蜕型线的混合型方程，后来为国内外许多学者所继续，并被美国人译成英文与苏联的索伯列夫、奥列依里克等名家的论文一同刊载在一本翻译选集中。同年，丁夏畦又和吴新谋教授发表了有关特里科米 (Tricomi) 问题的唯一性的论文，提出了一个后来称为 abc PQR 的方法。这一工作在国际上极受重视，美国科学院院士贝尔斯教授在其专著 *Mathematical Aspects of Subsonic and Tansonic Gas Dynamics* 第 91 页论述恰普雷金方程唯一性时写道：“*abc* 方法，函数 $a$，$b$，$c$ 的选择很困难，由吴新谋、丁夏畦提出，由波得尔所发展的一种拓展，彻底地给出了特里科米问题唯一的证明”，此外，美国科学院院士、纽约大学柯朗研究所前所长弗里德里希在其名著《正对称线性微分方程组》中多次对此文加以引用和讨论，实际上此文也是弗里德里希正对称算子理论的源泉之一，他甚至用来指导博士论文。

丁夏畦关于混合型方程的工作。还在苏联的比察捷著《混合型方程》和斯米尔诺夫著《混合型方程》等专著和文献中引用。

1960 年，在线性椭圆型方程组的研究中，在吴新谋指导下，丁夏畦等证明了一个常系数椭圆型方程组狄氏问题唯一性的充分必要条件，这个结果到目前为止在某种意义上仍然是最好的。因为就方程的个数和自变数的个数大于 2 时均未有进展。此成果收录在意大利数学家米朗达的专著《椭圆型方程论》中，此书早就是这方面的经典著作。美国数学家特列维斯教授曾称赞说：“这个结果很有创造性。”陈省身教授也称赞说：“这个结果很有意义。”华罗庚教授对这个结果极为重视，与其学生在丁等工作的基础上又作了改进和推广，写成了中、英文的专著分别在国内外出版。

1972 年，丁夏畦从干校被调回数学研究所工作以后，他立刻领导了一个研究小组，系统地研究了国际上这几年在偏微分方程方面的研究进展，运用他在干校期间春节回家探亲去图书馆抄写的新出的格林姆文章中提出的格林姆格式，解决了在非线性双曲型方程研究中长期遗留下来的“激波追赶”问题。他们的论文“拟线性双曲型守恒律的整体解研究”在刚刚复刊的《中国科学》杂志上发表，即引起了国内外同行的重视。这是“文化大革命”以后，在国内发表的第一篇重要的偏微分方程方面的研究论文。1976 年美国数学家代表团的访华报告中，特别提到了这项工作。

在函数空间方面，丁夏畦从 50 年代就开始了索伯列夫空间嵌入定理的研究。1965 年，丁夏畦和吴新谋等组成三人代表团出席了在匈牙利召开的“国际微分方程会议”，丁在会上就这一主题作了讲演，获得同行的好评。从 70 年代开始，丁在过去工作的基础上又取得了一系列的重大成果，主要得到了索伯列夫不等式的最好常数，改正了英国著名的数学家哈代和李特尔伍德的经典著作《不等式》中一个重要定理证明中的错误。

丁夏畦等在研究嵌入定理和非线性偏微分方程的过程中，建立了一类新的函数空间，即 Ba 空间，Ba 空间有着丰富的内涵，例如，它包含了某些奥尼茨空间、奥尼茨 — 索伯列夫空间等。丁等相继开展了广泛的应用研究。他们解决了苏联数学家拉底勒斯卡娅院士在其名著《线性与拟线性椭圆型方程》一书的“导引”中提出的强非线性变分问题，建立了迹定理，然后研究了解的正规性。在把上述结果推广到抛物型方程时，丁等发现拉底勒斯卡娅另一名著《线性与拟线性抛物型方程》一书中的一个重要定理有错，他们把它纠正了，并推广到 Ba 空间上。在把 Ba 空间应用到拉普拉斯算子的估计上时，丁等发现带角域的狄利克雷问题估计中出现的奇特的离散现象。丁及其他许多同志还把 Ba 空间应用到调和分析和函数论上。这方面的工作曾多次引起国内外学者的兴趣。丁等主编的论文集《Ba 空间的理论及其应用》，1992 年已由科学出版社出版，程民德教授在该书的“序言”中说：“Ba 空间的概念虽来源于丁夏畦等在非线性分析方面的研究，但 Ba 空间的理论不仅在非线性偏微分方程方面获得卓越的应用，在调和分析、函数论以及函数逼近论等方面都有深刻的应用 …… 这说明 Ba 空间的研究有着极为宽广的远景，有着很强的生命力 ……”

在数论方面，丁夏畦也做了一些出色的工作，包括对陈景润教授的著名工作“1+2”的简化证明 (和王元、潘承洞教授合作) 和均值定理 (和潘承洞教授合作)。此均值定理包括了邦别里得菲尔兹奖的工作。丁并把嵌入定理应用到数论，把均值定理推广到了代数数域上。

## 三、等熵气流的整体解研究的新进展

关于“等熵气流的整体解研究”，非线性双曲型守恒律组是近代数学中一个极为重要的研究方向，美国国家科学基金会 1986 年组织了许多著名数学家讨论当前数学发展趋势，出版了一本小册子 *Mathematical Sciences—A Unifying and Dynamic Resource*，其中提出了六个具有代表性的研究方向，而非线性双曲守恒律则是其中的第三个。气体动力学方程组的整体解研究则始终是守恒律研究中的核心问题，是公认的重大困难课题。

1860 年，德国大数学家黎曼开始研究一维等熵气体动力学方程整体解存在性，黎曼当时只作了一个特殊情形，即所谓的"黎曼问题"，以后经过许多大数学家如于高尼奥、阿达马、冯 · 诺伊曼、外尔、柯朗、弗里德里希、拉克斯、格林姆等长期研究，在空气动力学方程组的数值求解上取得了重大进展，但对于这种双曲守恒律组的一般大初值整体解的存在性的数学证明，却遇到了重大困难。50 年代中只解决了单个守恒律方程的一维问题，到 80 年代初期，对一维等熵气体动力学方程组的某些个别情形，才开始有所进展，直到 1985 年年底，丁夏畦等对一般等熵气流即绝热指数 $1 < \gamma \leqslant 5/3$ 的情形，才将此问题予以彻底解决。丁等使用的拉克斯—弗里德里希差分格式是一个著名的用作科学计算的格式，但它对气体动力学方程组的收敛性也是三四十年来未获解决的著名难题，这一难题在丁等的工作中同时获得了解决。对其他格式如戈杜诺夫格式及非齐次方程组也同样获得了解决。丁等的一系列论文发表后引起了国内外数学界的强烈反响，美国科学院院士格林姆说"…… 我认为他们的工作是最重要的进展，……，从整个数学领域来衡量这也是一个主要的进展 ……"美国科学院院士拉克斯、台湾研究院院士刘太平、美国斯莫勒教授、奈特利教授、迪潘纳教授和世界数学大师陈省身教授也都给予了极高评价，此成果获 1988 年中国科学院科技进步奖一等奖和 1989 年国家自然科学奖二等奖。

1993 年，丁夏畦到芬兰进行学术交流时，他提出了一个势函数方法，后来又用勒贝格斯提捷尔斯积分给出了广义解的新定义，给双曲型守恒律研究中新出现的 $\delta$ 波现象一个合理的数学基础。

## 四、在广义函数方面的工作

丁夏畦在最近十年来发展了我国著名数学家华罗庚教授的思想，利用 Hermite 展开、建立了一套新的广义函数 (他称之为弱函数) 的理论，并把弱函数应用到经典分析的很多方面，如调和分析、偏微分方程、黎曼 zeta 函数等方面，建立了广义傅里叶变换、广义梅林变换、广义茵茨公式、广义默比乌斯反演公式、广义弱函数与弱函数乘法、加强索伯列夫空间等。部分工作总结在他和合作者写的专著《Hermite 展开和广义函数》一书中。

## 五、人才培养

几十年来，丁夏畦一贯重视人才的培养。50—60 年代，他在数学研究所培养的学生和长期在他影响或帮助下工作的同志，有些已经成为有名的数学家。从 1980 年起，他培养了 20 余名博士研究生、30 余名硕士研究生，还有两名博士后。其中陈贵强是丁夏畦的博士研究生，1987 年毕业后即被美国纽约大学柯朗研究所邀请访问该所二年，接着又被芝加哥大学高薪聘请在该校工作四年。他现为英国牛津大学讲座教授。他多次被国际间断解会议邀请作大会报告并主持会议。他和丁夏畦、罗佩珠一起获 1988 年中国科学院科技进步奖一等奖和 1989 年国家自然科学奖二等奖。陈贵强 1991 年获得美国青年科学家斯隆奖。李岩岩是丁夏畦的硕士研究生，毕业后即被美国纽约大学柯朗研究所接受为博士研究生，师承数学大师里尼伦伯格，1993 年获得美国青年科学家斯隆奖，现为美国洛铁捷尔斯大学教授，李岩岩曾在国际数学家大会上 (ICM2002) 作 45 分钟报告。朱熹平是丁夏畦的博士研究生，毕业后到中山大学，是最年轻的博士生导师、教授，曾任中山大学副校长、数学研究院院长，他是 1998 年国家杰出青年基金获得者，曾获得晨兴数学奖银奖，2006 年给出了庞加莱猜想的完整证明。曹道民是丁夏畦的博士研究生，他是中国科学院应用数学研究所百人计划的入选者，曹道民获得 1999 年中国科学院青年科学家一等奖，并于 2005 年获得国家杰出青年科学基金，曾任中国科学院应用数学所所长，现任偏微分方程及其应用中心主任、研究员，兼任广州大学数学与信息科学学院院长。1997 年陈贵强、李岩岩、朱熹平、曹道民四人联合在北京主持召开了“偏微分方程暑期研讨会”，会上邀请了国内外学者 40 余人，特别是请到了美国科学院院士丘成桐和香港数学会主任、加拿大皇家学会会员王世全参加。在这次会上大家对丁夏畦 70 寿诞表示祝贺，并高度赞扬他几十年来在学术研究和人才培养等方面取得的卓越成就。会后 1998 年由新加坡的世界科学出版社出版了由陈贵强、李岩岩、朱熹平、曹道民主编的论文集 (英文版) 以庆祝丁夏畦院士的 70 寿诞。

2004 年丁夏畦的学生黄飞敏、王振获得美国 SIAM 杰出论文奖，这是中国学者首次获此殊荣，黄飞敏、王振均由助理研究员破格晋升为研究员。黄飞敏、王振于 2013 年获国家自然科学奖二等奖。黄飞敏于 2008 年获得国家杰出青年科学基金。

张立群、朱长江、赵会江也相继获得国家杰出青年基金，张立群曾任中国数学会秘书长，朱长江曾任华中师范大学数学与统计学学院院长，现任华南理工大学数学院院长，赵会江现任武汉大学数学与统计学院院长。

王振、陆云光、赵会江均入选“百人计划”，2007 年陆云光被选为哥伦比亚科学院院士。

陈贵强、李岩岩、朱熹平均入选“长江学者”。

丁夏畦多次出国访问、讲学和参加国际会议，他到过匈牙利、美国、芬兰达十余次，早在 1965 年丁作为三人代表团成员之一参加在匈牙利召开的“国际微分方程会议”。1980 年丁作为中国纯粹数学和应用数学家代表团 (华罗庚教授任团长的十人代表团) 成员之一访问美国。近年来又多次主持召开有关的国际会议，如 1993 年丁夏畦和刘太平教授任主席在北京主持召开了“非线性发展偏微分方程国际会议”、1994 年参加在美国召开的“第五次双曲问题国际会议”(美国科学院院士格林姆任主席，丁夏畦任学术委员会成员)。1996 年在香港丁夏畦和刘太平教授任主席主持召开了“第六次双曲问题国际会议”。1998 年在北京丁夏畦和王世全教授 (香港城市大学教授) 任主席主持召开了“偏微分方程与数值分析国际会议”。

## 简　历

1928 年 5 月 25 日出生于湖南省桃江县灰沙港镇连河冲九家湾

1951 年 7 月毕业于武汉大学数学系

1951—1955 年，中国科学院数学研究所研究实习员

1955—1962 年，中国科学院数学研究所助理研究员

1962—1978 年，中国科学院数学研究所副研究员

1978—1980 年，中国科学院数学研究所研究员

1980—1991 年，中国科学院系统科学研究所研究员 (所学术委员、曾任室主任、所学术委员会主任)

1980 年任中国系统工程学会理事、常务理事、系统理论委员会副主任、主任

1991 年当选为中国科学院院士

1985—1994 年，中国科学院武汉数学物理所所长、所学术委会主任

1992—2015 年，中国科学院应用数学研究所研究员

1. 1965 年作为“三人代表”成员参加在匈牙利召开的“国际微分方程会议”并作邀请报告。

2. 1980 年作为以华罗庚教授为团长的“中国纯粹数学和应用数学家代表团”成员 (共 10 人) 访问美国。

3. 1980 年第一次成为国际双微会议组织委员会成员。

4. 1982 年应美国麻省大学 (University of Massachusetts) 邀请访问讲学半年，后应邀去 Princeton 大学、Princeton 高等研究院、Maryland 大学访问讲学。

5. 1987 年应美国在 Berkeley 召开的 “非线性波” 会议邀请，并应邀作报告，会后访问了美国许多著名大学和研究单位，例如去纽约大学 Courant 研究所讲学。

6. 1989 年应美国明尼苏达大学及其应用研究所邀请参加该所 “非线性波” 年学术活动，并作邀请报告。

7. 1993 年在北京，丁夏畦和刘太平主持召开了 “非线性发展偏微分方程国际会议”。

8. 1994 年在美国参加了 “第五次双曲问题国际会议”，丁为会议学术委员会成员。

9. 1996 年在香港，丁夏畦和刘太平为主席召开了 “第六次双曲问题国际会议”。

10. 1998 年在北京，丁夏畦和王世全为主席召开了 “非线性偏微分方程和数值分析国际会议”。

11. 1993 年，1997 年，1999 年，2001 年丁夏畦到芬兰访问讲学。

12. 2001 年，丁夏畦到泰国访问。

13. 2002 年，丁夏畦到美国访问。

14. 2003 年，丁夏畦到瑞典访问。

# 3.5 许国志*

邓述慧 杨晓光 中国科学院数学与系统科学研究院

许国志 1919 年 4 月 20 日生于江苏扬州。中国科学院系统科学研究所研究员，中国工程院院士，运筹学家与系统科学家。

## (一)

1919 年 4 月 20 日，许国志生于江苏扬州。祖父许云浦创办了谦益永盐号，是个富有的盐商。父亲许少浦、母亲汪芳娟均受过很好的教育。作为长孙，祖父视他为掌上明珠，把他单独留在家中，延师课读。直到祖父逝世，情况才改变，他于 1933 年夏考入江苏省立扬州中学初中，开始了学校生活。

许国志的中学时代正值国难当头，日寇侵华意图昭然若揭，反日爱国的学生运动此起彼伏。1935 年冬，扬州中学学生罢课，许国志被选为罢课运动主席团成员。他的爱国行为招到学校当局的惧怕。在报考扬州高中时，尽管成绩优秀，却不被录取，于是他便入南京中央大学实验中学。

淞沪抗战失利，南京失守，扬州沦陷，华东地区哀鸿遍野。仅有上海的外国租界相对安定，许多沦陷区的大学、中学纷纷逃沪，复校开学。许国志随家人逃到上海美国租界后，先是在江苏省立上海中学借读。等到扬州中学迁沪，他便回母校，于 1939 年毕业。

因此后来他常说，他的启蒙学习以及中学生涯是在封建、救亡、逃难和寄洋人篱下度过的。

中学时，许国志很喜爱数学，曾打算毕业后学数学。当时工业救国、实业救国等主张盛行于世。在这个大气氛的感染下，许国志投考大学时所填写的第一志愿、

* 转载自《中国现代数学家传》第一卷，江苏教育出版社。

第二志愿分别是上海交大机械系和西南联大机械系，但他并未忘怀数学，仍把第三志愿填为西南联大数学系。结果被录入了上海交大机械系。

当时上海交大的校舍已被日寇占领，学校被迫迁入租界，借震旦大学、中华学艺社和一些民房作为授课、实验、实习的处所。交大是当时著名的高等学府之一，虽然被迫迁入租界，但教师队伍、图书设备仍具有很好的规模，和外界相比，是理想的求学园地。当时不少交大的学生抱着这样的梦想，利用上海较好的条件完成学业，毕业后去内地，为祖国工作。

1941 年 12 月 7 日，日寇偷袭珍珠港，日本兵随即占领上海租界。上海交大赖以栖身的避风港被打碎了，交大国立的牌子再也无法挂了。因前身是“南洋大学”，遂改名为“私立南洋大学”。许国志不愿在日本人的统治下生活，到了 1942 年暑假，他和班上的一些同学打算去内地。此时交大在重庆设有分校。这样他们就把行程指向重庆。然而国破时艰，关河险阻，蜀道之难，难于上青天。他经过许多曲折与几位同学冒着生命危险通过日本人的封锁线。一路上忍饥挨渴，历尽艰险，方达重庆。

交大在重庆设置分校时间较晚，到 1942 年秋季，最高年级仅为三年级。许国志等抵重庆后，陆续又有机械系和少数电机系的同学到达。对这批人，校方很重视，一则来自沦陷区，政治上爱国；二则考入上海交大的学生多系名列前茅，学业水平较高。因而学校特地为他们 18 人开设了机械系四年级一班。

但交大毕竟是老学校，校友多，当时回校执教的名人也不少，各以其专长，开课讲授。因而他们那一届四年级的课程分布极广，然而，学习和生活条件极差。在重庆九龙坡的新校址没有实习工厂。他们只是听课，连设计课都无法上。至于生活条件，连油灯的豆油都是定量供应的。许国志后来写道“灯残如豆催人读，瓦冷于冰叠榻眠。”尽管条件十分恶劣，但一腔抗战救国的热忱，激励着他们更加刻苦地学习。

1943 年夏，许国志交大毕业，经机械系主任柴志明介绍去昆明的新通贸易公司工作。许国志一个行囊，满腔抱负，只身赴昆明报到。一位朋友为他弄到一张机票，抵昆明后，他写了首绝句：“机声轧轧雨纷纷，吟得新词寄故知。休言今日樊笼鸟，也有沧溟振翮时。”展现了他渴望有一番作为的雄心。

新通贸易公司是第一次世界大战胜利后，在上海由张謇 (世称张南通) 和徐新六创办的，主要经营国际上知名厂商，如瑞士的 Brown Bovari Co. 等世界极为著名的蒸汽涡轮制造公司，在中国的独家销售工作。新通的业务，工程重于贸易，相当于今天的“交钥匙”工程。公司为电厂承包了机器遴选、购置、报关、装机、试运行等业务，一直到能正常运转后，才交与电厂正式发电。新通是第一家完全由中国人自己操作的公司，也是唯一的一家能够从事蒸汽涡轮发电机的装机、试车等工作的中国公司。有许多富有经验的工程师和老师傅，不以做买卖赚钱为目的，主要是培训工程师，许国志在这里学到不少工程经验。

1945 年秋，抗战胜利，许国志迫切希望回家乡参加战后重建工作。翌年春，回到久别的上海。

抗战胜利后，国民党政府计划办一大电厂，在资源委员会下成立江南电力局，许国志被分配到该局工作。国民党的腐败堕落很快使江南电力局的工作陷于停顿，他建设祖国的热望得不到施展。

1946 年夏，许国志报名参加第二次自费出国考试。被录取以后，那时他的一位同事金懋晖刚由美国堪萨斯大学毕业回来，加之他用的应用力学课本是堪萨斯大学的 Bronw 写的，是一本非常出色的教科书，这样许国志便决定申请去该校。

许国志在堪萨斯大学的硕士论文是有关 Hirsch Tube 的研究。这是由 Hirsch 发现的现象。在一个有一个进口和两个出口的装置中，两个出口的口径一大、一小。将压缩空气送入进口，自然气由两个出口出来。但小洞出口的气温远远低于输入气温，这种现象，当时无法从理论上加以解释。他做了一些实验，取得了许多很有意义的结果，顺利完成他的硕士论文。

1948 年秋季学期开始，在选课时，许国志错把“向量空间”课当成“向量分析”。众所周知，“向量分析”是对工程学科极为有用的应用数学，而“向量空间”却是一门基础数学。课本采用 Halmos 写的《有限维向量空间》。当年他学的都是工程数学，很少有定理的证明，更没有接触过基于公理的逻辑推理。讲授这门课的是一位波兰人，他秉承欧洲大陆的习惯，在教室里很少写黑板，完全是口诵，要学生记笔记。最初几堂课，许国志根本记不下来。即使记得一鳞半爪，也完全未解其意。但许国志勤于思维，很快超过同班学数学的同学，第一次考试，许国志就得了一个“A”，颇受那位波兰教授的赏识。此后该教授不断地动员他转到数学系。

1949 年夏，许国志获得硕士学位后，便转到数学系，立即得到一个研究助教职务。数学系的 Price 教授，后来许国志论文的导师，建议许去芝加哥大学数学系学习一个暑期，见见世面。许国志选了 Stone 讲授的波尔代数和 Weyl 讲授的初等数学。这两位都是世界公认的数学大家。波尔代数，依然是那种公理化的课程。初等数学那门课的内容，从四则运算讲起，直到微分。上课的方式是由选课的学生轮流讲授，Weyl 教学很认真，学生讲课前，先要在他的办公室讲给他听。在课堂上，学生讲过后，他要做评论。当时芝加哥数学系的几位大教授连同暑期来访的大数学家 Kakutani 都来旁听。Weyl 对数学本身有非凡的洞察力，他每节课评论很多，对听课者启发很大。Weyl 的课使许国志获益匪浅，帮助他加深了对数学的认识和理解。

许国志的研究是隶属于一项关于正交函数的研究，他选择的研究对象是 Haar 函数，这是一簇正交阶梯函数。他做了较详细的文献调查，正交函数中最经典、在理论和应用上最重要的是三角函数。而许国志有着一定的工程背景，对正弦波和余弦波在电机工程方面的应用尤为清楚。于是他便将三角函数中的重要结果推广到 Haar 函数上。1954 年他取得了堪萨斯大学的哲学博士学位，博士论文就是《On Haar function》。80 年代后期，小波分析异军突起，作为最早的小波函数的 Haar 函数备受人们的关注，许国志早在这方面做出了贡献。

在堪萨斯，许国志结识了在堪萨斯大学做博士后的中国留学生蒋丽金(著名化学家，中国科学院院士，全国政协常委)。1954 年 8 月许国志和蒋丽金在芝加哥结婚。婚后，蒋丽金去麻省理工学院，许国志去马里兰，在马里兰大学流体力学和应用数学所任副研究员。在马里兰，他开始接触一些运筹学的文章。当时运筹学尚为一门刚诞生不久的科学，他敏锐地意识到了它的旺盛的生命力和广泛的应用前景，对这一学术领域产生了浓厚的兴趣。

中华人民共和国成立后，祖国建设欣欣向荣，使得远在异国他乡的许国志夫妇倍感鼓舞。他们一直怀着一颗学好知识报效祖国的赤诚之心，中华人民共和国的诞生给他们带来了化梦成真的机会。早在 1953 年，他们就向美移民局申请出境返国，当时美国正在朝鲜战场与中国兵戎相见，他们的出境申请被美国移民局长期扣压。

直到 1955 年秋，美国政府放弃阻挠中国留美学生回归大陆的行动。许国志和蒋丽金买了“克利夫兰总统”号邮轮归国的船票，这是当时能买到的最早的船票。他们于 9 月 15 日登上归程。邮轮抵洛杉矶后，18 日又有一批中国留美人员在洛杉矶登轮，全船中国留学生及家属达 30 人，其中有著名科学家钱学森一家。钱学森当时任教于加州理工大学，因准备返国而遭到美国政府数年的迫害，这时他们回国心切，一家四人无法买到单舱船票，就和当时年轻人一样乘最低价的舱位。这样，近一个月来，钱先生和大家朝夕相处。他们在船上成立了“‘克利夫兰总统号’邮轮第 60 次航行归国学生同学会”，举办了十一国庆庆祝会。

## (二)

在船上，许国志和钱学森接触较多，他向钱学森请教政治、科研等问题。他们谈得最多的是运筹学，认为这门在资本主义社会刚兴起的学科，能在社会主义建设中起到很大的作用。虽然他们担心国内一些设备诸如计算机等可能跟不上，妨碍运筹学在国内的发展。但是他们想，只要有人，一切都好办。

1956 年 1 月中国科学院成立力学研究所 (以下简称力学所)，钱学森任所长，许国志亦被分配在力学所工作。钱学森要求许国志开展运筹学在中国的研究和应用工作，实现他们在归国途中的设想。不久，许国志在《科学通报》上发表了《运筹学中的一些问题》，系统地介绍了规划论、对策论、排队论等运筹学的主要分支，这是国内第一篇介绍运筹学的学术论文。与此同时，许国志还在《人民日报》上刊文介绍运筹学。在 1957 年的全国力学学术报告会上，许国志做了 “论线性规划及其应用” 的专题报告，首次将线性规划的概念及方法引进国内。

此时，毛泽东提出向科学大进军，中国制订了第一个科学发展的十二年长期规划，运筹学是这个规划中的一个独立项目，许国志被指定为运筹学项目的起草人。此项目不仅为我国的运筹学发展绘制了美好蓝图，而且规划了详细的实施措施。“规划” 制订后，送到苏联，请苏联专家提意见，苏联专家对此项目的意见是“无条件赞成”。

运筹学项目规划了在清华大学电机系成立运筹学专业。许国志参与筹建清华的运筹学专业，亲自起草了该专业的课程设置，并把周华章博士由上海华东纺织学院调到清华大学，主持运筹学专业。值得一提的是，清华大学的运筹学专业可能是世界上最早运筹学本科专业。遗憾的是，清华大学电机系的运筹专业只招了两届学生，“反右” 期间停办。

运筹学的原文为 Operations Research (这是美国人的命名，英国人称之为 Operational Research)。这个学科的中文命名，还有一段颇为有趣的逸事。最初许国志和钱学森讨论，拟按其内容取名为 “运用科学”。周华章和许国志讨论认为 “运用” 二字不能包括 Operations Research 的全部内容。尽管这门学科最早起源于战争中的武器有效运用研究，但是筹划却是它更重要的内容，联想到《史记 · 留侯世家》中刘邦对张良军事谋划的称赞，“决胜于千里之外，运筹于帷幄之中”，因此感觉用“运筹学” 更贴切，于是便决定正式更名为 “运筹学”。

早年，运筹学在英、美，由一批杰出的自然科学家，主要是物理科学家，为解决战争中所面临的问题，使用了对军事科学来说是新的方法和新的途径，得出好的解答。Morse 和 Gimball 写的《运筹学方法》，是一本综述运筹学初期工作的重要文献，但这本书与其说是记载了方法，不如说是记载了案例，要继续开展运筹学的研究，这本书并未提供什么途径。同这本书一样，当时整个运筹学尚没有形成一个较为完整的体系，难免零碎。事实上，早期的运筹学是开创性极强的工作，需要相当的素质和洞察力方能做出那些工作。应用数学当时在国内可以说是刚刚起步。50 年代，对于运筹学这样一门从西方资本主义社会引进的学科，而且又可应用于经济或管理等问题，这就很自然地会引起一些人的疑虑，唯恐其中有些不健康的东西，因此许国志就经常被问起运筹学的性质。钱学森和许国志把运筹学引进国内，不仅需要远见，而且需要信心和胆识。

1957 年力学所成立运筹学研究室，许国志任主任。当时研究室初建，仅有桂湘云、刘源张等少数几个留学归国人员。为进一步推动运筹学研究，急需选择一批优秀大学毕业生分配到研究室工作。他和钱学森商量后，提出按“三三”制选取人才，在分配到运筹室的 9 位大学生中，数学专业、电机专业、社会科学专业各 3 位，这样三分天下，理科、工科和社会科学各占其一。顾基发、陈锡康就是当初分到运筹室的 9 位大学生中的两位，前者来自北大数学系，后者来自人民大学经济系。现在谈理工结合，谈自然科学和社会科学联盟。这在当时力学研究所的运筹研究室，已初具雏形。许国志由于本科是机械工程，毕业后在工厂工作过四年，后来再读数学，这样他和各方面学者都有共同语言。

为了发展运筹学，许国志请他的朋友订购了全套美国运筹学杂志；同时通过这位朋友了解到苏联数学家康脱罗维奇 (获诺贝尔奖者) 写过一本书《企业组织与计划中的数学方法》。这本书是在苏联卫国战争前夕出版的。因而在苏联国内外，流传都不广。他通过中国留苏同学从列宁格勒大学 (现圣彼得堡大学) 图书馆长期借出，并由他组织室内的同志翻译出版。两年以后该书方在英国刊物上详登。

许国志受钱学森的学术思想影响，主张在引进国外学科时，加以适当的扩展。在力学所，他们就重视经济问题的研究，设投入产出分析和质量控制方向，而那时尚不太受西方运筹学界的注意。对于科研人员的研究方向，许国志主张充分发挥个人专长。在运筹室，刘源张重点研究质量控制，陈锡康主要从事投入产出分析的研究和应用。投入产出分析虽然得到一些经济学家的关注，60 年代在鞍钢和天津石化系统也有一点应用，但大规模的应用一直难以开展。运筹室的投入产出主要是以理论研究为主，并取得一定的成绩。到 1973 年，国家计委突然想编制我国的投入产出表，这个任务自然而然地落到后来以力学所运筹室为基础成立的数学所运筹室头上。不久在数学所运筹室同志的参与下，我国第一张投入产出表便编制成功。运筹学，特别是中国科学院这一支运筹学队伍，真正在中国经济学界发挥一点作用，到此才算是春光初现。

1958 年，力学所运筹室开始招收研究生，吴沧蒲、王毓云成为中国最早的两位运筹学专业研究生。同时力学所运筹室还开始大批接收来自国内各高校及企事业单位的进修生，这些进修生中的许多人后来都成为我国运筹学领域的中坚力量。

许国志在力学所组织了一个讨论班，并讲授线性规划，后来又在北京一些单位开班讲授。在运筹学发展的同时，另一门属于经济学范畴的学科“活动分析”(activity analysis) 正在兴起。博弈论，特别是线性规划和活动分析的关系，和早期的运筹学关系密切。周华章来京后，许国志和他合写了一本线性规划讲义。周华章是经济学学者，他从活动分析的角度，许国志从数学方法的角度分别撰写。这期间，许国志等出版了《一门崭新的科学 —— 运筹学》等国内第一批运筹学领域的专著。

许国志以及运筹室的工作很快引起国内一些经济学家的注意。1958 年 7 月，于光远为此在中南海召集了一次座谈会，与会的有计委、经委、统计部门的同志。钱学森、许国志以及当时力学所运筹室的同志参加了这个座谈会，后来孙冶方接任经济所所长，也亲自到力学所来了解运筹学的情况。经济所一些学者更是热心于投入产出的分析。此外相当一部分从事企业组织与计划的同志也开始关心运筹学。

运筹学得到中国数学界的关注起始于“大跃进”。“大跃进”开始后，强调联系实际。数学工作者感到不小的压力。联系实际对任何一门理论学科来说，都非易事，而当时对数学来说联系实际可能更难。运筹学一方面要用到数学，一方面又可以联系实际，所用到的数学一般为数学工作者所熟悉，而且所牵涉的实际问题，诸如运输问题等易于了解，不像流体力学或原子能的问题若无一定的专业知识，难于掌握。这样，数学工作者就从联系实际这个角度重视了运筹学，许多资深数学家如华罗庚、万哲先、王元、越民义等纷纷投入运筹学的研究。可以说，“大跃进”推动了运筹学在中国的应用。

“大跃进”时期浮夸风盛行，各地盛传粮食“丰收”，到处报告粮食运输紧张。运输问题，是线性规划中最典型的问题，并有一个简易的算法。因为是表格化的，国内把它称为表上作业法。后来从粮食部门了解到他们也有个简易算法，在图上操作，称为图上作业法。从这两个算法中，许国志开始想到一个问题，就是运筹学要发现和研究一个问题的属性，而不是仅仅算出具体数值结果。在运输问题中，无对流，无迂回，自然是最优方案的必要条件；但图上作业法严谨地证明了这也是充分条件。这就显示了运输问题的一个属性，在一个运输问题中，如有 $m$ 个产地，$n$ 个销地，则共有 $mn$ 个产、销对。表上作业法，证明存在一个最优方案，在其中最多有 $m+n-1$ 对产销点之间有非零物流。其他产销对之间的流量均为零。这个特性鲜为人知，更不用说有严谨论证。许国志从运输问题的两个算法中看到，它们不仅能给出具体数值结果，而且揭示了运输问题的一些属性。进一步他又想到，排队论的研究对象是一种随机聚散的活动，博弈论的研究对象是一类依赖策略而决定胜负的竞争活动。许国志觉得 Activity Analysis 的 Activity 比 Operation 更能表达运筹学研究的对象。这样许国志便提出运筹学是研究事理，事就是人类的某些活动，运筹学的出现和发展为应用数学开拓了一个新的、广阔的领域，把应用数学的研究从自然现象扩大到人类社会的活动和行为。许国志的这些思想在他后来的论文《论事理》中得到集中体现。

1959 年底，力学所运筹室的建制调整到数学所合并成立数学所运筹室，由当时老红军出身的数学所的党委书记范凤岐任主任，许国志任副主任，实际主持运筹室的全面工作。合并后的数学所运筹室，组成人员业务背景不同，难免出现学术甚至人事上的纷争。处于领导地位的许国志常受到责难，对这些责难，许国志受之泰然。他注意与同事的交流和沟通，能够做到兼收并蓄，能够较妥善地处理各方面的关系，推进全室的工作。那个时期，数学所运筹室不仅做了大量的应用推广工作，培养了一大批学生和进修生，使他们成为日后我国运筹学研究的骨干力量，而且做出了一批很有理论意义的研究成果，如对于运输问题，万哲先和越民义分别给出“图上作业法”和“表上作业法”的理论证明。

中国科学技术大学 (以下简称中国科大) 成立后，在数学系设立运筹学专业，许国志担任教研室主任。中国科大的数学系主要由数学所负责，由于数学的分支很多，中国科大数学系的专业配置实行轮换政策，但最初几年运筹学专业均有一席之地。许国志不仅参加了课程设计，而且亲自授课，指导学生的毕业论文。中国科大运筹学专业为中国运筹学培养了一大批学科带头人，如颜基义、刘彦佩、魏权龄、计雷、陈德泉等。稍后国内其他一些大学，如山东大学、复旦大学、曲阜师范大学等，也开始设置运筹学专业。培育运筹学人才的基地开始巩固。

中国的科研常随着政治形势波动，中国运筹学的发展也随着政治运动而变化。50 年代中期，在向科学大进军的口号下，学科的发展得到一定的重视。“大跃进”破坏了学科性的理论研究，不切实际地强调应用，实际上淡化了科学应用的含义。三年调整时期，又回到了学科研究的范畴。这三年，对中国运筹学的发展起了两个主要作用。一是稳定了队伍，在科学院和国内其他一些单位，如山东，运筹学的研究力量得到加强。二是提高了中国运筹学工作者的素养，确定此后多年来的一些研究方向。

1963 年中国经济有了好转，组织上又要许国志开展运筹学的应用研究。他带领一个课题组去了鞍钢。这和“大跃进”期间不一样。但企业提不出需要解决的问题，应用课题要研究人员自己找，当时叫做“跑任务”。

计算机对于运筹学的研究和应用是至关重要的。“文化大革命”后期，数学所得到一台王安 520 计算机。许国志带领一批研究人员来到北京丰台车站，从事零担货车编组的问题。这个问题做得完整严谨。利用斐波那契数表达了最优调车钩数，构造了调车表，并应用王安 520 机计算并打印出最后结果。从二阶的斐波那契数发展到高阶的斐波那契数在数学史上经历了两个多世纪。但从数学上看，都是顺理成章、非常自然的事情。在调车问题上，如果是两条调车线，则将借助于二阶斐波那契数，推而广之，若有 $n$ 条调车线，则将借助于 $n$ 阶斐波那契数，文章天成，妙手偶得。数学是天生地设的。研究小组做了许多工作，满足了实际部门的需要。

从运输问题到中国邮路问题，许国志认识到刚刚兴起的组合最优化对工农业生产有着极为重要的应用潜力，他对图论和组合优化产生了浓厚的兴趣，从 60 年代中期开始，积极倡导开展图论和组合优化的研究。他利用手头上的唯一的一本法文图论书，组织了我国第一个图论讨论班。在他领导与参与下，我国的图论和组合优化研究取得了重要成果。朱永津、刘振宏首先提出最小树形图问题是两个拟阵交的特例，这在国际上被称为 "朱刘-Fdmonds 算法"。许国志对他们的结果做了进一步推广，证明了具有次约束的最优树形图问题亦有多项式时间算法。他还十分注意人才的培养，他的学生蔡茂诚、田丰等后来在组合优化领域连续做出一批成果。

中国运筹学会成立后，华罗庚任理事长，许国志当选为第一任副理事长。

## (三)

1964 年，国家制订第二个科学规划，即 "十年规划"。当时许国志作为科委数学大组的成员参加了制订规划会议。

"四人帮" 粉碎以后，科技逐渐走向正轨，在钱学森、许国志等心中酝酿已久的系统工程，终于有了脱颖而出的机会。1978 年 9 月 27 日,《文汇报》发表了由钱学森、许国志和王寿云撰写的文章《组织管理的技术 —— 系统工程》。这是一篇奠基性的文章，它对推动我国系统工程的迅猛发展起了关键性的作用。

1979 年 4 月，许国志向钱学森提出在我国发展系统工程的具体设想，得到钱学森的赞同。从运筹学在我国的发展经验中，许国志得出结论，一个学科的健康发展，其组织建设尤为重要。因此在系统工程萌发伊始，许国志就提出 "四个一" 的设想，即筹建一个研究所，从事研究工作；建立一个系，培养人才；成立一个学会，进行学术交流；出版一个刊物，发表学术论文。

许国志原来希望 "四个一" 设想能在 5 年内有一个眉目。但现实比许国志的想法走得快得多。在他与同行的共同努力下，不到 3 年就实现了这些设想。

1980 年 2 月 26 日，中国科学院系统科学研究所召开了成立大会，中国科学院学部委员 (院士) 关肇直任所长、许国志任副所长。1982 年关肇直去世以后，许国志负责主持系统所的日常工作。

1979 年 10 月，钱学森、关肇直、宋健、许国志等 21 位知名学者联合倡议建立中国系统工程学会。1980 年 11 月 18 日成立了中国系统工程学会，关肇直任第一届理事长，许国志任秘书长。他以后又担任第二届和第三届理事长。

1981 年 3 月，中国系统工程学会会刊《系统工程理论与实践》创刊，许国志任主编。

1981 年，国防科技大学成立系统工程与数学系，这是中国第一个系统工程系，孙本旺任系主任。许国志参加了这个系的筹建工作，并任兼职副系主任。

在“四个一”的实现过程中，尽管许国志始终是处在第二小提琴手的地位，但是在每支乐曲中，都能听到他那优雅、和谐的琴声。

线性规划的对偶定理和互补松弛定理告诉我们，子系统 (原问题、对偶问题) 的优化等价于整个系统的相容和互补。从这里，许国志总结出这样一个道理：没有相容、没有互补就谈不上优化，相容性、互补性的重要不亚于优化；一个成功的集体，需要有不同长处的人才，需要全体成员的良好合作。

创建系统科学研究所，起核心作用的是关肇直、吴文俊和许国志。对于系统科学研究所，许国志深信，它的建立，不仅会对我国的系统科学的发展起到巨大作用，而且对相关的研究单位也大有裨益，因此不管遇到多大的困难，他决心一定要把这个所建成，并且他也有信心可以把这个所建成、建好。和其他人相比，许国志的最大特长是他善于并乐于从事一些规划和常务工作，勤于动脑、动嘴、动笔。动脑是做筹划工作。筹建系统所是件艰巨的工作，会遇到各式各样的困难，需要有人对工作进展进行预测，设想克服困难的办法，并组织人实施。动笔是他在自己的视力还不太妨碍写作时，重要文件他一律自己亲自起草。系统所的建立，许国志功不可没。

系统所成立不久，关肇直不幸去世，遗留下许多未完成的工作。关肇直在家中宴请的最后一位外宾，是美国华盛顿大学的谈自忠教授。改革开放后，谈自忠教授对中美学术交流非常热心，他向关肇直建议在北京召开一次关于控制论和系统科学的国际会议。关肇直逝世后，谈自忠担心会议取消，写信给许国志。许国志决心把这件事做成，在他的精心组织下，这个国际会议在北京如期召开。这是该领域中国举办的第一个大型国际会议。作为大会主席和系统所主管副所长的许国志，那几天外事工作特别忙，当时他刚将母亲接到北京同住。国际会议前夕他母亲就感到身体不适，而他的夫人蒋丽金正在参加全国政协会议，长子剑平在美国读书，许国志去主持国际会议，接待外宾，家中只留幼子修平一人看护祖母。许国志放心不下，在会议休息时间，打电话回家询问，得知他母亲神志还好，很想见他一面，他恨不能立刻就回到母亲身边。但是晚上是大会为外宾举办的盛大晚宴，需要许国志主持宴会。不料许国志宴后归来，他母亲已去世。这是他一生中的一大憾事。

数十年来，许国志用了较多时间从事组织领导工作。他在完成具体管理工作的同时，还以一个科学家的眼光，把一些具体事务作为案例进行研究。他积极倡导下列四项原则：第一，“互补原则”，指出领导人应注重与同自己性格迥异、事业不尽相同的人合作。第二，“易位原则”，提出对于非原则问题，站在对方的立场想一想问题，是能把事情办得更好一些的一个法宝。第三，“三多原则”，就是要多想、多听、多写，要多分析、多思考，要让人家把话讲完。第四，“一盘棋原则”，他认为任何一个单位都是一盘棋，每个个体都是棋盘中的一个棋子，或者说是一个系统中的一个子系统。如果不相互交流，那么就成为一个奇异点，或者说形成一个闭系统。在闭系统中，熵不断增大，最终将导致无序。他主张在单位内部，应该兼收并蓄，只有这样才能使一个单位叶茂枝繁。许国志不仅是这四项原则的积极提倡者，而且身体力行。他在主持系统工程学会期间，始终按他提出的四项原则办事，以系统工程学会为中心，上下同心，共同奋斗，每次开会发给副理事长的通知里，都附有一封他的亲笔信，以示对对方的尊重。

在组织建设的同时，许国志还亲自参加系统工程知识的普及和推广工作。1980 年春，钱学森、许国志等在中央人民广播电台举办“系统工程系列普及讲座”；同年 10 月，他们又在中央电视台举办了 45 讲的“系统工程普及讲座”，受到普遍赞扬。

许国志非常重视我国的系统工程专业教育及培养新生力量，在他的指导和帮助下，全国有 40 多个理工科院校陆续设置系统工程系或系统工程研究所。为培养系统工程事业的高级人才，他还推动了国务院学位委员会将“系统科学”作为理科博士学位的一级学科。

许国志从未被代沟所困扰，他乐于并善于同不同性格的青年交往，促进他们成长。青年文小芒知识面广，思路开阔，勤于思考，但却不是一个适于从事数学研究的人，许国志深知他的特点，鼓励他进一步扩大知识面，做一个博学的通才，支持文小芒到社会上创一番事业。文小芒说，许国志对他的影响使他受益终身。徐晓阶是许国志的博士生，他的兴趣是组合优化。到系统所后，许国志发现他更适于做软件开发工作。当时线性规划的内点算法是数学规划界的研究热点，国内尚无人做软件来实现。许国志要求徐晓阶把线性规划的内点算法作为他的博士研究课题，刚开始时徐晓阶有些疑虑，经许国志做工作，他告别了组合优化，全身心地投入到软件编制工作中，不仅开发了一个成熟可靠的内点算法，而且在实践中发现了许多理论分析上无法得到的结果，他的软件也在全国运筹学大会上获了奖，现在是北美数学规划软件一重要人才。金星是开放实验室的博士后，对数理金融产生了浓厚的兴趣，但是缺乏凸分析和对策论的背景知识。许国志为他推荐了一个读书计划，经常和他讨论，帮助他修改论文，金星很快脱颖而出，成为国内数理金融领域的后起之秀。

系统工程的蓬勃发展，自然而然地引出这样一个问题，系统工程和运筹学的区别是什么。对于运筹学，许国志认为，运筹学研究的对象是事理，是人类的某些活动；而系统工程研究的对象是系统。在系统中总涉及人的活动，因而也就应用运筹学的一些成果。因此，钱学森和许国志提出系统工程是工程技术，运筹学是技术科学，运筹学是系统工程的基础学科。

系统工程并不是某些人叫出来的。近年来，系统这个词出现在许许多多的领域，如计算机集成制造系统 (CIMS)、离散事件动态系统 (DEDS)、管理信息系统 (MIS) 等。这说明，随着生产的进展，人们从不同角度，发现了系统这一重要事物，系统有其共性，这就构成了系统工程的对象。

钱学森、许国志倡导系统工程时，正是我国实行改革开放时期，国人已经认识到科学技术是第一生产力。于是用现代化的方法，制订改革开放中的许多规划，就成为当务之急。这样，系统工程就受到多方面的重视。系统工程的一大贡献，就是提出在设计或规划一个系统时，在进行过程中所应遵循的步骤。用系统工程的语言，就是方法论。

系统工程在国外的发展起源于大型工程项目的规划和执行。自然，这一方面的内容属于管理范畴。70 年代后期，有效的管理在我国受到相当重视，许国志充分关注这一变化，他的研究兴趣更多地转移到管理方面。许国志认为，在管理问题中，决策不仅层次最高，而且发展最完备。自对策论为其奠定基础以来，在方法论方面，发展为决策分析。他认为决策分析是系统工程的重要组成部分。因此，许国志积极倡导并主持以决策科学化为目的的决策分析研究。他们协助大庆石油总公司、中国石化总公司、上海宝山钢铁集团等国内大型企业开展决策支持系统的研制工作，使得复杂的决策问题借助计算机得以解决。通过这些活动，许国志提出，决策是决策者的职责，决策科学工作者的任务是进行决策分析，提供决策方案，不能越俎代庖，行使决策者的职责。判断决策方案的优劣准则，是该方案对决策者的影响程度，因此，决策科学工作者与决策者的协同工作是决策分析成功的必要条件。

80 年代，出现了管理、决策和信息系统结合的新趋势，许国志察觉到这一现象，及时领导和开展了这方面的研究工作。1989 年在许国志的推动下，数学所、应用数学所和系统科学所联合成立了中国科学院“管理、决策和信息系统开放研究实验室”，许国志担任了第一任主任。这个开放实验室开展了一系列位居学科前沿、综合性强和与国民经济联系紧密的研究课题和项目，并取得了很好的成就。90 年代以来，随着我国改革开放政策的不断深化，我国开始从计划经济走向市场经济，出现了一大批急需解决的新问题。针对这一情况，许国志和邓述慧适时开展了转轨经济中经济和金融问题的研究。在他们的指导和参与下，开放实验室的研究人员证明了转轨过程中混合经济均衡解的存在性以及转轨过程的收敛性，研究了财政支出中的混沌现象，重点讨论了我国的货币需求和货币供给函数，完成了外债决策支持系统的研制和开发。目前他们的研究还在深入。

“谁叫爱吐缚身丝，一茧成时不自知。啮断几番重又续，始惊彻悟实难期。”几十年来，许国志为了中国的运筹学和系统工程事业，孜孜不倦地奋斗着，他将自己的一切都奉献给了这两项事业，用他自己的话，叫做尘缘难断。他这首题作“自嘲”的绝句，就是例证。

# 许国志主要论著目录

## 论文

[1] On Haar function. Ph. D. Dissertation, Univ. of Kansas, 1953
[2] 运筹学中的一些问题. 科学通报, 1956, 5: 15
[3] 论线性规划及其应用. 全国力学学术报告会, 1957
[4] 铁道调车问题数学方法的初步研究. 应用数学学报, 1978, 2
[5] 组织管理的技术 —— 系统工程. 文汇报, 1978 年 9 月 27 日, 合作者: 钱学森、王寿云
[6] 具有次约束的最优树形图问题. 应用数学学报, 1978, 4, 合作者: 朱永津、田丰
[7] 数列最优成组剖的一个近似算法. 科学通报, 1986, 31: 15, 128-131, 合作者: 陈庆华、刘继永
[8] 运筹学、系统工程和系统分析. 军事运筹学简介, 1979
[9] 论事理. 系统工程论文集. 北京: 科学出版社, 1981
[10] 关于中国系统工程发展的若干侧面. 中美系统分析研讨会论文集, 1983, 合作者: 顾基发
[11] Some facts of the development of systems engineering in China. Proceedings of the Chinese-U. S.. Symposium on systems analysis. New York: John Wiley & Sons, 1983
[12] 论系统工程. 系统工程理论与实践, 1983, 3: 2
[13] 中国系统工程发展综述. 系统工程理论与实践, 1985, 5: 1
[14] 一个求解非凸不可微规划问题的可实现算法. 曲阜师范大学学报, 1986, 4
[15] 作战模拟的研究与应用. 模拟的几个问题. 北京: 军事科学出版社, 1986
[16] 线性规划近十年的发展. 现代数学新进展. 合肥: 安徽科学技术出版社, 1988
[17] 系统工程的回顾与展望. 系统工程理论与实践, 1990, 10: 6
[18] 运筹学历史的回顾. 系统研究. 杭州: 浙江科技出版社, 1996

## 编著

[19] 一门崭新的科学 —— 运筹学. 北京: 科学普及出版社, 1958
[20] 运筹学. 北京: 科学出版社, 1963
[21] 最优化方法: 线性规划部分. 北京: 科学出版社, 1980

[22] 2000 年的中国研究资料第 20 集 —— 系统工程国内外水平与差距. 中国科协 2000 年中国研究办公室, 1984 年 8 月
[23] 整数规划初步. 沈阳: 辽宁教育出版社, 1985
[24] 发展战略与系统工程. 学术期刊出版社, 1987
[25] 现代数学新进展. 合肥: 安徽科学技术出版社, 1988
[26] 系统工程应用案例集. 北京: 科学出版社, 1988
[27] 科学决策与系统工程. 北京: 中国科学技术出版社, 1990
[28] 系统研究. 杭州: 浙江科技出版社, 1996

## 3.6 林群先生简介

严宁宁 中国科学院数学与系统科学研究院

林群先生 1935 年 7 月 15 日生于福建福州。1956 年厦门大学数学系本科毕业，之后便来到中国科学院，先后在数学研究所 (1956 年至 1979 年)、系统科学研究所 (1979 年至 1999 年) 以及 1999 年后合并的数学与系统科学研究院，工作至今。

林群先生于 1993 年当选中国科学院院士，1999 年当选发展中国家科学院院士, 2015 年当选美国工业与应用数学学会会士。先生曾于 1991 年至 1995 年任中国科学院系统科学研究所副所长，1996 年至 1999 年任中国数学会副理事长，1993 年至 2001 年任中国科学院数理学部常委。他是 2002 年世界数学家大会财务委员会主任, 第九、十届全国人民代表大会代表。

林群先生主要从事计算数学研究。先生是首次提出积分方程超收敛的作者之一，并提出了求解特征值问题的两空间有限元校正方法以及多重有限元校正算法。他与合作者首次从正反两方面建立与澄清了微分方程有限元的外推理论，并进一步给出二维双曲方程间断有限元的外推与导数的超收敛。他与合作者系统采用了点线面的方法，被认为是 90 年代后最有希望的三种加速方法之一，为我国外推与超收敛的研究做出了突出的贡献。他与合作者首次分析并命名的 $EQ^{rot}$ 非协调元，以及后来建立的非协调元求解特征值下界的系统方法与理论，已引发众多的后续研究。先生提出的恒等式方法，被收入西方有关教科书以及一些专著。他的研究成果被应用到核反应堆计算与金融数学等领域。由于在科学研究方面做出的杰出贡献，先生在 1978 年获全国科学大会成果奖，1989 年获中国科学院自然科学奖一等奖，2001 年获 Bolzano 数学科学成就荣誉奖章 (捷克科学院数学科学成就荣誉奖章)，2004 年获何梁何利科学与技术进步奖, 2015 年获第十二届华罗庚数学奖。

林群先生不仅是杰出的数学家而且还是杰出的教育家。先生培养了许多优秀学生，他们活跃在世界各地的科学与教育领域，从中国到欧美，从纯粹数学到计算数学与科学计算，从科学研究到科教管理。此外，林群先生长期致力于数学普及，从事微积分普及。他以形象化的 0.9 循环方法改写教科书抽象的 $\varepsilon$-$\delta$ 分析，一改抽象、艰深的微积分老面孔，使之呈现出青少年和普通民众喜闻乐见、易于接受的新面貌。由于先生在数学普及方面做出的杰出贡献，在 2015 年度当选十大科普人物，次年入选“2016 中国科学十大新闻人物”，2017 年获全国首届创新争先奖，2017 中国教育电视优秀课例一等奖。

## 3.7 中国随机系统控制理论的奠基人——陈翰馥院士

程代展 方海涛 中国科学院数学与系统科学研究院

陈翰馥 1937 年 2 月生于浙江杭州，1948 年入浙江绍兴县立中学，后并入浙江省立绍兴中学，1952 年因父亲工作调动转入上海市复兴中学。从中学起他就对数学产生了浓厚兴趣，立志学数学。1954 年高中毕业后被保送到留苏预备部，在北京俄语专科学校学一年俄语。1955 年暑期宣布留苏学员分配方案，他分到列宁格勒水运学院工程经济系，这个专业和数学相距甚远，但考虑到国家的需要，他和许多热血青年们一道打点行装、登上了北去的列车。

1957 年暑期，陈翰馥在第聂伯河基辅港实习期间获悉国家正在调整留学生专业，成为数学家的愿望又在胸中燃起，他只身前往我国设在莫斯科的留学生管理处，力陈理由，申请更换专业，或许是个人命运注定与数学有着不解之缘，他的申请获得批准并于 1957 年秋季转入著名的列宁格勒大学 (今俄罗斯圣彼得堡大学) 数学力学系，得到许多国际知名数学家 (菲赫金哥尔茨、法捷耶夫、林尼克、伊勒拉基莫夫等) 亲自授课，他以门门功课全 5 分的成绩于 1961 年毕业，陈翰馥的导师挽留他继续留苏深造，但未能如愿。

回国后被分配到中国科学院数学研究所，1962 年成为钱学森和关肇直创建的控制理论研究室首批成员，任研究实习员。1978 年陈翰馥破格晋升为中国科学院数学所副研究员，1979 年 10 月转入新成立的系统科学研究所，1983 年被评为博士生导师，1986 年晋升为研究员，1987 年至 1991 年任中国科学院系统科学研究所副所长，1994 年任中国科学院系统控制开放实验室首任主任，1995 年至 1998 年任中国科学院系统科学研究所所长，现为中国科学院数学与系统科学研究院研究员。

陈翰馥 1987 年和 1997 年先后两次获国家自然科学奖三等奖，1993 年当选中国科学院院士，1996 年当选 IEEE 会士 (Fellow)，2005 年当选第三世界科学院院士，2006 年当选国际自动控制联合会 (IFAC) 会士 (Fellow)，2014 年当选国际系统与控制科学院院士，2014 年被评为 "科学中国人年度人物"。曾任中国科学院数学与系统科学研究院学术委员会副主任 (2003—2012)，中国自动化学会理事长 (1993—2002)、中国数学会常务理事 (1993—1999)、国际自动控制联合会 (IFAC) 理论委员会副主席 (1987—1993)、技术局成员 (1993—2002)、执委会成员 (2002—2005)。曾任《系统科学与数学》和《控制理论与应用》主编，国内期刊《中国科学》《科学通报》《数学学报》《应用数学学报》《数学物理学报》和国际期刊 *Systems and Control Letters*, *Adaptive Control and Signal Processing*, *Stochastics and Stochastic Reports*, *Control and Cybernetics*, *Discrete Event Dynamic Systems*, *Nonlinear Dynamics and Systems Theory* 等多家学术刊物编委。任 *Asian Journal of Control* 及 *Kybernetes* 的顾问，Birkhauser 出版的系列书 *Systems & Control: Foundations and Applications* 的副主编 (1988—2001) 及顾问 (2001—)。

陈翰馥最初从事随机信号的滤波、内插与预报，1966 年他与合作者在《自动化学报》发表了处女作《多项式叠加平稳随机信号的预报和滤波问题》，之后由于 "文化大革命"，研究工作中断 5 年之久。1971 年恢复研究工作后，他主要研究随机系统的状态估计及控制和对策等。从 20 世纪 80 年代至今，陈翰馥主要从事递推辨识、随机逼近及适应控制的理论研究，这一时期完成了迄今为止他最重要的研究工作，使他逐步走向世界，成为我国控制理论在国际学术界产生较大影响的学者。陈翰馥的主要学术成就如下。

20 世纪六七十年代，陈翰馥系统地研究了线性随机系统能观性和不用初值的状态估计的联系，给出了随机能观性和能控性的新定义，克服了以往这两个概念在确定性和随机性情形下不能统一的缺陷，当系统随机能观时，他还给出了不用初始条件的状态估计的递推公式，其代表性学术论文《On Stochastic Observability and Controllability (关于随机能观性和能控性)》是 "文化大革命" 结束后代表我国参加 1978 年在赫尔辛基举行的国际自动控制联合会 (IFAC) 第七届世界大会的唯一论文，在会上宣读后论文受到同行的重视和好评，并被推荐到 IFAC 学术期刊 *Automatica* 于 1980 年全文发表。在这期间陈翰馥的另一项代表工作是奇异随机控制问题，他给出了使指标趋于最优的随机控制序列，从而解决了这一曾在 20 世纪六七十年代长期没有解决的问题。

在 20 世纪 80 年代，陈翰馥的研究转向随机系统的辨识和适应控制。他于 1982 年发表在《中国科学》的论文《最小二乘辨识的强一致性及收敛速度》较早证明了常用的“持续激励”条件不满足且噪声方差可能无界增长时最小二乘估计的强一致性。在此期间，他把分析递推算法国际上流行的常微分方程方法和鞅方法结合起来，得到一大类梯度型算法收敛的充分条件，并把“小激励”方法用到适应控制中，使跟踪误差小于任一事先给定值，同时参数估计收敛到真值。加拿大 P. E. Caines 教授在他的专著 *Linear Stochastic Systems* (Wiley, 1988) 中把这个条件称为“陈氏条件”，并用相当大的篇幅引用该结果。在随机系统的辨识和适应控制方面，与合作者给出了估计误差的收敛 (或发散) 速度，并用“衰减激励”方法，给出最优随机适应控制，同时使系统的参数估计值收敛到真值。“衰减激励”方法在国外学术刊物上被公开评价为“强有力的方法”。

在 20 世纪 90 年代，陈翰馥着重研究随机逼近算法以及用随机逼近方法解决系统控制和信号处理中的问题。随机逼近方法从 20 世纪 50 年代初提出来后，广泛地用于参数估计、优化等领域，但为保证算法收敛所要求的条件不易满足，从而这类算法应用范围受到很大限制。早在 80 年代，陈翰馥就和合作者提出“变界截尾”的方法，不用再对未知函数限制增长速度，这种算法后来称为“扩展截尾的随机逼近算法”；陈翰馥致力于把收敛条件降到最低，使随机逼近应用范围大为拓广。目前，扩展截尾随机逼近算法已成功地应用于非线性系统辨识、适应控制、适应滤波、大范围优化、主成分分析等领域。

进入 21 世纪以来，陈翰馥的研究重点在系统辨识，特别是 Hammerstein 及 Wiener 系统等非线性随机系统及变量带误差系统的辨识。目前对这几类系统常用的辨识方法是对固定样本数据集用优化方法求估计，当得到新的数据时，新的估计值不能用修正已有估计值的办法递推地获得，所以当数据值能不断获得时，已有的方法并不适用并且也不能保证以概率 1 的收敛性。陈翰馥对 Hammerstein 及 Wiener 系统及线性变量带误差系统都给出了递推辨识算法，并证明了算法给出估计的强一致性，对 Hammerstein 及 Wiener 系统，不仅辨识而且在适应控制方面也取得了进展，给出了适应控制使调节误差渐近地趋于极小值。

陈翰馥迄今为止发表期刊论文 210 余篇、专著 8 本，4 本在美国及荷兰出版 (John Wiley，Birkauser，Kluwer，CRC Press 各出版 1 部)，其余 4 本在国内出版。他先后到加拿大、美国、日本、澳大利亚、法国、荷兰、奥地利、香港等地做合作研究。1988 年他负责组织的 IFAC 系统辨识和参数估计会议在北京成功举行，为后来我国竞争主办 1999 年 IFAC 第 14 届世界大会起了重要作用。陈翰馥参与了那届会议的组织和领导工作，并担任国际程序委员会主席，为会议的成功作出了重要贡献。

陈翰馥是国内随机系统控制理论研究的先行者和奠基人。他培养的学生中涌现出中国科学院院士、国家杰出青年基金获得者、美国 IEEE 会士等一批自动控制理论的领军人物。陈翰馥院士为系统控制研究人才的培养、推动系统控制理论在中国的发展做出了杰出贡献。

## 3.8　2012 年复旦管理学终身成就奖获得者刘源张：质量管理人生*

卢晓璐　复旦管理学奖励基金会

“复旦管理学终身成就奖颁给我，我倒是吃了一惊。我不是学者，自认为只是个‘搬运工’，西边的东西‘搬到’东边去，研究室的东西‘搬到’工厂去，工厂的东西‘搬到’研究室来。”这位谦逊的长者，正是被誉为“中国质量管理之父”的中国科学院数学与系统科学研究院研究员、中国工程院院士刘源张。已经 87 岁高龄的他在接受记者采访时笑言，“这次拿奖，除了吃惊、佩服，对我也是个鞭策啦，要我继续发挥余热，不能辜负了这个牌子。”

1949 年，刘源张从日本京都大学经济系毕业，到美国加利福尼亚大学伯克利分校研究生院主修运筹学。1956 年，刘源张回国，应时任中国科学院力学所所长钱学森之邀参与运筹学研究室的工作，从此开启了他的质量管理生涯。

五十多年来，刘源张先后在中国科学院力学所、数学所、数学与系统科学研究院等机构任研究员，但他始终专注于质量管理领域，长期深入一线推广，极大地推动了“全面质量管理”理念与应用的普及。刘源张是中国迄今为止唯一的国际质量科学院院士，也是费根堡终身成就奖的全球首个获得者。

### 倡导全面质量管理第一人

从最初的质量控制到提出“全面质量管理”的系统思想，刘源张走过了不平凡的学术人生。比起“中国质量管理之父”，刘源张更喜欢这样的评价，“他帮助中国的企业改变了对质量的看法和质量管理的做法”。

---

* 文章来源于复旦管理学奖励基金会，转载于复旦大学新闻文化网。

早在 1957 年，刘源张就在中国科学院力学所运筹学研究室内创建了中国第一个质量控制研究组。在钱学森的支持下，刘源张身体力行地深入全国各地各厂，开始在纺织、机械、冶金等行业里介绍推广质量控制理论和方法。

“文化大革命” 后，刘源张主动要求到北京清河毛纺织厂工作。他在厂里一边跟班劳动，认真学习每道工序，一边开起了全面质量管理的第一个讲习班。清河毛纺织厂试验和推广全面质量管理的经历，给了刘源张 “新的生命”，也为他赢得了改革开放后科学界首个 “全国劳模” 的称号。

之后，小有名气的刘源张应邀到北京内燃机总厂、第二汽车制造厂帮助开展质量管理工作。著名的 “三全” “三保” 理论，也在这一时期逐渐成型。

刘源张认为，质量管理不仅要求考虑经济性和时间性在内的 “全面质量” 意义，还应包括售前售后服务的 “全过程控制”，并且应做到 “上至领导、下至清洁工” 在内 “全员参加”。这就是他所提出的 “三全” 理念。同时，刘源张指出，要用工作质量保证工序质量，用工序质量保证产品质量，用员工质量保证工作质量，这便是 “三保”。

刘源张详细地向记者介绍道：“质量是全面的，成本和交货期都应计算在内；质量也是全过程的，光检验不行，事后把关没用；质量更是要全员参与的，从一把手老板到清洁工都要参加进来。” 他特别强调道，“不要小看了清洁工作，生产车间的清洁度、灰尘、静电等情况，对电子元器件等精密工业产品的质量有很大的影响。” 刘源张认为，管理不是管物，而应该先管人，“人管好了自然这物就管好了。” 在他口中，“三全” “三保” 就是点简单的道理，但看似简单的道理，却对各大企业、工厂改进管理、提高生产率产生了极大的影响。

1979 年，刘源张院士参与创办了中国质量协会，并于 1980 年协助国家经委颁发《工业企业全面质量管理暂行办法》。1996 年 12 月 24 日，国务院颁布《质量振兴纲要 (1996—2010)》，纲要明确提出 “继续推行全面质量管理”。得益于刘源张不遗余力地推广，全面质量管理如今已是家喻户晓。刘源张还告诉记者一个小故事，十几年前，一个同事回四川老家，因为家住在工厂里，经常听到工厂的大喇叭喊着刘源张如何如何讲全面质量管理。回顾自己的质量管理人生，刘源张不禁感叹：“想一想，没白干！”

## 提高质量标准要从娃娃抓起

尽管已经过去了数十年，但留美学习的经历依然让刘源张记忆犹新。早在 20 世纪初期，美国的标准化意识就已普及，连刘源张打工做的舞蹈学校清洁工作都是标准化的。而学校教育中也不乏标准化的训练。“那时教什么叫标准？就每个人发了一个墨水瓶，再发一根扁的木头棍，让学生想办法滴 1 克的水出来，多了不行，少了也不行。只能先做实验，一滴一滴来。”刘源张边讲边兴奋地比画着，“木棍插下去，到这么个程度，滴的出来正好是 1 克，就在这里画一根线。我去测的时候，线就插在水面上，滴的出来刚好是 1 克，这就是标准化的训练。”

多年来，刘源张矢志不渝地致力于中国质量管理标准的制订、鉴定和推行，更提倡质量强国，呼吁让全民都能重视质量。

而随着 GB/T19000-ISO9000《质量管理体系》系列标准、GJB/Z 9000-9004-96《质量管理和质量理论的军用标准》和 GB/T19580-2004《卓越绩效评价准则》先后出台并被企业广泛接受，中国的质量标准体系逐渐完善。尽管如此，但谈及中国标准与发达国家的差距，刘源张摇了摇头，在他看来，国内基础工业原材料的技术标准还远远不够，技术标准在中国的社会认知度也有待提高。

刘源张很喜欢讲这样一个故事，在日本，所有的铅笔都有“日本标准”的符号，小学老师会告诉每个学生，这个符号是日本国家标准，买铅笔一定要看有没有这个符号，没有符号就不要买。所以日本人从小就牢记了日本标准的符号，这也就逼着所有工厂都要学习、使用国家标准。“这才叫从娃娃抓起。”

“管理也是软实力，”刘源张坦言，“我们不仅要提高技术标准的社会认知度，强调技术标准与管理标准的配合也同样重要。技术标准与管理标准都是科学创新的结果，拍脑袋出来的、抄外国东西出来的都不行，一定要通过科学试验。”

谈起近年来不断发生的食品安全、质量安全等恶劣的事故，刘源张微微有些激动，斥责道：“那都是不讲诚信、不够认真，这简直是对市场经济的误解!”为此，刘源张曾给时任国务院总理朱镕基写信，要求设立质量工程师制度，现在这一制度经逐步发展成为企业的首席质量官体系。后来，他又屡次上书中央，提出制定《质量振兴纲要》，提倡“建设质量强国”的口号。

“要建设真正的质量强国，恐怕还是要从娃娃抓起，在小学里就开设质量课程。有了这样一种常识，自然就能形成消费者对企业的监督。”刘源张还提议，“质量教育的普及应从小学延伸到大学，同时要大力宣传社会责任，提高消费者的质量意识。”

## 甘为服务群众的“工厂大夫”

1991 年 7 月，台湾的《战略生产力杂志》第一次撰文将刘源张誉为“中国品管之父”，后来这个说法传入大陆，“中国质量管理之父”逐渐为人知晓。刘源张回忆道：“他们大概是听说了我的一些故事吧，回去就给我封了这么一个称号。”说起这个称号的由来，刘源张笑道："他们说刘源张这个人聪明，善于使用行政力量。我在秦城监狱时，有好多难友，后来搞全面质量管理，他们给我了许多支持。第二个便是我善于用工人的语言，善于联系群众。"

刚回国时，为了让刘源张了解国情，钱学森放了他 3 个月的假，鼓励他到全国各地下工厂，实地调研。没想到，海外归国的质量控制专家刘源张却因此与工厂结缘，做了大半辈子的"工厂大夫"。

1958 年，国家发出了"理论联系实际"的号召，刘源张在北京国棉一厂先后待了三年。刘源张住在厂里，利用晚上员工的值班时间和厂长、书记、工人们聊天，真正理解了学以致用的含义。后来，刘源张把这次经历写成了书，定名为《运筹学在纺织工业中的应用》，交由科学出版社出版发行，开创了中国运筹学理论联系实际的先河。

同一年，刚到中国科学院的刘源张办了全国第一个质量管理讲习班。"当时我才 33 岁，又觉得从美国回来，海归嘛，又有个博士称号，总得讲得再深奥一点。"后来刘源张才发现，来的企业工程师虽然都学过数学，但长期不用早就忘了。刘源张笑道："我讲的话从头顶上飘过去了，一点也不起作用。"这次不太成功的经历让刘源张开始思考，"讲课不是为了自己，讲是为了别人，我有这么高深的学问，不是为了这个，而是为了要把知识给他们。"

因此，刘源张开始努力用更贴近群众的方式、通俗易懂的语言在工厂里讲授质量管理的方法。1963 年，北京市纺织局组织了一次质量控制讲习班，为了解释"随机"，刘源张特地买了 400 个打麻将用的筹码，再给筹码写上 0~9 的数字，放到盒子里，让学员们自己从中摸出 5 个，计算出需要的数字，再到黑板上画出波动图和控制图，以此让学员们来了解质量特征的随机性和可控性。这也是国内第一次采用模拟办法举办的讲习班。

在刘源张眼里，知识就是力量，但如果群众不能掌握学问，变不成力量，就发挥不了作用。"所以我一辈子的宗旨是为群众服务，不为专家服务。现在我也不写论文，杂志上看不见我的论文，我也不写那些大部头的著作，我就带我这些小册子，给工人们看。"

在二汽当顾问时，刘源张在装配厂里亲自纠正装配师傅们"装配，装配，不学就会"的观念，强调装配质量；又向工厂领导建议在车间里安装暖气，提高车间温度，让工人们摆脱棉衣棉靴的束缚，穿衬衣单衫干活，手脚更灵活，效率更高。不仅强调质量第一，刘源张还重视每一个有可能影响质量的细节。在东风电视机厂考察时，刘源张就曾向厂领导指出在车间内拆包产生的灰尘会严重影响电子器件的质量。他笑着告诉记者："我到厂里有个习惯，看看摸摸。先看天花板，后摸地板，再看人，看人的眼睛。”只有先保证人的质量，才能保证工作的质量，每一个影响质量的细节都逃不过刘源张的眼睛。

刘源张在中国科学院的同事顾基发研究员对记者说：“刘源张推行质量管理工作很注意理论联系实际，常常亲自到工厂去。他到工厂里向人家提意见非常具体，不像有的专家讲讲要注意效率、讲讲理论。他总是能够跟人家提出非常具体的建议，甚至还包括工厂牌子怎么排。”

五十多年来，刘源张先后下过两百多个工厂身体力行地推广全面质量管理，深入三千多个工厂办讲习班，给工人们讲课，是名副其实的“工厂大夫”。“我有个工作三原则，第一要领会领导意图，第二要摸清群众情绪，第三要选用科学方法。”刘源张坦言，只有这样，才能解决好领导的思想问题、干部的本领技术问题和工人的问题。

## 学生满天下

几十年来，刘源张虽从未在高等院校专职任教，但他坚持到群众中、到领导中去讲课。刘源张总是希望自己的工作能够直接起作用，而他也确实在转变人们的管理观念、启蒙人们的科学理解上取得了成功。

刘源张在全国各地多次开办质量管理讲习班，他也是第一个从 1977 年始就在中国媒体上作全面质量管理介绍和评论的人。1980 年 9 月，刘源张与中央电视台的合作举办全面质量管理电视讲座，并且开创了先培养讲座辅导员再招收学员学习并进行结业考试的电视教学办法。从某种意义上说，刘源张也称得上是“桃李满天下”了。

刘源张的博士生、中国科学院数学与系统科学研究院的唐锡晋研究员认为，刘老不仅是良师还是益友。至今，唐锡晋仍然常与刘源张交流研究感受，也经常请刘老参加自己主持的讨论班。“高峰时期，80 多岁的刘院士每年出席的次数超过 10 次。对他来讲，我们讨论的都是新颖的话题，他也始终保持着求知的热情，”唐锡晋介绍道，“当然，对待学生和科学的讨论，刘老师是非常严厉的。如果讨论班学生讲得不好或讲错了，他就会提出严厉的批评，对我也是一样。”

有一次，唐锡晋请刘老来讲知识科学，刘老很认真地看完了日文原著，再结合自己的感受给大家详细地进行了讲解。令她印象深刻的是，“刘老特别强调，知识不是精英创造的，不仅仅是我们这些在科学院做研究的人创造的，生活中，老百姓随时随刻也都在创造知识。”也许正因如此，刘老才那么热衷于当一个实践一线和研究院所之间的“搬运工”吧。

直到今天，87 岁的刘源张仍坚持着七点钟起床，十一点半睡觉的习惯。依然每天工作五小时，即时收发邮件，安排工作，精神矍铄。今年初，刘源张还随团考察了上海外高桥发电厂，了解企业的质量管理情况。

这位勤勉的老人说，他要在自己质量管理人生的第六个十年里，做一个质量管理的社会活动家。不能再长期蹲守在一线推行质量管理的刘源张表示："我想给企业敲敲边鼓，到企业里去讲诚信和感恩。"这是"中国质量管理之父"刘源张心目中一份属于国家、属于质量工作者的责任。

## 3.9 我来自雁荡山*

李邦河 中国科学院数学与系统科学研究院

### (一)

我出生在浙江乐清县 (现温州乐清市) 大荆区仙溪乡，一个历史悠久、风景优美，有一定文化底蕴的山村 —— 北阁村。可爱的故乡，使我在 18 岁之前，不仅在心灵上受到大自然的明山秀水的滋养，而且能就读于堪称一流的小学和中学，受到良好的教育。这为进入一流的大学，进而走上科学研究的道路打下了良好的基础。

我家是佃农，父亲李昌仙 (1891—1980)，是干农活的好手。他青壮年时练过武功，能挑二三百斤重的担。他以他的勤劳、能干、忠厚、正直和他在乡亲中享有的威望，无时无刻不在对我进行着身教。母亲詹桂花 (1904—1976)，则常与我谈心，讲她和父亲创业的历程，特别是父亲令人钦佩的往事，而且对我管教较严。我小时候爱打扑克，有一次母亲从我手中夺过一副扑克牌，扔进灶膛里烧了。从此，上初中后我再也没有打过扑克。

我小时候，小哥已是强劳力，因此我能一直读书；而我大哥就没有这么幸运，读完初小后，就因为父亲干活需要帮手而辍学。中华人民共和国成立前大哥因逃抓壮丁到宁波后参加了新四军。转业后任宁波某小学校长，成为我家第一个走出山村的人，对开阔我的视野起着很大的作用。小哥虽只读过两年小学，却一生酷爱读各种古典小说，与我小时候有同好，相谈甚欢。

---

* 转载自《数学家之乡》，上海科技出版社，出版于 2011 年，写于 2010 年 2 月 6 日。

## (二)

在家乡著名的北雁荡山的后园，有两个宽广的山谷，分别称为北阁和南阁，是徐霞客游记中曾记述过的地方。北阁有仙溪流过。仙溪上游有仙人桥、仙人洞和仙姑洞等景点，颇具仙风道骨。

仙溪两侧，有良田数百亩。北阁村在溪北，背山面水，有数百户人家，是方圆十余里内最大的村庄。村里以李姓居多。据家谱记载李姓始祖是唐朝皇帝的后代，初居温州茶山，后游雁荡，见北阁适于隐耕，遂迁之，已历数百年。李姓的大户联合邻近的乡绅，在150年前创立双溪书院，与温州的中山书院、乐城的梅溪书院成鼎足之势。北阁李振镳曾在清末中武进士，而离北阁村五里路的南阁村则出过明英宗时的礼部侍郎——死后赐尚书的章纶。北阁的两座石牌坊和南阁的五座牌楼，均由明清两代皇帝所赐，至今屹立，诉说着历史。

李氏祠堂颇具规模，内有戏台，温州市越剧团曾在那里演过《劈山救母》。在我小时，内设有初级小学，而父亲是祠堂的管理人。李氏多财主和文化人，我的父亲以佃农的身份被族人推举管理祠堂，实属罕见。1947年春天，我只有四岁半，家里让我到祠堂里上学，说是去“坐坐稳”，好像去上幼儿园大班。后来双阁区小学在北阁关庙里开设，我即到那里学习。在该升三年级的时候，父母怕我年纪太小，让我再上一次二年级，因此，我上了7年小学。

双阁区小学师资齐全，并且水平普遍地高。但当时我不懂得用功，成绩不稳定。特别是五年级之前算术一般；不过也常有某些科目考第一，得到铅笔和纸张等物质奖励。高年级时的两位老师给我留下了深刻的印象。陈传琼老师的算术课，讲得深入浅出，能完全吸引我在课堂上的注意力，使我感到学算术既有趣又轻松。此后，数学便成为我的一个强项。杨孔丙老师教历史和地理，常穿插历史故事和风土人情，我很爱听，学得也就好。

课余时间，我的任务是帮家里养牛。每天牵牛到水边饮水。春、夏、秋去割草，冬天则拔些草与干稻草相拌喂牛，有时也到山上或溪边放牛吃草。

我的课余爱好是看古典小说。《三国演义》《水浒传》《西游记》《隋唐演义》《薛仁贵征东》《薛丁山征西》《岳传》《七剑十三侠》《彭公案》等，凡是能找到的无所不看。小学同学中有一位与我有同好，我们碰到时常谈论小说中的人物与故事，非常开心。下雨天，我家周围的小朋友，上学的和不上学的，常聚在一起听我讲书上的故事。我记得不详细，自己觉得讲得不生动，但他们仍听得津津有味。杨孔丙老师还记得我爱在历史课上插话。小时的这一爱好，导致了我对祖国历史持久的热爱，引发了后来读《三国志》《宋史》等正史的热忱。

## (三)

1954 年 1 月，小学毕业。时值学制从春季入学改为秋季，因而在家劳动半年。除了放牛，还担负起了砍柴的任务。不仅在就近的山上砍，还到远处的险峻的名为乌龙坑的山上去挑高质量的硬木柴火。半年后，有几样农活已干得上手了，压根儿没想过还要再上学。

有一天，突然从深山里下来章人彩等二三位小学同学，叫我一起去考雁荡中学。于是我就跟他们一起到了离家十五里多的大荆镇，居然考上了。

当时整个乐清县只有两所初中，幸运的是在离家不远的大荆就有雁荡中学，同学中还有不少是从百里之外的县城来的。或许因为中学少，老师一个个都很有水平。读初一时，我仍像在小学时一样不懂得用功，课堂上时有小动作，课下常玩耍，不为老师所喜欢。初二起，逐渐懂事，课后必复习，考前总复习，学业大进。初三的班主任郑圣道老师是浙江大学肄业生，几何教得清晰、生动。他组织了两次全年级四个班的数学竞赛，我均获第一。我的一篇作文受到盛笃周老师的表扬，我大受鼓舞。在全年级的作文竞赛中，我和另一班的谢作伟获一等奖。那时学习气氛很浓，别的班的同学有时也在路上找我讨论数学题。我学会了把数学图形装在脑海中，躺在床上也能思考。

初三时，中学搬到了雁荡山中心风景区，在灵峰寺与灵岩寺之间，以净名寺为宿舍。美不胜收的众多风景，不仅激发了游兴，也引起了我学诗的兴趣。当时，我曾写有关于“燕尾瀑”的绝句，为郑老师所赏识，推荐在校黑板报上刊登。现还记得第三句是“仙宫罗带拨云落”。

## (四)

初中毕业前夕，邻县的温岭中学派人到雁荡中学来考试招高中生。于是，我来到有悠久历史的温岭中学。

读高中时，逢“反右”后要政治挂帅。在“大跃进”的时代，除了到农村劳动外，我还参加了炼铁和办盐酸厂。班主任李传炼老师多才多艺，是学校文娱活动的指导者。他选我在话剧、越剧和活报剧中担任主要角色，在校内外多次演出。虽受政治冲击，学校对各门功课的学习也还是抓紧的。不愧为名校，老师们的水平都很高的。数学老师陈高德、化学老师梁景龙都给我留下了深刻的印象。当时一个公认的说法是只要认真跟梁老师上复习课，高考化学一定能拿高分。我努力学习各门功课，为考上名牌大学打下了基础。

由于当时的政治气氛，老师普遍不敢太强调学习。我曾在教室里贴过大字报，说语文课里古文太少。语文老师无奈而善意地批评我有复古思想。唯有带着“右派”帽子的李荣惠老师例外，他组织了两次俄语比赛。第一次我拿了第二名，第一名是同班的周福海。李老师鼓励我下一次拿第一名，后果如愿。有位同班同学酷爱古诗词，我从他那里借到《作诗门径》一书，学习了诗的格律。毕业典礼时的一个话剧剧本是我执笔的，并在剧中扮演角色。

在高考后等待发榜的日子里，我的心已飞向了大学，飞向了科学，期间有小诗一首：

懒读恨少时，壮志凌云迟。
倍当挥鞭急，马作雷电驰！

## (五)

1960 年从温岭中学高中毕业，以第一志愿报考了中国科学技术大学。当接到大学的录取通知书后，立即从家里赶到温岭中学办手续并返回，创造了一天步行 130 多里路的生平最高纪录。

初上大学，政治气氛仍很浓，不是下厂就是下乡。1960 年 11 月，到通县 (现北京市通州区) 劳动。一马平川的北国风光和家乡雁荡的峰立云霄、溪流谷间的景色形成鲜明的对比。对家乡的人与物的怀念之情油然而生，写下了寄给初中好友郑景横同学的小诗一首：

大志改河山，学法走北南。三年水奔腾，万里江阻拦。
共赏山水高，独览天地宽。何时复同游，笑风动灵岩？

三年的经济困难终于使政治温度下降，中国科学技术大学的学习气氛开始了最好的时期。我们年级以吴文俊院士 (时称学部委员) 为主讲老师，从微积分、微分几何教到代数几何。华罗庚院士则教过我们复变函数。置身于一流数学家面对面的环境，我如饥似渴地学习，力求学深学透。在一、二年级之间的暑假，我们几个同学开始自学那汤松的《实变函数论》。后来殷涌泉老师又给我们开了实变函数论的课。有一次他讲了一个定理的证明，课间我告诉他我给出的一个很简单的证明。他听了很高兴，并让我上去在黑板上给同学讲，我感到很荣耀。

毕业前夕，张维弢同学约我为年级黑板报写学习方法的文章。我写了《浅谈学数学》一文，分七八次连载，并被赵启松同学主编的方程专业复写刊物分期转载。

邹协成同学曾建议我投《光明日报》，未投。

“文化大革命” 前夕的政治冲击，已使部分同学不愿做毕业论文。我在岳景中老师的指导下写了微分拓扑方面的论文，被他推荐到《数学学报》，因 “文化大革命” 停刊而未发。

## (六)

1965 年毕业于中国科学技术大学数学系，毕业后分配到中国科学院数学研究所，立即被派往安徽搞 “四清” 近一年。回所时 “文化大革命” 已开始，科学研究已不能公开搞。像陈景润这样正在攻难题的人，还在偷偷地搞。而像我这样的尚未真正进入研究阵地的青年人，就几乎都把人生中搞研究的黄金时段，浪费在政治斗争或逍遥中了。

其间，对我的一生有良性影响的一件事是我精读了《矛盾论》和《实践论》，通读了四卷《毛泽东选集》。我信服《实践论》的认识，并以此为哲学指南分析数学的历史及可能的发展方向。

我的研究领域较多，似乎杂乱无章。但贯穿在 “杂乱” 中的却是一个始终如一的追求：学习和探索有助于突破牛顿–莱布尼茨微积分时代的新概念和新方法。

1972 年 9 月，美籍华人钟开莱教授在数学所报告用概率论求调和函数边界值问题的解。这引起了我极大的兴趣，我认为这是与经典的微积分完全不同的新观念，于是花了几个月的时间专攻概率论。后又觉得广义函数是对微积分的一个突破，因而又学习了广义函数论。

当我与在数学哲学方面有很高造诣的关肇直副所长 (后为系统科学研究所所长，院士) 谈我的想法时，他告诉我非标准分析可能与我的想法有关。于是我即以极大的热情去掌握非标准分析。

80 年代的唐纳松理论把物理中规范场概念用于四维拓扑，90 年代物理学家维滕关于三维流形的不变量，还有维滕和另一个物理学家赛贝格关于四维流形的不变量，都体现了近代物理思想给数学带来的新观念，于是我又在这些方向上赶了一下 “时髦”。

## (七)

在数学的若干领域，我独立或与人合作发表论文 90 余篇。部分成果如下：

微分拓扑。把惠特尼 (Whitney) 奠基微分拓扑的两条基本定理之一推广成从 $n$ 维到 $2n-1$ 维流形的映射同伦类中浸入的存在定理。完全分类了从 $n$ 维到 $2n$ 维流形及二维到三维流形的浸入。彻底解决了 $n$ 维流形到 $2n-2$ 维欧氏空间的浸入分类这一经若干名家攻而未克的问题，使用了崭新的武器。对高连通流形在临界维数的欧氏空间中的浸入的分类，推翻了国外学者的论断，给出正确结论。关于嵌入的法欧拉示性数，把惠特尼和马哈沃德 (Mahowald) 在欧氏空间情形的著名的模 4 公式推至一般流形。

四维拓扑。关于单连通四维流形的二维同调类用嵌入球面表示这一历史悠久的问题，对获得完全结论的八个流形，贡献了五个。完全解决了任意曲面上的球面丛的最小亏格问题，并对一批有理代数曲面的非负同调类的最小亏格问题，获完整结论。

三维拓扑。彻底算出了代数数论中的广义高斯和，从而对透镜空间的维滕不变量得到最终的结果，并证明了它们的代数整性。

偏微分方程。对严格凸性的单个守恒律的解的定性研究取得了系统成果：弄清了间断线上半平面的分布和渐近性态，解对多种初值空间的通有性；否定了俄国科学院院士奥列尼克关于间断线条数可数的论断；完全回答了美国科学院院士拉克斯和格利姆关于通有性和分片解析性的三个猜想；对一类非线性弹性力学中的欧拉方程，用补偿列紧法得到了解的存在性定理。

广义函数。把经典的解析函数和调和函数的延拓放宽到用广义极限来刻画；对高维广义函数，引进了用调和函数表示定义的乘法；在非标准分析的框架中定义了新广义函数；算出了一系列常见的广义函数的乘积。

非标准分析。对一类非阿基米德域，给出了微积分中所有基本定理在其上成立的充分必要条件。用非标准分析给出了布纹闪影现象的严格的数学基础，证明了同一广义函数不同的非标准表示在非线性问题上起的作用是不同的，非标准函数是广义函数的精细化和实质性的发展。对任意拓扑空间，引进紧度的概念，从而实质性地推广了任意多个紧空间的乘积是紧空间的著名定理，对用非标准的无穷维欧氏空间表示的概率论中的布朗运动的模型，弄清了在单位球的薄层中的概率分布。

代数几何与数学机械化。对复数域上的任意投影代数簇，证明了在其非标准扩张中，几乎所有点都是母点。把数学机械化中解代数方程组的里特–吴方法，从原先只能算出没有重数的解，推进到可以算出重数。

## (八)

编者补记李邦河的简历和获奖如下：

1979 年，被破格评为中国科学院数学研究所的副研究员；1984 年被国务院学位委员会批准为博士生导师；1985 年，被评为中国科学院系统科学研究所的研究员，并任中国科学院系统科学研究所学术委员会委员；1988 年获 1987~1988 年度 (第二届) 陈省身数学奖；1992 年被授予国家级 “有突出贡献的中青年专家” 称号；2001 年 12 月，当选为中国科学院 (数理学部) 院士；2009 年获第 9 届华罗庚奖；2010 年获何梁何利奖。

## 3.10 系统控制理论的开拓者 —— 郭雷

张纪峰 中国科学院数学与系统科学研究院

郭雷，1961 年生于山东，1982 年毕业于山东大学数学系，1987 年在中国科学院系统科学研究所获博士学位，1987—1989 年在澳大利亚国立大学从事博士后研究，1992 年被中国科学院破格晋升为研究员。曾任中国科学院系统科学研究所所长、中国科学院数学与系统科学研究院院长，现任中国科学院国家数学与交叉科学中心主任、中国科学院特聘研究员。

1998 年当选美国电子电气工程师协会会士 (IEEE Fellow)，2001 年当选中国科学院院士，2002 年当选第三世界科学院院士，2007 年当选瑞典皇家工程科学院外籍院士，2007 年他因对控制理论研究的 “根本性贡献” (fundamental contributions) 而当选国际自动控制联合会 (IFAC) 会士，2014 年被瑞典皇家理工学院授予荣誉博士学位。2018 年获应用数学学科在国内的最高奖项 —— 第七届苏步青应用数学奖。他于 1999 年和 2014 年先后两次应邀在三年一度的 IFAC 世界大会上作大会报告 (Plenary Lecture)，是迄今在 60 年 IFAC 历史上被邀请作大会报告的唯一中国大陆学者。特别地，被 IEEE 控制系统学会授予 2019 年 Hendrik W. Bode Lecture Prize (泊德讲座奖)，是历史上获此殊荣的首位华人科学家。他还曾应邀在国际数学家大会 (ICM) 上作 45 分钟报告 (2002)，在世界华人数学家大会上作一小时大会报告 (2010) 等。

郭雷曾经应邀担任多个国际学术大奖的评委会主席或委员，包括 IEEE 控制系统奖 (IEEE Control Systems Award) 评委、IFAC Manfred Thoma 奖评委会主席、国际工业与应用数学联合会 (ICIAM) 拉格朗日奖评委、国际控制领域两份顶尖学术刊物 *IEEE Trans. on Automatic Control* (*IEEE-TAC*) 和 *Automatica* 的最佳论文奖评委等。此外，他还曾担任 IFAC 理事会成员 (连任两届)、IFAC 建模辨识与信号处理委员会主席，并获得 IFAC 颁发的杰出服务奖。特别地，他曾先后担任首次在发展中国家召开的第 48 届 IEEE 控制与决策大会 (CDC2009) 共同大会主席、第

8 届国际工业与应用数学世界大会 (ICIAM2015) 大会主席，这两个重大国际学术会议都取得圆满成功。他领导创建了“中国科学院国家数学与交叉科学研究中心”，创办了“中国系统科学大会”，并担任“上海系统科学研究院”首任院长等。他还曾任 *SIAM J. Control and Optimization* 等十多份重要学术刊物的主编、副主编或编委等。

此外，他曾长期在国内多个重要学术组织和国家重大科技计划专家委员会任职，包括中国工业与应用数学学会两届理事长 (2008—2016) 和副理事长 (2004—2008)、中国数学会和中国自动化学会副理事长、国家科学技术奖励委员会委员、国务院学位委员会委员、数学学科评议组召集人、中国科学院学术委员会副主任、信息科学专家委员会主任等。还曾担任国家重大科学研究计划 (973) 专家顾问组成员、中国航天科技集团重大工程项目专家委员会委员、国家科技部“变革性技术中关键科学问题”重点研究专项指南编制专家等。

除了对系统控制领域做出重大学术贡献外，其学术成果在信号处理、生物医学、认知科学、经济金融、无线网络、时间序列、机器学习、机械系统与工程系统等其他研究领域也得到大量引用和应用。部分成果被欧美同行专家的大量学术专著和教科书引用，有的是整节或整章引用。他领衔承担的国家自然科学基金委员会创新研究群体项目“控制科学中若干关键基础问题研究”，曾连续三期共九年 (2004~2012) 获得择优支持。他领衔承担的某重大应用项目研究也得到应用部门好评，曾获得国内外一系列重要学术奖励和荣誉。详情参见个人网页：http://lsc.amss.accn/~lguo/index-c.htm。

下面按照完成的时间先后顺序，介绍他的五项主要代表性学术成果。

## 一、解决自适应控制领域国际著名难题

在自动控制历史上，由最小方差控制与最小二乘估计相结合而产生的著名的“自校正调节器”，不但从根本上推动了自适应控制学科的发展，并且广泛深刻地影响了工业应用。但是，由于“自校正调节器”涉及相当复杂的非线性随机动力学方程组，从数学上严格建立其理论基础，曾是随机适应控制领域“长期未解决的中心问题”。例如，自校正调节器提出者、瑞典皇家科学院院士 K. J. Åström 在首届国际工业与应用数学世界大会的报告 (1987) 中指出这一领域“在理论上的进展是缓慢而又痛苦的”。美国工程院院士 P. R. Kumar 在 *IEEE-TAC* (Kumar, 1990) 文章中更是明确指出“原始自校正调节器是否真正收敛已经是一个 15 年以上的公开问题”。

20 世纪 90 年代初，郭雷与陈翰馥合作于 1991 年发表在 *IEEE-TAC* 上的论文通过创造新的非线性随机系统分析方法，突破性地证明了自校正调节器的全局稳定性和最优性。在此基础上，他又进一步证明了自校正调节器确实具有最优收敛速度 (对数律)，并因此获得 1993 年在悉尼举行的 IFAC 世界大会唯一的青年作者奖，评委会评价他“解决了最小二乘自校正调节器的收敛性和收敛速度这个控制理论中长期悬而未决的问题。”随后，美国、瑞典、法国、意大利等著名专家在一系列论文中，公开评价郭雷这项工作是在自适应控制领域“中心问题”(central issue) 上的“重大突破”(major breakthrough)，是“辉煌成功”(succeeded brilliantly) 和“最重要结果”(the most important result) 等。在解决自校正调节器收敛性难题之后，郭雷又解决了自适应控制领域另外两个著名难题，即自适应极点配置和自适应二次型最优控制问题, 分别发表在 1996 年和 1999 年的 *IEEE-TAC* 上。上述难题的解决改变了国际上随机适应控制领域的研究面貌。

## 二、奠定自适应滤波算法的理论基础

自适应滤波 (或时变参数跟踪, 或自适应信号处理) 在现代信息处理技术中发挥重要作用。然而，由于这类算法一般涉及数学上非交换、非独立与非平稳随机矩阵的连乘积，即使对结构相对简单但被广泛成功应用的最小均方 (LMS) 算法，其理论研究也被公认为国际难题。例如，著名 LMS 算法的发明者、美国工程院院士 B. Widrow 等曾在论文 (1976) 中指出“建立自适应算法的统计理论是非常困难的问题”，而加拿大皇家科学院院士 S. Haykin 在其论文中进一步指出“随机性与非线性反馈相结合，使得详细分析 LMS 算法的收敛性成为困难的数学任务。事实上，这个问题已经吸引人们 25 年以上的研究”。

自 20 世纪 90 年代初开始，郭雷创造性地引进了在一定意义下最弱的“随机激励条件”(被国外学者称为“郭氏激励条件”或“郭氏丰富条件”)，首次严格建立了用 Kalman 滤波器 (KF) 来跟踪线性回归模型中未知时变参数时的稳定性。在此基础上，郭雷又在 1994 年发表于 *SIAM J. Control and Optimization* 的论文中，通过进一步改进随机激励条件，创建了关于随机矩阵连乘积研究的新方法。最终在一般非平稳非独立信号情形下，对实际中广泛应用的三类最基本的自适应滤波算法 (LMS, KF, RLS) 系统地建立了这几类算法的稳定性理论。随后，郭雷与瑞典皇家科学院院士 L. Ljung 等合作，在发表于 *IEEE-TAC* (1995, 1999) 的三篇文章中，进一步统一建立了关于一般自适应滤波算法的性能分析与优化的基础理论。这一系列成果，从根本上突破了传统理论的局限，使得对反馈系统的应用成为可能，在国际上得到广泛引用和应用，并成为后来建立分布式适应滤波算法理论的关键基础。

## 三、开启反馈机制最大能力研究新方向

控制系统中最核心的概念是反馈，它也是对付各种非线性与不确定性因素的必要而又有效的关键手段。然而，反馈机制究竟能够对付多大的非线性不确定性？它的根本局限是什么？这是控制系统中最核心的科学问题之一，但现代控制论发展起来的适应控制和鲁棒控制等相关理论并不能真正给出解答。鉴于此，郭雷于 1997 年在 *IEEE-TAC* 上发表了这方面的第一篇文章，发现并证明了关于非线性不确定系统反馈机制最大能力的第一个 “临界值” 定理，开启了这一重要研究方向。正如法国 B. Bercu 教授在其文章 (*IEEE-TAC*, 2002) 中指出的，当时 “除了 Guo 的重要贡献之外，几乎没有其他理论结果”。郭雷在提出定量研究反馈机制最大能力的一般理论框架之后，先后与研究生合作针对几类最基本的非线性不确定控制系统，发现并建立了关于反馈机制最大能力的若干 “临界值” 或 “不可能性定理” 等 (其中 “4” 和 “$\frac{3}{2}+\sqrt{2}$” 两个 “临界值” 被国际同行称为 “魔数”(magic number))。

这项研究对定量理解人类和机器中普遍存在的反馈行为的最大能力，以及智能反馈设计中的根本局限具有重要意义，被同行认为是 “过去 10 年控制系统领域最有意义和最重要的研究方向之一”。国际著名控制科学家、澳大利亚 “两院” 院士 G. C. Goodwin 等在 2003 年发表于 *IEEE-AC* 上的论文中明确指出 “我们的研究是遵循了 Xie-Guo 所提出的一般非线性问题的研究框架”；俄罗斯科学院的 V. F. Sokolov 教授在 *Automatica* (2016) 的论文中，公开评价郭雷与谢亮亮在这方面的论文是 “开创性的”(poineering paper), 并且将有关刻画反馈机制最大能力的 “临界值” 命名为 “谢–郭常数”(Xie-Guo constant)。2002 年在北京召开的国际数学家大会 (ICM) 上，郭雷应邀作了题为 “探索反馈机制的能力与极限” 的 45 分钟报告。2014 年在南非开普敦召开的第 19 届 IFAC 世界大会上，郭雷应邀就 “反馈机制能够对付多大的不确定性” 作了大会报告。这是他第二次应邀在 IFAC 世界大会上作大会报告，在国际上也极为少见。

## 四、建立多主体非平衡动态系统的同步理论

微观层面上具有局部相互作用的多自主体系统如何导致宏观层面上 “自组织” 的集体行为，这是复杂系统科学研究的一项基本任务。系统学家、控制学家、物

理学家、化学家、生物学家、计算机学家和数学家等曾从不同侧面进行过大量研究。2003 年美国工程院院士 S. Morse 教授等在假设系统的运动状态具有 “联合连通性” 条件下，对一类多自主体系统首次进行了初步理论分析，引起广泛关注。然而，多个体之间复杂非线性局部相互作用，使得如何克服 “联合连通性” 假设成为公认的理论难题。美国科学院院士 S. Smale(费尔兹奖得主) 与合作者在 2007 年发表于 *IEEE-TAC* 上的论文中，将局部相互作用修改为整体相互作用，但这样却改变了 “局部相互作用” 的本质特征。

2007 年，郭雷与唐共国针对一类最基本的具有局部相互作用的非线性非平衡多自主体系统，通过引进随机框架并深入分析随机几何图的谱隙性质以及随机非线性动态性质，首次克服了 “联合连通性” 这个瓶颈性难点，严格建立了这类大群体系统的同步理论。2012 年他与陈鸽、刘志新在 *SIAM J. Control and Optimization* 上发表的论文，进一步给出了群体同步的最小相互作用半径。该文因为 “卓越的质量和对整个 SIAM 领域潜在的重要性”，而被美国工业与应用数学会 (SIAM) 的旗舰刊物 *SIAM Review* 评选为 “SIGEST 论文”，于 2014 年在该刊上再次刊登，并在 2015 年 SIAM 的颁奖会上受到表彰。这是中国大陆学者首次获此殊荣，也是 *SIAM Review* 这个国际应用数学顶级刊物自 1959 年创刊以来，大陆学者独立发表的第一篇论文。

## 五、建立著名 PID 控制器的理论基础并给出具体设计方法

具有百余年历史的著名 “比例–积分–微分”(PID) 控制器，由于其结构简单、不依赖被控对象具体数学模型且鲁棒性强等突出优点，是迄今为止实际工程技术系统中应用最为广泛的控制器，例如，95% 以上的过程控制回路都是基于 PID 控制。此外，PID 控制器的影响已经远远超出自动控制领域自身，涉及科学技术领域中各种各样需要进行反馈调控的系统或对象。然而，长期以来在实际应用中，PID 控制器中三个关键参数的选择，一直都是基于局部线性化的模型或主要依赖设计者的个人经验或实验。因此，对于真正的非线性不确定性实际被控对象，近百年来在控制理论上一直缺乏严格的稳定性保证，也没有关于 PID 参数设计的具体理论指导。这是长期以来国际控制界没有解决的重大科学问题。

2017 年郭雷与赵成在这方面首次取得突破，他们针对由牛顿第二定律所描述的一般二阶非线性不确定系统，首次定量地给出了使得闭环系统全局稳定时，PID 控制器参数应当属于的三维无界开流形，建立了 PID 控制器的理论基础并给出了参数的设计方法。这一理论和方法不仅为工程技术中广泛应用的 PID 控制器提供

了理论基础，而且还为改进现有实际工程控制系统的性能以及设计新型控制系统，提供了必要的理论基础和具体的设计指导。这项最新成果，得到国内外同行的广泛认可和许多实际部门的高度重视。2017 年郭雷应邀在第 43 届 IEEE 工业电子学会年会上，曾就上述最新进展作大会报告，并于 2019 年在 SIAM 控制理论及应用国际会议上作大会报告。

## 3.11 成平研究员生平*

冯士雍 中国科学院数学与系统科学研究院

中国共产党优秀党员、原中国科学院系统科学研究所所长、我国杰出的统计学家、中国科学院数学与系统科学研究院研究员、博士生导师成平同志离开我们已整整十年了。成平先生是我们敬爱的老师、同事和朋友，他把自己的毕生精力无私地献给了祖国的数学、系统科学和统计科学事业，他的风范将永远激励年轻一代科研和教育工作者。我们将永远怀念他，永远铭记住他为祖国、为社会所做的贡献，他的音容笑貌也永远留在他的后辈、同事、学生和朋友的心中。

成平，原名成孟杰，男，汉族，1932 年 6 月 17 日诞生于湖南省宁乡县。他 1950 年从长沙清华中学毕业后，进入沈阳东北工学院 (现东北大学) 数学系学习，1952 年因院系调整转入东北人民大学 (即现在的吉林大学) 数学系。1954 年 8 月毕业分配至中国科学院数学研究所工作，1957 年受组织委派赴波兰科学院数学研究所学习，于 1961 年获波兰 Wroclawski 大学数学物理科学博士学位，同年回数学所工作。1965 年 7 月至 1968 年 7 月他被派往原七机部一院 705 所工作，任动力学研究室主任。1982 年 5 月任中国科学院系统科学所所长助理，1983 年 11 月起任系统科学所所长，一直连任至 1995 年 2 月，1997 年 7 月从中国科学院数学与系统科学研究院退休。

成平同志从小深受进步思想的影响。他高中就读的长沙清华中学是一所由清华校友在抗战时期清华大学在长沙遗留下来的校址基础上建立起来的学校，受共产党的影响较深。成平与其他进步同学一起组织了一个小组，其中有两位地下党员参与活动，其间他积极参加进步学生运动，并迎来了长沙的解放。1950 年在长沙清华中学，他第一批加入了中国新民主主义青年团。之后，他在政治上对自己一直严格要求，1956 年加入了中国共产党。在其后长达半个世纪的生涯中，他衷心拥护中

* 作者于 2005 年 11 月完成初稿，2015 年 12 月修改。

国共产党的领导，坚定共产主义信念，一切服从组织安排，始终保持了共产党员的先进性，是一名中国共产党的优秀党员。

成平同志从小喜欢数学，数理学科的成绩一直名列班级前茅。刚到数学研究所时，他参加了由华罗庚先生主持的数论导引讨论班，华老对学生的严格要求对他影响很深，使他终身受益匪浅。后来他转行概率统计的研究，当时与王寿仁、张里千二位先生一起参加由许宝騄先生主持的弱极限理论讨论班，成为我国概率统计学科的创始人和发起人之一。在波兰学习期间，他师从著名数学家 Steinhaus，主攻统计理论和质量控制。1961 年回国后，在数学所概率统计研究室主持统计判决方向的研究。他当时在《数学学报》发表的两篇论文结果被收集到西方出版的专著中，其中一篇的方法被国际著名统计学家 Lehmann 的名著《点估计理论》作为一个定理的证明而采用，称为 (Cheng) Ping 方法。在七机部工作期间，他从事导弹与卫星的总体及发动机的质量与可靠性工作，由他提出的某种型号发动机的长寿命实验方案，费用仅为苏联专家提出方案的二分之一，且具有很高的可靠性。几十年来，这种型号的发动机没发生过结构性故障。他的这项工作受到七机部及国防科工委的高度评价。20 世纪 80 年代后，他又从事过复杂系统的可靠性综合的研究，参与了一些可靠性实际项目，为我国可靠性理论和工程的发展做出了非常重要的开创性工作。

成平同志是中华人民共和国成立以来数理统计界最具影响的学术带头人之一。多年来，成平同志在统计理论研究，特别是在统计决策、统计大样本理论和统计应用等方面做出了非常出色且有影响的成果，在系统所建立和形成了全国闻名的统计学术团体。他在可容许估计方面彻底改进了 Karlin 定理，使之应用更广；提出了二次型估计的可容许问题，并进行了全面而系统的研究与刻画；在极大似然估计特别是非正则极大似然估计与渐近有效性、估计的各种优良性等方面获得了一系列开创性成果。不仅如此，他时刻注意国际统计学领域的发展方向，20 世纪 80 年代后，他在承担繁重的行政工作同时，积极从事和推动参数与半参数模型、投影寻踪 (projection pursuit) 方法等方面的研究，在回归函数的改良估计、估计的渐近有效性、回归函数和密度的投影寻踪逼近和估计方面，在稳健位置和散布阵估计、高维数据的统计推断及大样本理论、混合分布的推断与检验等国际统计主流方向上做出了突出而影响广泛的成果。他与其合作者在这方面的研究成果获得包括中国科学院自然科学二等奖在内的多项奖励。他发表论文及著作 100 余篇，国外同行对他的工作的普遍评价是 “富有创见和深度，难度很大”，赞誉他 “在担当如此重的行政工作的同时，能做出如此出色的研究工作，这在世界上也是罕见的”。他在理论上有敏锐的学术目光、宽广的基础，同时对统计应用也有独到的见解，他在可靠性小样本统计推断、质量控制、统计方法应用标准化等领域中都作出了重要贡献。他曾多次应邀访问美国、加拿大、法国、日本、朝鲜和中国港台等 10 多个国家和地区，曾在北京大学、中国科学技术大学、北京师范大学、吉林大学、华东师范大学、东北师范大学、南开大学等许多院校讲过学。

成平同志不仅注重统计的理论研究及实际应用，还特别重视人才培养。尤其是在“文化大革命”后，成平同志与其他同志一道，在艰苦的条件下，主持举办了多次系统的统计培训班与讨论班。从这些班上培养出来的许多学生现在在一些学校和单位的统计研究和教学岗位上正发挥着重要作用。成平同志对自己的学生要求极为严格，言传身教，他所培养指导的学生中绝大多数都具有很高的学术水平，目前活跃在国内外统计科学研究的前沿，成为本学科领域中的学术带头人和骨干，具有较高的知名度。

由于他的学术地位、影响和工作需要，成平同志承担了一些全国性的学术组织的大量工作，同时也长期承担了包括系统科学所所长在内的行政领导工作，为此他付出了极大的努力和心血。作为主要筹备者与负责人之一，他参与组织了 1975 年全国概率统计会议。这个会议是“文化大革命”中举行的数学界规模最大的一次会议。这次大会传达了胡耀邦同志对中国科学院工作的指示精神，反映了邓小平同志拨乱反正，排除“四人帮”的干扰的重要战略部署，因而它不单是一个学术性会议，而且具有很大的政治影响。成平同志还参与筹划于 1982 年成立的中国数学会概率统计学会，担任了第一任秘书长和第三任理事长。作为国内主要组织者之一，成平同志与国内其他单位统计工作者一起，发起并促成了中日统计研讨会、泛华统计学会统计科学研讨会以及海峡两岸统计与概率研讨会的召开，这些会议有些至今还在定期举办。他还积极参与了 1987 年中美统计会议及 1995 年在北京举行的国际统计学会 (ISI) 第 50 届大会的组织工作，为开辟我国与国际及海峡两岸的统计学的学术交流渠道作出了杰出贡献。除此以外，他还长期担任中国数学会、中国统计学会、中国现场统计研究会、中国工业与应用数学学会等学术团体的领导 (常务理事、副理事长或秘书长等)，以及第一届至第四届全国统计方法应用标准化技术委员会主任委员。他还是国际统计学会 (ISI) 当选委员，并在 1991—1995 年担任 ISI 的执行理事。他积极参与了《应用数学学报》《系统科学与数学》与《应用概率统计》等学术刊物的创办工作，担任过《数学的实践与认识》的主编。

1979 年 10 月中国科学院系统科学所成立。在首任所长关肇直领导下，系统科学研究所表现出强大的生命力与旺盛的创新力。但由于关先生不幸患病并过早去世，成平同志在 1983 年 11 月被任命为系统科学所第二任所长。从此，他身不由己地被推到领导岗位上。对成平同志来说，所长这个岗位既富有挑战性，更是一个严峻的考验。对于一个并不具有很高管理才能的他来说，长期担任所长真正是勉为其难，何况当时正值改革开放初期，中科院的体制改革尚未明确，研究所的运作及科研经费又极为紧张。但由于他的无私坦诚、办事公正、谦虚谨慎、克己奉公的优秀品质，成平同志得到所内大多数同志的支持及中国科学院领导的信任。在老一辈科学家的支持及领导班子其他同志的配合下，成平同志与全所广大员工一起，在三届长达 11 年的所长任内，克服多种困难，使得系统所有了很大的发展。在这期间，所里增加了多位院士，培养了一大批年轻有为的青年学术带头人，在全院及全国同类型研究单位中，系统所的状态绩效与水平始终处于前列，同时也为研究所的进一步发展奠定了坚实的基础。

成平同志无论在行政管理、学术组织还是科研工作中，都有很强的敬业精神，在各方面都严于律己，宽以待人，光明磊落。他对自己要求极为严格，更不以权谋私。他淡泊名利，从不计较个人得失，在涉及自己的职位、职称提升以及工资、住房等待遇方面，他不仅绝不开口，而且总是主动推让。他事事处处以国家和研究所的大局为重。他又坚持原则、实事求是、办事公道、无私无畏，有民主作风和自我批评精神。他在自传中谦虚地说："我没有做出特别突出的成绩，仅是做了一些力所能及的工作，尽到自己的一份责任，把事业放在心上，努力去做。我无所求，只求不追悔一生"，他又说："我的一生是平凡的一生，但是这平凡的一生与老师的培养、党的教育、同学同事的支持是分不开的。我衷心感谢他们。"这充分反映了成平同志的人生哲学：时刻想着事业，处处想到他人，很少想到自己家庭和本人。

成平同志身体一向不是很好，患有高血压、糖尿病及小脑萎缩等多种疾病，长期带病坚持工作，退休之后，才有时间锻炼身体。2005 年 2 月，经诊断患上胰腺癌，病情十分险恶，但他心态一直平和，泰然处之。在夫人柳芬女士及医生的精心护理和治疗下，平稳地走完了最后一段人生。终因癌细胞扩散，医治无效，于 11 月 24 日 7 时 25 分在北京安详地逝世，终年 73 岁。

成平先生，我们永远怀念您！

# 四 雪泥鸿爪

## 4.1 怀念我的老友关肇直*

吴文俊 中国科学院数学与系统科学研究院

11 月 12 日，著名数学家关肇直同志离开我们已整整五年。想起他，往事便历历如在眼前。

我与肇直初次相识是在 1947 年。当时，国民党政府通过考试派遣 40 名中法交换生去法国留学。我与其他 4 人去斯特拉斯堡大学，多数人留在巴黎，肇直名义上去瑞士学哲学，实际却来到巴黎大学读数学。斯城与巴黎相去甚远，来往不便。因此，我与他也就没有更多的交往机会。可不久发生的事却使我对肇直留下极其深刻的印象。

1948 年，分住在法国各地的这批交换生忽然受召来到巴黎，住进国民党驻法大使馆。我们领取的公费数额很少，住宿费占去了一多半，由此大家纷纷要求增加住宿津贴，在使馆带头与国民党人员交涉的就是关肇直! 记得那一天，大使馆人员扬言，要把为首者押解回国。并威胁说，你们该明白这意味着怎么一回事! 气氛异常紧张，可肇直不顾个人安危，义正词严与国民党代表据理力争。在众口一致的呼声下，国民党最终答应了要求。

这次虎穴交锋，团结了留法大部分同学，争取了使馆许多国民党人士，其中有些人在中华人民共和国成立前夕还易帜起义，这些与肇直的组织领导、善于斗争是分不开的。巴黎有个 "中国留学生同学会"，历来操在国民党掌心。经过肇直面对面地说理争论，同学会终于摆脱了国民党的控制。

肇直之举，开始很使我纳闷，以后我才知道，他是地下党员，是中共旅欧总部的委员。他来法留学，除了探索科学，追求真理，还肩负着党组织的特殊使命。一时间，我对这位年轻有为的热血青年油然而生一种钦佩和崇敬。他出身高级知识分子家庭，是个博览群书、才华横溢的读书君子。在同学会做过一些介绍现代数学的报告，熟练、缜密而清晰。像这样的好学之士自觉走上革命道路，实在是国民党腐败统治造成的。

1949 年秋，我从斯城来巴黎，本指望可常与他见面，可他却已整装准备回国。巴黎是世界数学中心之一，名流云集，人才荟萃。在此留学，易于深造，更不用说

---

* 原载于《科技日报》1987 年 11 月 27 日第 4 版。

名利地位了。有些人甚至为此节衣缩食，以备拮据之中拖延时日。肇直却主动放弃博士学位，毅然抛弃这种难得的机会。他听到中华人民共和国成立的号角，急切地返回报效母亲。送行之际，一位同志感叹地对我说："肇直胸襟博大，放得下，将来必成大器！"果然，往后的桩桩事实作了充分而有力的证明。

肇直回国后，在数学研究所负责党对业务方面的领导工作，国内关于发展数学的许多重要方针、措施，与他的指导思想息息相关。对于如何搞好科研工作，办好科研机构，肇直有着鲜明的主张。他在科研工作中提出了"要为祖国建设服务；要有理论创新；要发扬学术民主；要开展学术交流"的四条原则，并反复强调联系实际，重视科学发展的实际背景和物理背景以及研究课题的工程意义。他不仅提出了明确的主张，而且身体力行，除了与物理有关的激光理论、中子迁移方程、计算数学以及主要应用泛函分析理论与方法的创造性工作外，他还积极倡导现代控制理论同工程实际结合；提倡控制理论工作者同工程技术人员结合。在他的思想熏陶和亲自培养下，肇直主持的系统科学所形成了一支能征善战，既有理论修养又能结合实际的坚强队伍。他与同事和学生所做的大量理论研究与应用研究工作，在国际上具有显著特色，尤其在国防建设上所作的卓越贡献，获得海内外广泛的好评。为此，他荣获"全国科学大会奖""国家自然科学二等奖"以及国防科委、国防工办十多项科研奖。他常对我说，"正因为要与实际联系，才更需要加强理论的研究"。他早于国外若干年提出的"单调算子"理论概念，近年来已发展成为泛函分析的一个重要分支，这是肇直对纯数学的一项重要贡献!

肇直治学严谨，决不哗众取宠，对数学有着精深的修养。之所以如此，我以为他主要得力于两点：

一是他对马列主义有深刻的理解。肇直原先学的是哲学，对于历史上出现的各哲学流派有着丰富的见识。他对马列主义的经典哲学能从比较分析的角度加以融会贯通。在他的倡议下，数学所油印了恩格斯《自然辩证法》中有关数学历史的许多论述。中华人民共和国成立前，我国数学界忙忙碌碌于打基础补基础，"白首穷经食而不化"，因而在科研上一无所成的人比比皆是。我清楚地记得他作过这样恰当的比喻，科研犹如战争，要用在战争中学习战争的方法来锻炼自己、武装自己。一个将军如果脱离实际，只熟读孙子兵法而拘泥不化，很可能成为赵括和马谡。

二是他对数学历史有着广博全面的掌握。在他的丰富藏书中，有英、美、法、德及苏联学者的各种专著，还有我国李俨、钱宝琮的中算史以及中国《算经十书》等经典书籍。他挑选了一本斯特洛伊克的《数学简史》，在他的建议下于 1956 年翻译出版。肇直还为中译本作了长序，详细入微地叙述了它的优缺点并特别指出书中对我国古代数学成就缺乏认识之处。"文化大革命"初他组织人力分头翻译德国克来因所著《19 世纪数学发展史》的许多章节。这部名著现在看来对于现实仍有指导意义。

尽管他力倡理论与实际结合，但决不忽视数学内部因素产生的某些重要的纯理论的探索性研究，并付出了热心扶持青年的辛勤汗水。“文化大革命” 前夕，数学研究所的陈景润正在从事 “哥德巴赫猜想” 研究。所里对陈景润的文章应否发表意见不一。有些同志提出要持慎重态度。肇直却坚决主张发表。在他的支持和帮助下，陈景润的论文才得以在《科学纪录》上刊登 (当时只来得及写成一份只有简单叙述而无详细证明的简报)，后又在 1973 年第二期《中国科学》上发表。倘若没有那一分简报，陈景润的成绩实有湮没不彰的可能。

肇直在学生的培养上尽心竭力，没有丝毫保留。他最初的研究领域是泛函分析，除了如 “单调算子” 等一系列创造性工作外，还写了一本《泛函分析教程》，这是国内这方面最早的教本，通过它，泛函在全国范围内得到迅速普及，国内许多年轻的泛函工作者，都直接或间接受到他的影响与指点。后来，肇直为了国家的迫切需要转向控制论，在他的带动下，控制论在全国范围内蓬勃展开。他为了控制论及其应用的开展，不辞劳苦奔波于全国各地。一次从新疆讲学回来，他刚下飞机就赶到研究所，为他的研究生讲题。正是由于过度劳累，他一病不起。我再也见不到我多年的挚友，年轻一代再也聆听不到他的教诲，可是，他所遗留下的那一大笔宝贵的科学财富尤其是他关于数学发展的思想言论，不仅是激励我们前进的动力，而且是科学工作者钻研开拓的起点。他的优秀品德和诲人不倦的精神，时时使我得到启发和教益。我想，他生前一再重申的种种主张，倘若能在今后的科研工作中得到认真的贯彻和付诸实施，足可告慰肇直于九泉了。

## 4.2 不赞成搞难题，不赞成搞竞赛*

关肇直 中国科学院系统科学研究所

关肇直 (1919—1982)，广东省南海县 (现佛山市南海区) 人，数学家，系统与控制学家，中国科学院院士，中国现代控制理论的开拓者与传播人，中国科学院系统科学研究所的第一任所长。

关肇直 1941 年毕业于燕京大学数学系；1947 年赴法留学，师从大数学家、一般拓扑学和泛函分析的奠基人 M· 弗雷歇 (Frechet) 院士研究泛函分析；1949 年中华人民共和国成立，他中断学业，回到祖国，回国后即和别的同志一起协助郭沫若进行组建中国科学院的筹备工作；1952 年参加筹建中国科学院数学研究所的工作；1979 年参与中国科学院系统科学研究所的创建；1982 年 11 月 12 日在北京逝世。

关肇直一生致力于数学、控制科学和系统科学的研究和发展，从 20 世纪 60 年代开始，为了军工和航天等事业的发展，他投入到现代控制理论的研究、推广和应用工作，在人造卫星测轨、导弹制导、潜艇控制等项目中作出一系列重要贡献。

对从事中学数学教学工作的同志，我一直怀着很大的敬意，因为这项工作与很多方面都有关系。就是说，如果中学办得好，科学技术事业就有比较好的基础；反过来，中学如果搞得不好，青年时期没有打下好的基础，今后大学、科技阵线都上不去，这个道理其实大家都是很清楚的。国外的情况，这方面很突出的就是法国，他们对中学教师要求高，中学教师社会地位也高，中学基础就很好，他们的大学、科学技术就有比较好的基础。

因为自己脱离中学教学很久了，青年时期曾做过短时期的中学教师，这些年来，

---

* 文章来源《和乐数学》，2018 年 11 月 30 日，链接为 https://mp.weixin.qq.com/s?__biz=MzI2NjE0MTY0MA==&mid=2652715376&idx=3&sn=2a6c1c3b98ca23c1e5dd7a9f9b4762a6&chksm=f17b33d7c60cbac1dbf4c101187f18d042c8f6c3c3e110b8e7900e99bce6dd3296a04f1fea11&mpshare=1&scene=1&srcid=12016ZIUEMOzbsW4tN8z5kP3#rd。

特别是中华人民共和国成立后，主要担任科研工作，有时也在大学兼点课，所以离开中学教学较远，现在来谈，也不可能谈中学教学本身，主要是谈一下从四个现代化看中学数学教学，为同志们教学提供一点背景材料，就是说，在 20 世纪 80 年代，我们怎样看数学这门科学，从而再回过头来看应该怎样看数学教学。

我们当前主要任务是实现四个现代化，因此，我准备谈下面一些问题。首先谈在四个现代化里，科学技术起什么作用；其次谈在现代科学技术里，数学起什么作用；最后谈当前数学发展的一些特点。希望从这些角度，提供一点背景材料，使大家在从事中学教学过程中，了解数学当前处在什么地位，起什么作用。党中央粉碎“四人帮”后，实现工作重心转移，搞四个现代化，这是举国上下都非常兴奋的大事，是一个伟大的目标。中央负责同志谈，在四化中科学技术现代化是关键。实现四个现代化，当然要付出很大的劳动，但不是单纯凭劳动力就能换取的。四化包括丰富的内容，大家拼命干、不睡觉、不休息，需要有这种忘我的劳动精神，但光靠提高劳动强度或增加劳动时间，不见得能够实现四化。比方说，在工农业生产上，加班加点，固然数量上可能有一定的增加，但增加的幅度是很有限的，如果科学技术有一些发明创造，并应用到工农业生产中去，那么，生产产值将是多少倍的增加，我们大家很容易认识到这个问题。在资本主义社会刚刚兴起的时候，由于工业采用了大机器生产，生产成倍增加，财富好像泉水从地里涌现出来，如果我们四化搞好，工农业生产蓬勃发展，将起一个质的变化，提高程度不是增加百分之几的问题，而是能很大幅度地上升。所以，关键还是要靠科学技术的现代化。另外还有一种系统管理科学。如果管理得好，可使生产效率增加很多。我们原来是半封建半殖民地的国家，虽然搞了三十年，毕竟有很多干扰，特别是林彪、“四人帮”的破坏，使我们有很多地方没有做好。像系统科学管理，还刚刚在抓。前几天《人民日报》登了一篇文章，提到在各工厂推广质量控制、质量管理，在生产上起了相当大的作用。这只是具体的技术改进、新的发明创造等，如果推广系统管理整套科学办法，生产可以比较大幅度地上去。所以对于四个现代化，科学技术现代化是关键。这是工农业生产方面。

在国防方面，一个国家要用外国的武器，总有很大的局限性。在现代战争里，一种新武器出现，出其不意往往可以起很大的作用；等到你的武器比较老了，人家又知道它的性能，就可以发明新的武器来对付你。近年来一些工业发达国家在做国防竞赛。如果你用的是外国买来的武器，就没有保守秘密可言，人家知道武器性能想办法破坏是很容易的。所以在国防方面，更需要建立在自己的科学技术基础上，把自己的发明创造用到国防上去，只有外国人不知道，这种武器才能发挥较大的作用。这是国防现代化，它必须建立在自己科学现代化基础上。所以，四个现代化中，科学技术现代化是关键。

下面谈一下，数学在科学技术现代化中的作用。数学是一个很古老的学科，有几千年的历史。数学有广泛的应用，比如我们离不开算账，离不开写数字，无论搞什么生产总要有些数字，进行加、减、乘、除运算，只从简单的数量关系看数学的重要是很不够的。例如，我们一谈到人口增长总是说，每年出生率多少，死亡率多少，那么一减就可以知道我们人口增长的情况。其实这种算法是错误的，因为人口增长是变化的，用现代数学语言叫做动态的，人是不断地生，生的多少跟原来基数又有关系，死亡也是这样，不是简单的加、减、乘、除运算，而是用一个比较复杂的微分方程来描述。最近七机部一位同志，做了一些这方面的工作。用偏微分方程描述人口增长情况，从公安部门要到一些数据，在计算机上进行了计算，然后画出好多曲线，人口增长的情况就非常清楚，几十年后人口总额多少，按年龄的人口分布密度呈现什么状态，每家只生一个孩子如何，每家只生两个孩子如何，很有说服力。所以，这引起国家很多部门的重视。我们谈数学在科学技术中的地位，远远不只是加、减、乘、除的用处。

我们讲数学的作用，首先引用恩格斯的一段话。恩格斯在《自然辩证法》里说："数学的应用：在固体力学中是绝对的，在气体力学中是近似的，在液体力学中已经比较困难了；在物理学中多半是尝试性的和相对的；在化学中是最简单的一次方程式；在生物学中 =0。" 这虽然符合一百年前的情况，但是数学的应用并非永远如此，今天已经不是这个情况了。在生物学中，很多都牵涉到一种周期性的运动，如脉搏、心脏跳动、血液循环等，在数学上用一种非线性方程组来描述，研究它的定量变化，就是用数学上周期解的出现、周期解的保持，来研究生物界这种现象。也就是近年来生物学已经从定性的研究走向定量的研究，应用的数学是比较高深的数学，是数学家手中正在发展中的数学。生物学是这样，化学也是这样，其他学科更是如此。再比如化学工业，过去认为化学工业不大用数学，近年来发生很大变化。用数学来定量研究化学反应，是把参加反应的物质浓度、温度等作为一个变量。它的变化规律用微分方程或偏微分方程来描述，研究化学反应就要了解这些方程有几个稳定解、稳定解的条件等，这些问题都属于发展中的数学。这说明化学工业不仅要用到数学，而且还用到前沿上的数学。这样就带来一个新的问题，过去念大学化学工业系只学点微积分，数学就够用了，现在不同了。去年有位搞化学工业的同志写了一篇文章，用了稍微深一点的数学。这篇稿子在化工界没人审，后来转到我这里。这说明过去化工界不太了解数学，现在要求懂数学。因此，现代很多学科都加上"数学""数理""计算"等词，如数学生态学、数理地震学、计算水力学，就是把数学的方法、计算的方法用到各门科学中去。现代数学发展的一个趋向就是各门科学都在经历着数学化的过程。丹麦有个国家水利研究所，所长是荷兰人，号称计算水利之父，就是第一个把计算的方法应用到水利中去的人。他们在海洋中作些实测, 收集数据, 然后把这些问题用数学的方程描述出来, 再把数据代进去在计算机上进行计算, 将计算机的结果与实际观察结果对比, 直到符合为止, 说明数学的描述已经可靠, 这样再交付实际使用。他们研究的问题, 包括很多方面, 比如海上风暴、水源污染、港口设计等, 凡是有关海洋的问题, 不仅作定性的研究, 而且作定量的研究。研究的过程就是用数学的方程描述出来, 把数据放进计算机求出解来, 然后再与实际观测的结果对比验证, 进而为实际服务。这里不仅用到数学, 而且用到很深的数学。

当前国外有一种提法: 现代各门科学技术正在经历着数学化的过程。用我们的语言, 就是量变跟质变的相互转化, 用更确切的话, 就是恩格斯在《自然辩证法》中写的, 在自然界中, 质的变化, 只有通过物质或运动的量的增加或减少才能发生。“没有物质或运动的增加或减少, 即没有有关的物体的量的变化, 是不可能改变这个物质的质的。” 这说明量变跟质变的相互转化, 要认识质, 必须通过量的变化来认识。所以研究各门科学都要定量地来研究, 各门科学, 发展到一定程度都得要求定量地研究, 所以有的学科用数学较早, 如力学, 有的学科用数学较晚, 如生物学, 但迟早要用到, 否则不能获得深刻的认识。正如马克思早就指出过的那样, “一种科学只有在成功地运用数学时, 才算达到真正完善的地步”。也就是四化中科学技术是关键, 在科技中数学又占据非常突出的地位。因此, 数学很重要, 它对各门科学技术都有关系, 数学教育抓得好坏, 将影响到各门科学技术的发展。

计算机科学的广泛应用也是当前数学发展的一个趋向。数学在各门科学技术中的作用越来越大，原因很多，其中之一是各门科学本身发展得越来越成熟，另一个原因是电子计算机的出现。电子计算机首先是一个计算工具, 但我反对把计算机只看成一个算盘, 它远远不止一个算盘的作用, 电子计算机具有大存储、高速度的特点, 比如一个工程的设计, 过去需要几年, 甚至更长的时间。现在用计算机, 只用几天或几小时就可以算出来。有些问题从过去的不可能变为可能。计算机还是一个实验的工具。过去认为数学不是实验的科学, 有了电子计算就不同了。很复杂的方程从理论上研究比较困难, 但是可以利用电子计算机进行数值求解, 然后把解画到图上, 拍成电影, 用静态的图把全过程反映出来, 就等于在计算机上做实验。计算机所起的实验作用, 是数学家发现真理的实验工具, 正同生物学家用显微镜、天文学家用望远镜一样, 数学家用电子计算机来发现事实, 然后再进行理论上的分析。电子计算机的另一个作用是可以进行工程上的仿真。向月球发射卫星, 如阿波罗号的对接, 那样远距离, 精度要求特别高, 当然可以制造出来, 放到天上去试验, 失败了再重来。但失败一次损失特别大, 一般来说, 就是搞工程上的仿真, 把实验搞成很多运动方程, 让计算机进行计算, 虽然给计算机排几个程序, 进行几天计算要花很多钱, 但比起卫星放到天上失败的损失那要节省得多, 而且有些如军事上也不可能, 有些时间上也不允许。因此, 计算机可以帮助人们搞仿真实验, 这样可以大大缩短研制周期, 节省人力、物力。

计算机还有一个作用就是可用来完成数学上的证明, 它影响着纯数学的发展。例如, 把复杂的四色问题, 化成很多很多小的命题, 然后放进计算机, 逐个进行验证, 最后得到证明, 这个问题的解决, 为纯数学研究开辟了一个新的远景, 人们可以借助电子计算机的帮助, 证明数学命题, 使得数学家从证明定理中解放出来, 把精力转向发展定理、创造定理上去。因此, 电子计算机的出现和发展, 对数学本身结构的改革, 将起着特殊的作用。总之, 各门科学正在经历着数学化的过程, 数学影响着整个科学技术; 计算机又影响着数学的发展, 给数学提供了计算的工具、实验的工具、仿真的工具、证明的工具。这样, 计算机的发展改变着数学的面貌。

最后谈一下中学数学教学改革的问题, 我总的体会是从四化看科技, 科技是四化中的关键, 再从科技现代化看数学, 数学起的作用很大, 因此数学教育就很重要。我认为数学不光是少数数学家的数学, 我们报纸上一宣传就是哥德巴赫猜想问题, 我不反对有少数人钻研这种问题, 钻研出来为国争光, 但这种问题不是数学的一切。中学数学教育是培养各方面人才的, 是适应各种岗位的需要的。有的搞工程技术, 有的搞社会科学。但各门科学都在经历着数学化的过程, 都要用到数学, 我们打下的基础不是专为让他当数学家的。因为各行各业上百上千, 数学只是其中一行, 数学里纯数学又有种种, 哥德巴赫猜想只是其中的一个问题, 中国有那么几个人去搞就不错了, 美国就没有人去搞。我们培养的人, 不是都去搞这个, 我不赞成像现在这种搞法, 搞数学竞赛, 考难题, 心目中想的将来搞哥德巴赫猜想, 攀登高峰。我讲不出具体的意见来, 总的意见是我们中学数学教育不光是为培养数学家打基础, 更不是光培养纯数学家, 或为做难题的数学打基础, 而应面向广大的科学技术人员, 是要着眼于提高全民族的科学文化水平的。还有一个问题要跟青年讲清楚, 搞科学的也跟工人、农民的劳动一样, 是多数人的工作, 是个集体的事业, 是种辛苦的劳动。由于我们国家科学落后, 一些人总是想, 搞科学的那就是当发明家, 有种浪漫的想法, 因此, 陈景润的事迹在报上一登之后, 就有很多人来信, 说他已经把哥德巴赫猜想问题证出来了。人们不是下苦功夫踏踏实实地工作。去年福建省数学竞赛发奖大会, 让我到会去讲讲, 我说大家得奖是好事, 但不能高兴得太早。竞赛得奖的人离科学技术高峰的路还远得很, 并不是做几个难题, 将来就成为数学家了。根本不是那么容易的事。我想中学数学教学还是要踏踏实实地打好基础, 不是去追求做难题, 当然难题在一定程度上表现一个人的才能, 但不是唯一的办法。

数学的发明创造有种种, 我认为至少有三种: 一种是解决了经典的难题, 是一种很了不起的工作；一种是提出一种新概念、新方法、新理论，实际上历史上起更大作用的、历史上著名的是这种人；还有一种就是把原来的理论用在崭新的领域，这是从应用的角度有一个很大的发明创造。所以数学上发明创造种种, 不能像有的人传奇式的说法, 使青年人想入非非, 路子走偏, 这点要告诉青年人, 把精力放到主要的地方, 我觉得要把中学基础搞好。不赞成搞难题, 不赞成搞竞赛。我以上谈的只是提供点背景材料供教学参考。

## 4.3 最忆八十年代初，一时三杰关吴许

李邦河 中国科学院数学与系统科学研究院

一九七八年，在听了我提助理研究员的答辩后，万哲先老师认为我已达到副研究员水平，应直接提升为副研究员。他的意见得到吴文俊老师和关肇直老师的支持，但遭到所学术委员会的否决。我产生了离开数学所的想法，得到吴文俊老师的支持。于是，我以考上华罗庚老师的研究生的方式，来到应用数学推广办公室。时任应用数学推广办公室研究员的秦元勋老师对我非常热情，说我不仅数学考得很好，连政治都考九十一分。

在应用数学推广办公室约半年后，我去吴老师家，吴老师高兴地告诉我，他和关老师正在准备成立系统科学所，让我先回到数学所来。经批准，我又回到数学所。吴老师曾写信给严济慈副院长，介绍我的情况，希望破格提拔。严副院长召见我、鼓励我。我回所后，新任的党委书记胡凡夫对关老师和吴老师的意见很重视，所里发函给夏道行教授、王柔怀教授等征求对我提副研究员的意见，得到他们的支持后，数学所学术委员会通过了对我的提升。《光明日报》1979 年 12 月 19 日登了吴老师和我在一起的照片。

青年科学工作者李邦河
破格提升为副研究员

中国科学院数学研究所一九六五年大学毕业生李邦河（右），最近被提升为副研究员。

李邦河在广义函数、非标准分析和偏微分方程的研究成果，引起了国内外的重视。他的题为《非标准分析与广义函数的乘法》的论文发表后，十多个国家的科学家来信表示赞扬。我国著名数学家吴文俊（左）认为李邦河的研究“是一项国际水平的工作”、“显示出了稀有的才能”。

新华社记者 杨武敏摄

1979.12.19《光明日报》

日内瓦大学的 Haefliger 教授访华时，请吴老师推荐两位访问学者，吴推荐了

我。我在 1980 年 9 月到了日内瓦大学数学系。1981 年，我应 Reeb 教授邀请访问法国斯特拉斯堡大学，作了非标准分析方面的报告。Reeb 教授是吴老师留法期间的研究生同学，他俩的博士论文合为一本书出版。此时他是法国非标准分析学派的领袖。访法后，我写信给关肇直老师，告诉他法国非标准分析学派的情况。关老师在病中给我回信：

邦河同志：

很高兴收到你十一月份的信，借以深知你的工作与学术活动和国外对非标准分析看法的情况。科学上只要是符合客观真理的东西，在它初降生时可能不为人所理解，或甚至遭到一些人的非议，但迟早会受到大家的承认。Reeb 是否即早年与吴文俊同志合作写书的那位？你说 Springer Lecture Notes 的那本书，不知这里到了没有。的确应有一本为数学工作者容易接受的书在国内普及一下。模糊数学在国内总算热闹起来，出版了专门杂志，而“非标”则还未受到应有重视。等你回来，能带几个青年人搞一下，就好了。

钟开莱来京时曾和我谈起约你去谈天，他说谈得很好。我所将聘他做名誉学术委员。他是一位正派的学者，对我们国内的一些不良现象敢于正面提出批评。我们不但要团结国内的正派的有见地的学者，也要团结国外的正派的有见地的学者，并且靠我们自己的科研工作，在国际上站住脚。这样就不怕那些自己不搞学问又专门搞小动作的人了。科学毕竟是科学，诽谤与手段终归要失败的。

你下一步的计划如何？将何时回来？分所前出去的同志们已有不少回来了。王晶华 (王靖华) 已正式来我们所，万哲先同志等也坚持要来。另外，明年将会有几位同志出去进修和工作。

我身体一直尚未恢复，心情很焦急。我们所出版了一个学报类型的期刊《系统科学与数学》，不知你看到没有？我们已与国外一些单位建立了联系和交换关系，你如有文章，可以寄吴文俊同志或我刊登在这个刊物上。武汉数学物理所办了《数学物理学报》，北大承办了《数学进展》，过去学术刊物为某些人垄断的情况已一去不复返。

余另叙，此致

敬礼

关肇直

81/12/11

中国科学院系统科学研究所

中国科学院系统科学研究所

从信中可以看出，关老师对新成立的系统所的大好形势非常兴奋。这充分证明了他作为一代数学领袖之一的感召力、亲和力和凝聚力。20 世纪 80 年代初，以他为所长，吴文俊老师和许国志老师为副所长的系统所聚集了一大批数学精英，兵强马壮。他在信中对我也寄予殷切的期望：能在国内把非标准分析开展起来。

关肇直老师是卓越的数学哲学家和数学战略家。在 70 年代，隔一段时间我就去他家拜访一次，向他请教并探讨数学发展的历史和趋向。有一次在谈到微积分应该有新的飞跃时，他告诉我，有一个叫非标准分析的新发现与我的想法很契合，并告诉我一篇非标准分析的文章可以作为入门来学习。紧接着我开始学习这篇文章。用了 1974 年 9 月的整整一个月，学懂了这篇 45 页文章的前 30 页。接着，我开始学习非标准分析创始人 Robinson 的一篇文章，并把他的结果推进。紧接着，在开始研究非标准分析和广义函数的关系时，发现必须查阅 Robinson 的原著，而在图书馆借阅这本书时，知道这书已被吴文俊老师借走。原来吴老师也受关老师影响，对非标准分析感兴趣。我从吴老师手中借来这本书，把关于广义函数的一章抄了下来。不久，我又写了一篇关于非标准分析与广义函数乘法的文章。当我把两篇文章送给关老师看时，关老师非常高兴。说第一篇比较偏代数，第二篇关于广义函数乘法的更重要。当我告诉他这两篇文章已被吴老师推荐到《数学学报》时，他说第二篇应推荐到《中国科学》。他请吴是静从《数学学报》把第二篇要回来，推荐到《中国科学》。

当美国加州大学伯克利分校的一位教授要提特级教授时，该校当局来函请我对他的工作和提升发表意见。我的英语很差，是关老师帮我完成了回函。我始终牢记关老师的嘱托，立志要把非标准分析搞好。80 年代初，系统所基础室每月有一次学术讨论会，吴老师也来参加。我多次报告在非标准分析方面的研究成果，吴老师觉得这些说明非标准分析很有威力，但还不足以说明非学非标准不可。要让非标准分析成为很多数学家必须学习掌握的工具，是我一生追求的目标之一。最近，我用非标准分析给出了 Schubert 的书《计数几何演算法》(这是 Hilbert 第十五问题要求必须理解的书) 中的一个定理的证明的严格化，而百余年来没有人能用别的方法给出它的严格化。这或许是一缕曙光。

我和许国志老师，则除了数学，还谈诗词。许老师是运筹学名家，中关村诗社公认的诗词大家。1997 年他通过李冬送我一封信，信中写道：

邦河同志：

春节谈诗后，久思吟赠。今成两绝，录博一粲！

许国志

九七年三月十六日

### 赠李邦河

其一

换酒常思典旧裘，诗成每爱诵无休。
疏狂不减当年态，笑觉精神老更遒。

其二

此生从未叹蹉跎，不信儒冠误我多。
弹指相逢三十载，漫吟两绝赠邦河。

邦河同志：

春节谈诗欢，久思吟赠，今成两绝，聊博一粲！ 许国志

九七年三月十六日

赠李邦河

其一

换酒常思典旧裘，诗心多发询无休。疏狂不减当年态，笑觉精神老更遒。

其二

此生从未叹蹉跎，不信儒冠误我多。弹指相逢三十载，漫吟两绝赠邦河。

接到许老师的信 (信中还附有他签了名的照片)，我立即请李冬转交回信如下：

**许公：**

**蒙赠诗两首，昨日得之，甚喜。公之豪情、才情、友情，跃然纸上。一时无能以满意之作奉还，仅以以下四句作为向您打的欠条，可否？**

**邦河**

**九七，三月二十日**

**蒙公赠诗情无限，愧无才思立奉还。**
**三十年来如烟事，容待日后漫评谈？**

据李冬说，许老师接信后非常高兴：说是欠条，实是好诗。同年 5 月 26 日，我又托李冬转交一信：

**许公：**

今日下午喜遇公于所大楼门口，知公对赠诗又有推敲，心潮澎湃，逐得四句回赠。

诗词纵横正且奇，帷幄运筹实复虚。
最忆八十年代初，一时三杰关吴许！

邦河
1997.5.26

许公：

蒙赠诗两首，昨日得之，甚喜。公之豪情、才情、友情，跃然纸上。一时无能以满意之作奉还，仅以以下四句作为向您打的欠条，可否？

邦河

九七，四月二十日

蒙公赠诗情无限，
愧无才思立奉还。
三四十年来如烟事，
容待日后漫评谈？

许公：

今日下午喜遇公于所大楼门口，知公对赠诗又有推敲，心潮澎湃，逐得四句回赠。

诗词纵横正且奇，
帷幄运筹实复虚。
最忆八十年代初，
一时三杰关吴许！

邦河
1997.5.26

值此系统所成立四十年之际，谨以此文，缅怀开所三元老，时代的英雄：关、吴、许。

## 4.4 缅怀吴老师对我的教导和提携*

李邦河 中国科学院数学与系统科学研究院

在敬爱的吴老师离我们而去之际，思绪万千，清晰地浮现出他身着风衣，风度翩翩地登上讲台的情景。

他的微积分课的开场白就是：微积分是初等数学与高等数学的分水岭。而在第二堂课讲强区间套定理 (一列区间套，若区间长度趋于零，则所有区间的交集为一个点) 时，我就碰到理解上的困难。课后赶紧问吴老师。经他一点拨，我脑子中立即出现了无穷多个区间，开始动起来，收缩于一点的图景，体验了从初等数学的有限和静止，跨过分水岭，到达高等数学的无穷和运动的喜悦。

1963 年吴老师在给我们讲学习方法时，在黑板上写了十二个字：提出问题，分析问题，解决问题。而且说一个好的问题的提出，等于解决了问题的一半。

我牢记着吴老师的话，逐渐体会到，这不仅是学习方法，也是研究方法。在写大学毕业论文时，我在岳景中老师指引的方向上，自己提问题，做出了一些成果，被岳老师推荐到《数学学报》发表。1976 年，美国数学家代表团访华时，我正在下放劳动，吴老师叫我去向代表团中著名的拓扑学家 Brown 介绍我的这个工作。为此，在美国代表团的报告中有一句话：在微分拓扑方面有一些工作，因“文化大革命”而未发表。1966 年，在 James 和 Thomas 的文章中，有与我一样的一个结果，后被人称为 James-Thomas 定理。

分专业前，王启明同学向吴老师推荐我到几何拓扑专业，他写信的事与我讨论过。为此，在毕业前夕的“清理思想”运动中，我被批“靠拢资产阶级知识分子”。但毕竟有吴老师的权威，我还是被分配到了数学所。

1978 年，在听了我提助理研究员的答辩后，万哲先老师认为我已够副研究员资格。他的意见得到吴老师和关肇直老师的支持。为此，吴老师给院领导写了信。在得到院领导的支持后，数学所发函给夏道行、王柔怀等专家征求意见。王老师转达了林龙威老师对我关于激波条数可以不可数的结论的质疑。我于是针对林老师由激波条数可数，推出实轴上激波起点集合测度为零的定理，给出反例。林老师不仅肯定了我的反例，还进一步提出很大胆的一个问题：实轴上激波起点是否可以形

* 追思会发言：中国科学院数学与系统科学研究院李邦河院士，2017.5.14。

成全测度集? 直至 1999 年，我才肯定了这个问题，林老师非常高兴。

1979 年底，数学所学术委员会通过了对我的提升。1980 年，日内瓦大学的 Haefliger 教授访华，说有带资助的访问学者名额。吴老师推荐了我。我写给 Haefliger 的信，请吴老师把关，他说："原来你的英语不怎样啊！" 是啊，正是吴老师的关怀，使得我这个英语不怎么样的学生，轻松踏出国门。

1985 年，在新加坡有一个国际拓扑大会，邀请吴老师作一小时大会报告。吴老师推荐我代替他，于是我成了大会报告人，得以向 Kevaire, Thomas 等名家介绍成果。在讲到纠正了 Hirsh, Wall 等名家的错误时，Thomas 站起来问，有没有发现他的错误。后来，吴老师为推荐我得陈省身奖，还征询过 Kevaire 和 Thomas 的意见。

改革开放初期，中关村只有几家公司，其中的一家找到我，要资助成立私营的研究中心。我告诉吴老师，他很高兴。于是由吴老师、万哲先老师、丁夏畦老师、许国志老师和我组成中心。吴老师提出，中心的主要任务是，搞一个 Bourbaki 讨论班式的全国性的讨论班。经讨论，根据吴老师对中国古代数学史的精湛研究，就有了刘徽数学中心和刘徽数学讨论班的定名。

1985 年 10 月 4 日至 13 日，刘徽讨论班在老楼 415 房间开张，共有 15 名报告人。请的报告人完全符合吴老师的思想，既有潮流中的，也有反潮流的。听众来自全国各地，济济一堂。吴老师每个报告必到，与报告人和听众互动，十分开心，气氛很活跃。

1988 年底，安徽科学技术出版社出版了吴老师主编的刘徽数学讨论班报告集:《现代数学新进展》。收入了 14 个报告，印数 2000 本。吴老师写的序言长达 10 页，肯定是他花了很多时间精心写成的力作。吴老师文采飞扬，该序言读来令人信服和感动，学习 Bourbaki 复兴法国数学的精神、复兴中国数学的雄心壮志和宏伟目标，跃然纸上。这是我读过的数学方面务虚的文章中，最令我倾倒，且具历史意义的杰作。

为了感谢公司的资助，吴老师还在百忙中出席了公司在人民大会堂的开张发布会。不幸的是，公司很快就不行了。我和李雅卿跑公司不知多少次，最后以一张九千元的支票了结。

我的得力助手是吴老师的学生王东明。王东明出国后，虽然客观上是财力人力不足，但主观上还是怪我自己努力不够，没能延续刘徽讨论班。以后我多次重读吴老师的序言，惊叹之余，逐渐感到辜负了他对我的无言的期望：辅佐他实现办好一个 Bourbaki 式的讨论班的宏愿。对此，我深感遗憾。

我永远感激吴老师对我的教导、知遇、提携之恩。我要继承吴老师的遗志，为复兴中国数学奋斗终生!

# 4.5 吴文俊对拓扑学的伟大贡献*

李邦河 中国科学院数学与系统科学研究院

## 一、示性类的划时代者

### 1. 破解“难学”的奇才

向量丛的模 2 示性类几乎同时由 Whitney 和 Stiefel 在 1935 年独立引进，故名为 Stiefel-Whithey 示性类。

代数拓扑学，是公认的难以学懂、更难以做出成果的一门学问，因此被戏称为“难学”。有一个小插曲 —— 在凤凰电视台的《李敖有话说》节目中，文学家李敖说：听说有一门学问叫拓扑学，非常难学。

示性类理论，作为拓扑学中妙不可言的精品，自然更是“难学”中的“难学”。1940 年，Whitney 发表了 Stiefel-Whithey 示性类的乘法公式的文章。因为证明极为复杂，没有全部刊出，故在论文发表后，他仍不得不保留详细的原稿。而吴文俊，在 1947 年，在学习和研究拓扑学不到一年之后，即给出了这一公式的较为简短的证明，全文发表在顶尖杂志 *Annals of Mathematics* 上。据项武忠说，Whitney 于是认为，从此他的手稿可以不必保留了。

闻此，国内外同行无不啧啧称奇：吴文俊，真奇才也!

### 2. 吴示性类和第一吴公式

吴示性类定义如下：设 $M$ 是 $n$ 维的紧致无边微分流形，则对任意 $i=0,1,\cdots,n$，存在上同调类 $V_i\in H^i(M,Z_2)$，使对任意 $X\in H^{n-i}(M,Z_2)$，

$$V_iX=Sq^iX,$$

这里 $Sq^i$ 是 Steenrod $i$-平方运算，而 $V_i$ 就是第 $i$ 个吴示性类，简称吴类。

令

---

* 转载自《吴文俊与中国数学》，2010 年 4 月，八方文化创作室。

$$Sq = Sq^0 + Sq^1 + \cdots,$$
$$V = 1 + V_1 + \cdots + V_n,$$
$$W = 1 + W_1 + \cdots + W_n,$$

这里 $W_i$ 是 $M$ 的切丛的第 $i$ 个 Stiefel-Whithey 示性类，则有

第一吴公式：$W = SqV$。

这一公式的重要意义在于：① 揭开了笼罩在 Stiefel-Whithey 示性类头上神秘的面纱，使它们变得极易计算。② Stiefel-Whithey 示性类的拓扑不变性，曾是当时的拓扑学家关注的问题。而该公式则轻而易举地揭示了，它们不仅是拓扑不变的，而且还是同伦不变的。

3. 第二吴公式

年轻的吴文俊在示性类上的卓越贡献引来了大数学家 Weil 的青睐。他告诉吴文俊：Grassmann 流形上的 Steenrod 运算还没有算出。Weil 果然慧眼识英雄：精通 Steenrod 运算的吴文俊，正是完成此项任务的最佳人选。经过在咖啡馆里一个月的艰难而又充满智慧和快乐的奋战，吴文俊得到著名的第二吴公式

$$Sq^k W_m = W_k W_m + \begin{pmatrix} k-m \\ 1 \end{pmatrix} W_{k-1} W_{m+1} + \cdots + \begin{pmatrix} k-m \\ k \end{pmatrix} W_0 W_{m+k},$$

这里的 $W_1$ 经向量从的分类映射被拉回到底空间的上同调群里，就成为该丛的第 $i$ 个 Stiefel-Whithey 示性类。1956 年 Dold 证明，这一公式给出了 Stiefefl-Whithey 示性类之间所有可能的关系。

4. 如上所说，Steenrod 运算与示性类关系极为密切，而精通这两者的吴不仅对示性类功勋卓著，在 Steenrod 运算上也留下了历史的印记。正如 Cartan 指出的，在 Steenrod 运算的公里化定义中的一条公理 ——Cartan 公式，是吴文俊向他建议的。

5. Pontrjagin 示性类

1942 年 Pontriagin 引进了一类整系数的示性类，其论文用俄文发表，在苏联之外，少有人懂。吴文俊以他独到的敏锐观察，认识到这些示性类的重要性。于是，没有学过俄文的他，硬是借助语法书和词典，弄懂了 Pontrjagin 的文章，并介绍给同窗好友 Thom，成为 Thom 研究协边理论的有力武器。

而吴文俊自己对 Pontrjagin 示性类的贡献更是多方面的。

首先，也是最重要的是，他证明了 Pontrjagin 示性类可由陈省身在 1946 年引进的 Chern 示性类导出。后来，他得到的这一关系式就成为了 Pontrjagin 示性类的定义。

其次是他在 1950 年代初从法国回国后发表了一系列论 Pontrjagin 示性类的雄文，不仅证明了它们模 3 和模 4 的拓扑不变性，还引领了对这一神秘的示性类的拓扑不变或非拓扑不变的进一步研究。

此外，他关于四维定向流的 Pontrjagin 示性类是符号差的三倍的猜想，对后世数学的发展，影响非常深远，成为 Hirzebruch 的符号差定理和 Atiyah-Singer 指算定理的源头。

6. 示性类的定名者

Stiefel-Whithey 示性类，Pontrjagin 示性类，Chern 示性类，这些示性类是由谁命名的呢？其命名者就是吴文俊！而且一经吴命名后，它们的名字就被定下来了，再也没有变过。这充分反映了吴文俊在示性类领域的权威地位。

7. 示性类的分水岭

在吴文俊关于示性类的工作之前，示性类之间的关系不清，计算极为困难，迷雾重重；在他的工作之后，则雾散日出，关系昭然若揭，且易于计算。因此，他的工作是分水岭，是对示性类的划时代贡献。

## 二、独创的示嵌类、示浸类、示痕类

吴文俊在微分流形和复合形的嵌入理论方面是一位承上启下的领袖。

(1) 对复合形，独创地运用 Smith 周期变换定理于复合形的 $p$ 重约化积，定义了示嵌类、示浸类、示痕类，并且用这些类给出了，$n$ 维复形可嵌入于 $R^{2n}(n>1)$，可浸入于 $R^{2n}(n>3)$ 的充分且必要的条件，以及 $n$ 维复形在 $R^{2n+1}(n>1)$ 中的两个嵌入同痕的充要条件。

(2) 1 维复形在平面中的嵌入问题属于图论的范畴，需要特别处理。他完全解决了这一问题，使经典的著名的 Karatowski 不可嵌入定理成为其特例。有趣的是，这是吴在“文化大革命”期间，数学所在阅览室开的批判会上，顺手翻阅书架上一本杂志，看到印刷线路的文章，激发起对该问题的极大兴趣而完成的。这一工作为图论输入了新方法，开辟了新方向。

(3) 他运用 Whithey 技巧证明的定理 $n>1$ 时，任意两个 $n$ 维流形到 $R^{2n+1}$ 的微分嵌入必微分同痕，在 Smale 解决高维 Poincaré 猜想的工作中发挥了重要作用。

(4) 关于微分流形的嵌入问题，吴文俊在 1958 年前，已有如何用奇点理论的较明晰的想法，后因“大跃进”时期批判“理论脱离实际”而停顿。但他在 1958 年访问法国时关于这一想法的报告，却给听众中的瑞士拓扑学家、吴在留法期间的同门师弟 Haefliger 以极大的启发。Haefliger 在三四年后发表的用奇点理论给出的关于微分嵌入的定理成为该方向的基本定理。

## 三、“能计算性”与 $I^*$— 量度

吴在研究中国古代数学史时形成的“构造性数学”的宏大思想，不仅导致了他在定理机器证明和数学机械化方面的伟大贡献，也激发了他在代数拓扑方面构造性地统一处理同调群、同伦群、示性类、上同调运算等的雄心。他以“能计算性”的概念，重新整理和改造 Sullivan 的极小模理论，提出和解决了不少问题。在出版这方面的专著 (*Rational Homotopy Type: A Constructive Study via the Theory of the $I^*$—Meaaure*, Lecture Notes in Math., 1987, No. 1264) 之前，他在数学机械化和代数拓扑两条战线上同时作战，精力超群，英勇无比，战果辉煌。有一次，他告诉笔者，在写完上述专著后，他要全力以赴于数学机械化了。今天，他在数学机械化方面的伟大成就，已为全世界所公认。而他关于“能计算性”和 $I^*$— 量度的革命性思想，则为后人留下了宝贵的财富。

## 4.6　缅怀大师　砥砺向前

张景中　中国科学院成都计算机应用研究所/广州大学/
中国科学院重庆绿色智能技术研究院

提要：吴先生早期的工作，使我们一代青年学子非常敬仰。他关于几何定理机器证明的经典论文，引领我进入数学机械化领域。为了祖国的科学事业，吴先生对后学热情扶持，一视同仁。他鼓励大家勇于创新，走自己的路。他开创的中国数学机械化学派，日益壮大，硕果累累。缅怀大师，要学习他的学术思想和高尚品格，为科学事业献身。

第一次知道吴先生的大名，是在 1956 年。那时自己还是北大数学力学系二年级的学生。在政府号召向科学进军的气氛中，从报上看到有三位科学家荣获首届国家科技进步奖一等奖，他们是钱学森、华罗庚和吴文俊。钱和华两位众所周知，吴文俊是谁呢？从老师同学的热烈议论中得知，他是一位 37 岁的年青数学家，获奖的主要成果叫做“复合形在欧氏空间的嵌入”，这项工作据说是引发了拓扑学的“地震”。未曾见过面的吴文俊，从此赢得了我们这些青年学子衷心的敬慕。

过了 22 年，再次见到吴文俊这个名字。那是 1978 年底，我幸运地从新疆一个农场中学走进合肥的中国科学技术大学，在阅览室看到 1977 年的《中国科学》，上面刊登了吴先生的论文《初等几何判定问题与机械化证明》。这一经典文献，吸引我决心进入几何机器证明研究领域。

1985 年，在学术会议上聆听了吴先生的报告. 至今还记得他谈到不等式的机器证明，在黑板上写了“一大难题”四个大字。

1987 年，终于有机会当面向吴先生汇报有关机器证明的数值并行法的报告，他热情的鼓励给了我极大的继续前行的力量。

1988 年，吴先生亲笔起草了长达三页的推荐信，使我有机会到意大利 ICTP 中心做近一年的访问交流。

1990 年，吴先生用他申请到的经费给我们买了当时新推出的 386 计算机。

吴先生曾经对采访他的记者说：“不管一个人做什么工作，都是在整个社会、国家的支持下完成的。有很多人帮助我，我数都数不过来。我们是踩在许多老师、朋友、整个社会的肩膀上才上升了一段。我应当怎样回报老师、朋友和整个社会呢？

我想，只有让人踩在我的肩膀上再上去一截。我就希望我们的数学研究事业能够一棒一棒地传下去。”

成百上千的后生学子，在学术成长中得到了吴先生的引领、指导和扶持；其中很多和我一样，不是他的学生，和他不在一个单位。但他为了科学事业能够一棒一棒地传下去，一视同仁!

吴先生鼓励年轻人要有独立的思想、看法，敢于超越现有的权威，绝不能人云亦云。他在自传中说，喜欢中国人民解放军军歌开头几句：“向前，向前，向前！我们的队伍向太阳，脚踏着祖国的大地，背负着民族的希望 ……” 说这也是他对中国数学发展的期望。他说：

“我做梦都在想哪个领域赶上去了。搞数学，光发表论文不值得骄傲，应该有自己的东西。不能外国人搞什么就跟着搞什么，应该让外国人跟我们跑。”

四十年来，吴先生的这个愿望在逐步实现。中国的数学机械化的队伍已经发展到第三、第四代，四百多人。一系列国际领先水平的工作脱颖而出。我熟知的就有：不等式机器证明和高次多项式判别系统；几何自动作图的理论与应用；共形几何代数的创立与发展；数控机床核心算法的成功；还有最近用计算机做高考数学试卷引人注目的进展，等等。近年来人工智能大潮席卷许多领域，数学机械化从来是人工智能的重要基础。《吴文俊人工智能科学技术奖励》吸引了越来越多的科技工作者投身科技创新行列，为人工智能研究与应用的发展发挥愈来愈大作用，为国家做出愈来愈大的贡献。

吴先生的一生，以顽强的探索和实践，为我们做出了榜样，给了我们前进的信心。我想，缅怀大师的最好方式，是实践他的学术思想，勇于思考，敢于走自己的路; 是学习他平和公正的品格，扶持后学的热忱，甘当人梯，胸怀大局，为国家的科学事业添砖加瓦，为建设人类美好的家园而努力。

## 4.7 跟随吴文俊先生从事数学机械化研究

高小山 中国科学院数学与系统科学研究院

我于 1984 年考入中国科学院系统科学研究所 (后面简称系统所) 攻读吴文俊先生的研究生。非常幸运，吴先生第一个学期就在中国科学院研究生院玉泉路校区开设了机器证明课程。我后来才知道，用的讲稿是他刚刚完成的数学机械化经典著作《几何定理机器证明的基本原理》的第 4 章。1985 年春季学期开始后，吴先生又在中关村系统所开设了数学机械化讨论班。讨论班开设之初主要由我们几位研究生轮流讲 W. V. D. Hodge 和 D. Pedoe 所著的《代数几何方法》。吴先生在下面听讲，给予指点，并亲自讲了代数对应等章节。这段经历对我今后的发展产生了多方面影响，本文后面将会提及。

吴先生 20 世纪 60 年代初开始研究代数几何，并很快取得成果。1965 年，他首次对具有任意奇点的代数簇定义了陈省身示性类。很可惜，因 "文化大革命" 爆发，吴先生未能继续发展这一工作，又由于论文是以中文发表，未能被国外同行了解，错过了一个重要的发展机会。在这一问题上后来由 R. D. MacPherson 等人做出了重要成果。但另一方面，吴先生对代数几何的研究为后来创立数学机械化提供了有力工具。实际上，构造性代数几何理论是吴先生开创的数学机械化的基本工具，数学机械化的核心算法即通过构造三角列将一般的代数簇分解为不可约代数簇的并。

1985 年秋天我从玉泉路校区回到中关村园区，开始在吴先生的指导下做研究。吴先生指导研究生的特点是不直接给题目。他总是将自己的最新成果或国际上最新发表的论文交给我们，让我们自己去领悟并找题目。学生们完成的成果，吴先生会认真研读，对喜欢的结果会说 "这个很好"。我做的第一个工作是特殊函数恒等式的机器证明。按照师门的传统，我在系统所的 HP1000 小型计算机 (是科学院当年为吴先生研究机器证明购置的高档计算机) 上自己编程验证。我的本科专业是信息系统工程，学的课程多与计算机相关，所以对编程有一定基础。在一次无意的交流中，吴先生知道我编的多项式乘法运算程序比他编的要快，非常高兴并马上修改了自己的程序。后来，系统所的许国志先生告诉我，吴先生因此事曾向许先生夸奖过我。许先生后来参加了我的博士学位论文答辩，答辩委员会成员还有洪加威教授。受吴先生工作的影响，洪加威教授提出了“机器证明几何定理的例证法”。洪加威教授当时给我提的问题是：你证明定理是由假设推出结论，但是假设本身是否成立并没有验证。我当时没能很好地回答，这实际上是吴先生数学机械化理论的简单推论。

吴先生常常默默无闻地帮助他人。1987 年美国得克萨斯大学 Austin 分校的周咸青博士来系统所访问。他希望我 1988 年秋天获得博士学位后到他那里从事博士后研究。能够出国到名校工作，对我来说是莫大的惊喜。周咸青后来告诉我，1986 年吴先生访美时对他讲，高小山虽然不是数学专业毕业的，但是在讲 Hodge-Pedoe 的《代数几何方法》时讲得最仔细，并向周咸青推荐了我。在得克萨斯大学工作的近三年是我研究上最多产的一段时间，完成了近 10 篇论文，包括我的首次发表在 *JAR*，*JSC*，ISSAC，CADE 上的论文。其间还认识了 Bledsoe，Boyer，Moore 等自动推理与人工智能领域的著名前辈。周咸青在 Boyer，Moore 指导下的博士论文也是关于吴方法和几何定理机器证明。关于周咸青与吴先生的结缘以及吴方法在国际上传播的介绍请参见他撰写的《吴文俊先生和几何定理证明》。由于我在美国也研究数学机械化，所以在那里访问的很多华人与我开玩笑说：“我们都是来美国学习的，你是带着中国的思想来美国的。”

吴先生的工作于 1984 年以后在国际自动推理与符号计算界产生了巨大影响，获得了自动推理界知名学者 W. Bledsoe, L. Wos, R. Boyer, J. Moore, D. Kapur 等人的高度评价，多国学者竞相学习与研究吴先生的工作，他在国内发表的两篇论文分别被 JAR 与美国数学会出版的《当代数学》论文集全文转发 (当时国外很难看到国内发表的论文)，吴先生的工作成为多个国际学术会议的主要议题，国际人工智能旗舰刊物 AI 出版了吴方法的专辑。意大利的 Carra-Ferro 与 Gallo 是最早跟随吴先生研究机器证明的学者。2006 年，我受邀赴意大利西西里岛参加 Catania 大学举办的纪念 Carra-Ferro 的微分代数会议。会议组织者 Gallo 在会议开幕式上讲道：20 年前我们在同一个会议室开会，“会议的明星是吴文俊教授”。我由此依稀想象到 1986 年前后，吴先生在欧美各地讲学的盛况。

我于 1990 年底回国，错过了当年“数学机械化研究中心”的成立大会。国际上对吴先生工作的热烈反响反过来推动了国内的数学机械化研究。1990 年国家科委拨款 100 万元专门支持数学机械化研究，中国科学院成立了“数学机械化研究中心”，吴先生任主任，程民德先生任学术委员会主任，日常工作由北京市计算中心的吴文达先生主持。北京大学的程民德先生长期支持并积极参与吴文俊先生倡导的数学机械化研究。程民德先生与石青云院士合作将吴方法应用于整体视觉，并指导研究生李洪波开创了几何定理机器证明的新方向。

我回国后赶上了由陈省身先生主持的“南开数学中心”于 1991 年举办的“计算机数学年”。这次活动由吴先生与胡国定先生负责，石赫教授常驻南开大学具体组织。数学年邀请了多位从事符号计算的专家访问中国，包括 G. E. Collins, C. Bajaj, M. Mignotte, V. Gerdt 等，也邀请了李天岩等计算数学专家。这是数学机械化领域开展的第一次大规模的学术活动。1992 年在北京组织了第一次“数学机械化研讨会”，吴先生任会议主席，我负责了会议的具体组织事宜。会议在刚刚建成的中国科学院外专公寓举办，参与会议的国外学者包括 C. Bajaj, G. Gallo, V. Gerdt, C. M. Hoffmann, D. Kapur, B. Mishra, T. Mora, H. Suzuki，以及周咸青等。这是我第一次组织国际会议。数学机械化研讨会后来发展成为系列会议，举办了十多次。2009 年为了庆祝吴先生 90 岁生日举办了包括数学史在内的扩大版“数学机械化研讨会”，我再次担任会议主席。与吴先生同为符号计算先驱的 Bruno Buchberger 与 Daniel Lazard 以及著名学者 Komatsu Hikosaburo 做了大会邀请报告。

1992 年，国家攀登项目“机器证明及其应用”由国家科委立项，吴先生任首席科学家。项目设立 6 个子课题：机器证明的理论与算法、代数系统求解的理论与算法、吴方法在理论物理学中的应用、吴方法在计算机科学中的某些应用、吴方法在数学科学中的某些应用、吴方法在机器人机构学运动正解及其应用。杨路教授与我是第一课题的负责人。张景中、杨路教授于 1987 年左右开始从事数学机械化研究，培养了很多优秀学生，成为数学机械化研究领域的一支重要方面军。张景中先生因几何定理可读证明的工作于 1997 年当选为中国科学院院士。

在国际上与数学机械化相近的研究领域是符号计算或计算机代数。符号计算领域最权威的国际会议是由国际计算机协会 (ACM) 符号与代数专业委员会 (SIGSAM) 组织的 ISSAC，始于 1966 年。吴先生于 1987 年第一次在 ISSAC 做邀请报告。ISSAC 1992 在美国加利福尼亚大学 Berkeley 分校举办，吴文达与我参加了这次会议, 并在会上代表数学机械化研究中心提出在北京举办 ISSAC 1994 的设想。申办 ISSAC 1994 的另外两个城市是英国 Oxford 和加拿大 Montreal。我们的申请得到了 P. S. Wang 和 E. Kaltofen 等人的支持，但未能成功。2003 年我代表数学机械化中心再次申办 ISSAC 并获得成功。ISSAC 2005 在北京成功举办，我与 George Labhan 任会议主席，吴先生第二次在 ISSAC 大会上做邀请报告。ISSAC 是数学机械化团队在国际上展示成果的重要舞台，李子明、李洪波、高小山等先后获得 ISSAC 最佳论文奖，我们的团队被 M. Singer 称为“国际符号计算方面最强的研究群体之一，产生了领军人物、有基础意义的研究成果和软件，对整个科学界有很强的影响力”。

1992 年参加在 Berkeley 举办的 ISSAC 后，我再次访问周咸青。周咸青此时在威奇托州立大学任教，而且张景中教授已先期到达。此后三年，我们三人合作研究几何定理机器证明的面积法，这一方法的起源是张景中教授为中学数学教学创立的基于面积的解题方法。面积法的主要想法是将吴先生工作中的变元消去法发展为基于几何不变量的几何定理证明方法，由此提高了机器证明的质量。这一工作得到包括图灵奖得主 Dijkstra 在内的广泛好评并于 1997 年由张景中院士领衔获得国家自然科学奖二等奖。

我于 1996 年回国，开始了在吴先生身边工作最长的一段时间。1997 年，国家启动 “973” 项目。大家对数学机械化是否申请 “973” 项目一度犹豫不决，而程民德先生非常坚定地认为：数学机械化既是重大科学问题又有重要应用，符合 “973” 项目定位，应该积极申请。我记得最后的决定就是在程民德先生家中做出的。吴先生总结到 “箭在弦上、不得不发”，我则代表课题组参加了答辩。经过激烈竞争，数学机械化入选国家首批 “973” 项目。在 1997 年秋天的评审中，共有 270 多个项目申请。经过三轮答辩，共评出 15 个项目，“数学机械化与自动推理平台” (1999—2003) 为其中之一。按科技部的规定，吴先生因年龄原因不再担任首席科学家，改任项目学术指导，他建议我担任项目首席科学家。我记得他曾讲 “谁说 35 岁不能做首席科学家”。此后 15 年里，我三次出任数学机械化方面 “973” 项目的首席科学家，这成为我一生非常珍贵的一段经历。我也没有辜负吴先生的信任，前两个 “973” 项目结题评估都在信息领域排名第一，第三个 “973” 项目虽然不知道排名，但也很成功，此文后面会提及。值得骄傲的是，前后参加攀登项目与 “973” 项目的张景中、陈永川、郑志明、王小云后来当选为中国科学院院士。

吴先生十分关心数学机械化研究与国家战略需求之间的联系，对现在说的 “卡脖子” 问题非常敏感。大约 2007 年秋天，吴先生在《参考消息》上看到一篇转自日本媒体的报道，其中讲道：虽然中国的经济发展很快，但是日本不必害怕。因为，很多核心的技术掌握在日本人手里。其中特别提到，中国还没有掌握高端数控的核心技术，因此中国高端制造业的发展将受制于他们。我记得非常清楚，在实验室的讨论班上，吴先生从他随身携带的一个黑色小书包中拿出这份报纸激动地对我们讲：“数学机械化方法有可能攻克这一关键技术，打破日本封锁。” 他希望我们尽快组织一个研究小组认真研究此事。2007 年春节期间，吴先生又对前去看望他的路甬祥院长提及此事。路院长给詹文龙、阴和俊两位副院长写信，请他们组织数学机械化重点实验室与中国科学院有关单位合作，“凝聚若干优秀青年人员专心致志的工作，做出实实在在的成绩来”。2008 年，中国科学院当时的基础局与高技术局设立联合项目，支持数学机械化重点实验室与中国科学院沈阳计算所开展数学机械化方法与高端数控技术的交叉研究。该项目结束后，国家科技部又设立了由我主持的 “973” 项目 “数学机械化与数字化设计制造” (2010—2014)，继续这一研究。我们没有辜负吴先生的期望，历经 8 年多的研究，在数控系统的核心技术 “数控插补” 方面提出了国际上最好的算法并在中国科学院沈阳计算所的商用数控系统中得到实现，显著提升了数控加工的精度与质量。

项目的成功与吴先生重视数学机械化的应用密切相关。吴先生对几何设计与机器人的研究影响深远，成了数学机械化应用研究的一个主要方向，国内外多支队伍从事这方面的研究，研究人员包括 D. Kapur、C. Hoffmann、梁崇高、汪劲松、廖启征、刘慧林、陈发来等。我也在吴先生的影响下开始了这一方向的研究。数学机械化在开始阶段较多关注几何定理的机器证明。但工程领域很多问题往往可以归结为几何自动作图。例如，计算机辅助设计 (CAD) 被认为是信息时代最具影响的十项关键技术之一，实现几何自动作图是新一代智能 CAD 的核心算法。我提出了几何作图的高效方法，作为应用，引进了最一般的空间并联机构：广义 Stewart 平台，解决了具有优良运动学性质的并联机器人构型问题。Stewart 平台有很多重要应用。例如，由国家天文台南仁东教授主持的 FAST 射电望远镜项目中用到了某种软性 Stewart 平台与刚性 Stewart 平台的耦合机构。我主持的 “973” 项目 “数学机械化与自动推理平台” 资助并承担了 FAST 射电望远镜馈源舱设计与控制的部分研究。

前面讲过，1985 年春我在吴先生主持的讨论班上学习了 Hodge 和 Pedoe 的《代数几何方法》一书。该书以周形式为基础建立了相交理论。周形式在吴先生的数学机械化理论中也扮演了重要角色。周形式由华人数学家周炜良建立。吴先生多次给我们讲起周炜良的传奇经历。我的 2007 级研究生李伟选题时，我建议研究微分周形式，请李伟重读该书。这次是她讲我听。由此开始，我与李伟、袁春明合作建立了微分周形式理论与稀疏微分结式理论。其中关于稀疏微分形式的工作获得了国际计算机学会代数与符号计算专业委员会颁发的 2011 年 ISSAC 唯一杰出论文奖。当我将论文拿给吴先生时，他开玩笑说：“我看不懂了。” 但从他灿烂的笑容中，我可以看出他非常高兴。

2000 年中国科学院推荐吴先生参加首届 “最高科学技术奖” 的评选。吴先生的申报材料由我与石赫为主整理。国家奖励办组织的首轮答辩由候选人单位介绍候选人的工作，吴先生的工作是我介绍的，记得当时汪成为先生是专家组组长。吴先生由于对拓扑学的基本贡献和开创了数学机械化研究领域毫无争议地获得首届国家最高科学技术奖。吴先生关于拓扑学的成果被 5 位菲尔兹奖得主引用，其中 3 位在其获奖工作中引用。有专家提问，为什么吴先生没有得奖？当时我可能没有回答好。多年后，在吴先生口述自传 “走自己的路” 中看到一些这个问题的线索。吴先生在拓扑学方面最重要的工作是 1950 年做出的，而他 1951 年就回国了，使得若干已有的想法未能实现。书中提到，多位法国数学家讲过，如果 1951 年吴先生未回国，肯定能得菲尔兹奖。吴先生的工作还被多位诺贝尔奖得主引用。由于当年国内政治的影响，吴先生曾短暂从事过博弈论研究。他与学生江嘉禾先生合作于 1962 年发表了唯一一篇关于博弈论的研究论文，被 4 位诺贝尔奖得主引用。虽然整个最高奖奖励申报过程吴先生参与不多，可以看出他很重视。有一次，他对我讲“此事很重要”。2001 年 3 月 29 日中国科学院和国家自然科学基金委举办了“吴文俊先生荣获首届国家最高科学技术奖庆贺会暨数学机械化方法应用推广会”。石青云院士、金国藩院士、南仁东先生做报告介绍了数学机械化在他们领域的应用，我介绍了数学机械化中心的工作。2001 年初，科技部推荐我参加国家在人民大会堂举办的元宵节联欢晚会。我想这有可能是对我在吴先生申报最高奖所做工作的一点奖励。

多年停顿后，中国科学院于 2002 年重新开始重点实验室的评审。数学机械化研究中心积极组织申请，并获得批准，吴先生任名誉主任，万哲先院士任学术委员会主任，我出任首届实验室主任。吴先生非常重视实验室的申请，我答辩时，他前来助阵。数学机械化重点实验室整合了数学机械化研究中心与万哲先院士建立的信息安全研究中心的力量，主要开展数学与计算机科学的交叉研究，在符号计算、自动推理、编码与密码学等领域具有重要的国际影响力。实验室现在由李洪波教授任主任、李邦河院士任学术委员会主任。

2006 年，吴文俊与 D. Mumford 分享了当年的邵逸夫数学奖。有一天，我接到杨振宁先生的电话，问我吴先生在数学机械化方面有哪些专著，我介绍了吴先生的两本英文专著。评奖委员会及负责数学学科评选的 Atiyah 先生对吴先生在数学机械化方面的工作给予了高度评价，认为：“吴的方法使该领域发生了一次彻底的革命性变化，并推动了该领域研究方法的变革。通过引入深邃的数学想法，吴开辟了一种全新的方法。”其工作“揭示了数学的广度，为未来的数学家们树立了新的榜样”。这些评价对我来说多少有些在预料之中。在整理吴先生申报国家最高科技奖材料时，我就看到过一篇 20 世纪 50 年代 Atiyah 与 Hirzebruch 合作的论文，该论文基本上是在推广由吴先生证明的 Cartarn 公式。我想 Atiyah 从那时起就对吴先生留下了深刻印象吧。

吴先生在学术上的成功不是偶然的。他从事数学研究锲而不舍，终生努力，下死功夫。所以，他说过数学是“笨人”学的。吴先生年近花甲开始学习计算机编程，亲自上机编程验证他提出的机器证明方法。这可以说是一个奇迹，因为计算机编程一般被认为是非常繁重的工作，更适合青年人做。在此之前，由于没有计算机，他更是凭借坚强意志，手算上千项公式验证自己的方法。2009 年，吴先生已经 90 岁高龄，却开始研究大整数分解这一世界级难题。大整数分解是当今使用最为广泛的密码的安全性的数学基础，受到广泛关注。我记得一次去看望吴先生，他很高兴地说，我发现了一个新的大整数分解算法，正在写程序验证其有效性，在计算机上分步计算，已经可以分解几十位的整数了。我当时很吃惊，因为此前从未听吴先生讲起他在思考这一问题。我也很感动，90 岁高龄，吴先生仍在思考如此困难的问题，并且还自己在计算机上编程验证。我想这正是原国务院总理温家宝在纪念吴先生的文章中提到的吴先生一生“锲而不舍、积极进取”精神的真实写照。

2017 年 5 月 1 日我去医院看望吴先生。当时吴先生正在休息，我没有打扰他。看护说吴先生身体状况有很大改善，应该很快就能进行康复锻炼了。当时我心中还感到一丝宽慰。没想到，由于意外，吴先生病情急转直下，于 5 月 7 日去世。回想自 1984 年考入吴先生门下学习 30 余年来的经历，浮现在我脑海中最多的是先生灿烂与慈祥的笑容，似乎在鼓励我继续努力工作。

谨以此文纪念吴先生百年诞辰。

## 4.8 吴文俊关于纳什均衡稳定性的工作及其影响*

曹志刚 北京交通大学
杨晓光 中国科学院数学与系统科学研究院
俞建 贵州大学

吴文俊院士是中国最早从事博弈论研究的数学家。1958 年“大跃进”时期，国内的政治气氛要求数学面向应用，包括华罗庚在内的一批中国顶尖数学家开始从事运筹学的研究。博弈论属于运筹学的一个分支。由于经典博弈论的一个重要工具是拓扑学中熟知的布劳威尔 (Brouwer) 不动点定理，而吴文俊院士是拓扑学研究的大家，因此他选择了博弈论作为他从事运筹学研究的切入点。1959 年，吴文俊院士发表了中国第一篇博弈论研究论文《关于博弈理论基本定理的一个注记》(科学记录 (《科学通报》的前身)，1959，10)。1960 年，他还写了一篇普及性文章《博弈论杂谈：(一) 二人博弈》(数学通报，1960，10)，深入浅出地介绍了纳什博弈基本定理的证明。在这篇文章中，第一次明确提出“田忌赛马”的故事属于博弈论范畴，使得中国古代思想宝库中的博弈论思想重放光辉。同年，吴文俊院士等出版了《对策论 (博弈论) 讲义》(人民教育出版社出版，1960)，这是我国最早一本有关博弈论的教材。

吴文俊院士在博弈论方面的最大贡献，是他与他的学生江嘉禾先生合作于 1962 年对于有限非合作博弈提出了本质均衡 (essential equilibrium) 的概念，并给出了它的一个重要性质和存存性定理①。

本质均衡是这样一个特殊的纳什均衡：如果对支付函数作一个足够小的扰动，那么扰动后的博弈总存在一个与该均衡距离也足够小的纳什均衡。文章证明了如下性质：给定每个参与者的有限策略集，则所有本质博弈构成的集合是相应空间上的稠密剩余集 (即一列稠密开集的交集)。其中本质博弈是指所有纳什均衡都为本质均衡的博弈。因为稠密剩余集是第二纲的。所以在 Baire 分类意义上几乎所有的博弈都是本质博弈。

---

* 转载自《吴文俊与中国数学》，2010 年 4 月，八方文化创作室。

① Wu W T, Jiang J H. Essential equilibrium points of n-person non-cooperative games. Scientia Sinica, 1962, 11: 1307-1322。

文章还给出了如下存在性定理：一个有限策略的策略型博弈 (strategic-form game)，如果其纳什均衡的个数有限，则这些纳什均衡中至少有一个是本质均衡。由威尔森 (R. Wilson) 1971 年的著名定理 —— 在测度论意义上几乎所有的有限博弈其纳什均衡的个数都为有限且为奇数①，则测度论意义上几乎所有的有限策略的策略型博弈都具有至少一个稳定的纳什均衡。这一结果后来被荷兰博弈论学家范德蒙 (E. van Damme)② 加强为测度论意义上几乎所有的有限策略博弈都是本质博弈。

由于现实中支付函数总是由观测估计等得到的，误差往往不可避免。如果该博弈为本质博弈，而观测估计等的误差十分微小，那么可以保证从有误差的支付函数计算得来的纳什均衡与真实纳什均衡的误差也很小。由此可看出本质性很好地刻画了纳什均衡的稳定性或鲁棒性 (robustness)，所以有的文献经常把本质性和鲁棒性替换使用。

吴文俊院士和江嘉禾先生的结果实际上告诉了我们，无论是从 Baire 分类意义上还是从测度论意义上来说，几所所有的博弈都是稳定的。

这是中国数学家在博弈论领域最早的贡献之一，也是迄今为止中国数学家在博弈论领域取得的最具国际影响的成就。

为证明其结果，吴文俊院士及时找到了当时最新的数学工具 —— 福特 (M. K. Fort) 的本质不动点定理。③福特的本质不动点是具有某种稳定性的特殊不动点，其存在性定理今天已成为博弈论稳定性分析的标准工具，而吴文俊院士则是国际上最早意识到福特定理重要性的学者之一。

吴文俊院士和江嘉禾先生结果的意义远远不局限于上述介绍，更重要的是他们开创了纳什均衡精炼研究的先河。

纳什均衡，作为博弈论最核心的概念，其最严重的缺点是非唯一性，且经常包含非理性解。如何剔除非理性解对纳什均衡进行精炼以使得它尽可能合理，是 20 世纪七八十年代博弈论最核心的研究课题。德国博弈论学家泽尔腾 (R. Selten)④

① Wilson R. Computing equilibria of $n$-person games. SIAM Journal of Applied Mathematics, 1971, 21(1): 80-87。

② 范德蒙 (Eric van Damme)，1956—，荷兰蒂尔堡大学 (Tilburg) 教授，著名的博弈论学家和经济学家，国际经济学会会士，荷兰皇家科学与艺术院院士。

③ Jr Fort. M K. Essential and nonessential fixed points. American Journal of Math., 1950, 72: 315-322。

④ 泽尔腾 (Reinhard Selten)，1930—，德国波恩大学 (Bonn) 教授，著名的博弈论学家，1994 年度诺贝尔经济学奖得主。泽尔腾教授不仅在纳什均衡精炼领域有举世公认的成就，还是实验博弈理论的开拓者之一，在有限理性领域也有深刻的研究。南开大学的泽尔腾实验室就是以泽尔腾教授命名的。泽尔腾教授还以喜欢将文章发表到无须同行评议的非正规学术刊物，从而避免他认为对其文章不应有的任何修改而闻名博弈论学界。

正是凭借这方面的著名工作获得了 1994 年度的诺贝尔经济学奖。

纳什均衡精炼方面的研究工作是针对扩展型博弈 (extensive-form game) 和策略型博弈分别进行的。一方面的研究思路是要求参与人在博弈不断推进的时候始终具有理性。最著名的工作是泽尔腾在 1965 年提出的子博弈精炼纳什均衡 (subgame perfect equilibrium)①；另一方面的研究思路是要求均衡在各种扰动下保持稳定。纳什均衡在参与人策略扰动的时候应保持稳定，这是泽尔腾 1975 年提出的颤抖手均衡 (trembling hand equilibrium)②的主要思想。参与人的策略为什么会出现扰动呢？泽尔腾的解释是任何人做决策的时候都有至少非常微小的概率犯任何错误，这正是该均衡名称的由来。而纳什均衡在支付函数扰动时应保持稳定，则是吴文俊院士在 1962 年的文章中率先开辟的思想。同样是均衡在扰动下应保持稳定的思想，吴文俊院士要早于泽尔腾 13 年正式提出。

吴文俊院士在本质均衡方面的工作是关于纳什均衡精炼研究方面最早的结果，但是由于历史的原因，改革开放以前的中国学术界与世界学术界处于一种隔绝的状态，一直到 20 世纪 80 年代吴文俊院士的这一结果才逐步得到了国际博弈论学界的关注，并带动着相关研究的发展：

(1) 1981 年，荷兰学者琴生 (M. J. M. Jansen) 针对双矩阵博弈，即只有两个参与者的策略型博弈，避开了福特定理，只利用基本的博弈分析重新证明了吴文俊院士的结果。这也是国际上首次对吴文俊院士结果的正式关注。③

(2) 1984 年，苏联博弈论研究的奠基人沃罗比约夫 (N. N. Vorobev) 在其专著《博弈论基础：非合作博弈》中多次引用了吴文俊院士的结果，并在该书第二章对其 1962 年的结果作了如此评价，“有限非合作博弈的稳定性，即均衡解对博弈的连续依赖性，很显然首先是由吴文俊和江嘉禾在文章 [1] 中研究的 (The stability of finite non-cooperative games, thought of only as the continuous dependence of solutions of a game, was apparently first discussed by Wu Wen-tsun and Jiang Jia-he in [1])”。④

(3) 1985 年，日本学者小岛 (M. Kojima) 等提出了强稳定均衡的概念 (strongly

① Selten R. Spieltheorethische Behandlung eines Oligopolmodells mit Nachfragetra gheit. Z. Ges. Staats. 1965, 12: 301-324。

② Selten R. Reexamination of the perfectness concept fox equilibrium points in extensive games. International Journal of Game Theory, 1975, 4(1): 25-55。

③ Jansen M J M. Regularity and stability of equilibrium points of bimatrix games. Mathematics of Operations Research, 1981, 6(4): 530-550。

④ Vorobev N N. Foundations of Game Theory: Noncooperative Games, Singapore: Birkhäuser, 1994 (翻译自 1984 年俄文版)。沃罗比约夫 1960 年曾来中国讲学，并受到周恩来总理的接见。吴文俊院士等编写的《对策论 (博弈论) 讲义》一书的序言中曾对沃罗比约夫来中国的讲学表示感谢。

stable equilibrium)，对本质均衡进行了进一步的精炼。[①]

(4) 1986 年，哈佛大学商学院教授科尔伯格 (E. Kohlberg) 等在著名论文《关于均衡的策略稳定性》中引用了吴文俊院士的工作，指出本质均衡只对策略型博弈有意义。[②]

(5) 1987 年，荷兰学者范德蒙在研究纳什均衡精炼的经典专著《纳什均衡的稳定性与精炼》[③]中，对本质均衡给予了高度评价，并在该书第二章第四节对其进行了专门介绍。由于此书第一章为概述，第二章第一节为基础知识介绍，吴文俊院士的工作被放在了仅次于泽尔腾的颤抖手均衡和迈尔森 (R. Myerson)[④] 的恰当均衡 (proper equilibrium) 的重要位置。又由于恰当均衡是颤抖手均衡的进一步精炼，与颤抖手均衡的研究思路是相同的，更加可以看出作者对吴文俊院士工作的重视。范德蒙还在此章第六节中利用正则均衡 (regular equilibrium) 的性质进一步加强了吴文俊先生的结果。

(6) 1991 年，弗登伯格 (D. Fudenberg)[⑤] 梯若尔 (J.M. Tirole)[⑥] 合著的世界流行的教科书《博弈论》也在该书第十二章对本质均衡及其理论渊源 —— 福特定理进行了专门介绍，也指出了本质均衡只对策略型博弈有意义。[⑦]

(7) 20 世纪 90 年代以来，我国博弈论学者俞建教授对吴文俊院士的本质均衡结果进行了一系列推广，不仅将本质均衡推广到线性赋范空间以及线性赋范空间上的广义博弈、多目标博弈和连续博弈，而且进一步研究了平衡点集本质连通区的存在性等问题。[⑧]

(8) 2009 年，美国学者卡博奈尔–尼科拉 (O. Carbonell-Nicolau) 在其即将发表于著名的 *Journal of Economic Theory* 上的文章中在俞建教授结果的基础上对吴

① Kojima M, Okada A, Shindoh S. Strongly stable equilibrium points of n-person noncooperative games. Mathematics of Operations Research, 1985, 10(4): 650-663。

② Kohlberg E, Mertens J F. On the strategic stability of equilibria. 1986, 54(5): 1003-1037. 这是博弈论著名论文之一，google scholar 显示已被引用达 851 次。

③ van Damme E. Stability and Perfection of Nash Equilibria New York: Springer-Verlag, 1987。

④ 迈尔森 (Roger Myerson)，1951—，美国芝加哥大学教授，当今最活跃最有影响力的博弈论学家和经济学家之一，因其在机制设计方面的著名工作而获得了 2007 年度的诺贝尔经济学奖。

⑤ 弗登伯格 (Drew Fudenberg)，1957—，美国哈佛大学教授，著名的博弈论学家，美国科学与艺术院院士。

⑥ 梯若尔 (Jean Marcel Tirole)，1953—，法国图卢兹大学 (Toulouse) 教授，美国科学与艺术院外籍院士，曾任国际经济学会主席，在博弈论、合同理论、产业组织学、认知心理学、政治经济学及货币银行学等多个领域都有建树，并有多本风靡全球的教材，是当今少有的经济学通才及最有影响力的经济学家之一。

⑦ Fudenberg D, Tirole J. Game Theoxy. MIT Press, 1991. 有中译本：黄涛等译，《博弈论》，中国人民大学出版社，2003。

⑧ 俞建，中国贵州大学教授。他在本质博弈方面的系列性工作，绝大多数都反映在他的专著《博弈论与非线性分析》(科学出版社，2008)。

文俊院士的结果进行了进一步的推广①。

……

虽然经过二十多年的苦苦探索，博弈论学者并没有找到一个完美的均衡精炼概念，各种均衡精炼概念层出不穷，然而在令人眼花缭乱的均衡精炼概念中，本质均衡是除子博弈精炼纳什均衡和颤抖手均衡以外屈指可数的几个存活下来的概念之一。更为难能可贵的是，在近半个世纪后的今天，吴文俊院士在本质均衡方面的主要思想及结果，依然被包括马斯金 (E. Maskin) 和梯若尔②③、威布尔④⑤等在内的世界一流的博弈论学者在最顶尖的刊物上持续引用，而且近几年的引用频次越来越高。

多少有些令我们感到慨叹的是，吴文俊院士当时工作的出发点更多的是纯数学，文章主要是稳定性研究而没有意识到纳什均衡精炼研究的必要性以及本质均衡与纳什均衡精炼的密切联系；又由于吴文俊院士的研究兴趣很快转至他处而没能将此工作持续下去 (江嘉禾先生有后续的几篇工作，但也都是从纯数学角度研究的)，更没有从事扩展型博弈纳什均衡精炼的研究 —— 这是比策略型博弈纳什均衡精炼重要得多的研究方向，其代表性成果子博弈精炼纳什均衡在扩展型博弈中已完全取代了纳什均衡的位置，渗透到其研究的各个角落，并被写入任何一本博弈论教材。由于与国际博弈论学界沟通的不足，吴文俊院士的成果直到 1981 年才在国际上被首次注意，80 年代末才被更多的主流学者所知晓，而此时纳什均衡精炼方面的研究的高潮已经过去。由于这种种的原因，吴文俊院士的研究在博弈论发展的黄金时期并没有起到按一般逻辑所应该起到的引领潮流的作用，其工作的影响力不仅无法与泽尔腾、范德蒙等人的相关工作相比肩，甚至在纳什均衡精炼方面的研究尘埃落定的今天也并没有得到完全公正的评价。一个代表性的例子是，在新帕尔格雷夫大辞典"纳什均衡精炼"词条中，尽管支付函数扰动的思想被高度认可并做了大篇幅的介绍，吴文俊院士的名字及文章都未被提及。⑥

① Carbonell-Nicolau O. Essential equilibria in normal-form games. Journal of Economic Theory, 2009 (available online)。

② 马斯金 (Eric Maskin), 1950—，美国普林斯顿大学高等研究中心教授，当今最德高望重的博弈论学家和经济学家之一，以其机制设计方面的理论而获得了 2007 年度的诺贝尔经济学奖。目前的研究兴趣为软件行业的知识产权，认为今天的知识产权制度在软件行业不是促进而是限制了创新。

③ Maskin E, Tirole J. Markov perfect equilibrium: I. observable actions. Journal of Economic Theory, 2001, 100, 2: 191-219。

④ 威布尔 (Jörgen Weibull)，1948—，瑞典斯德哥尔摩经济学院教授，著名的演化博弈论大师，瑞典皇家科学院院士，曾任诺贝尔经济学奖委员会主席。

⑤ Weibull J. Robust set-valued solutions in games. 2009 (available online)。

⑥ Govindan S, Wilson R. Refinements of Nash Equilibrium. The New Palgrave Dictionary of Economics. 2nd ed。

幸运的是，吴文俊院士的结果在今天依然充满了令人惊异的活力，2007 年至今一直被频繁引用，显示了一个数学思想的顽强生命力。而吴文俊院士从事博弈论研究曲曲折折的故事，也必将成为中国数学界和博弈论学界的一段佳话，给我们以永远的启迪。

## 4.9 所庆时刻念先生

刘卓军 中国科学院数学与系统科学研究院

1979 年，中国科学院系统科学研究所在北京成立了，这是改革开放后，在科学的春天中绽放出的一枝花朵。

“文化大革命” 的浩劫，客观上造成了十年的闭关锁国。最初的改革开放，哪怕是向外翘开了一个小缝，都会让人们对世界科技进步发展的高度和程度感到万分惊讶！如何调整我们的学科，配置好学科资源，更好地激发研究人员的活力，为祖国奋起直追的发展作出贡献，这些是当时每个有抱负的科研人员不能不思考的问题。就是在这个大背景下，中科院数学所被一分为三成：数学研究所、应用数学研究所和系统科学研究所。当然，经历了 “文化大革命” 之后，历史造成的一些人员之间不太正常的交往关系需要调整，利用机构组成的变化来相助也是必要的。40 年来，系统所的发展及其取得的辉煌成就，足以说明，当时成立系统所是非常正确的安排。即便是过去 20 年，在数学与系统科学研究院这个平台的发展中，系统科学也凸现了其重要性和光荣。

在纪念系统科学研究所成立四十周年的时候，我们当然不能忘记研究所的老前辈。作为系统所名誉所长吴文俊曾经的博士研究生，我尤其愿意借此时机表达对吴先生的缅怀。

人的离世，标志的仅仅是生命的形式发生了变化。

2017 年 5 月 7 日晨，数学家吴文俊在北京医院辞世。还有几天，他就该过第 98 个生日了。可他没能等到那个日子，真是令人惋惜。

三十年前的 1989 年 10 月，中国科学院系统科学研究所举办庆祝建所十周年的活动，同时祝贺吴文俊教授和许国志教授诞辰七十周年。吴文俊和许国志与关肇直一道创建了中科院系统科学研究所。他们三人都是 1919 年生人，不禁让人联想到三国人物，他们虽然同年生，却未同年故。关肇直院士在创所三年后的 1982 年，抱憾病故了。否则，系统科学研究所的发展，甚至包括中国的系统科学的发展一定会是另外的一番景象。吴文俊院士和许国志院士都是系统科学研究所的创所副所长，是系统所绝对的元老。尽管纪念建所十周年时，他们都不再担任研究所的领导职务，但他们是研究所存在的定海神针，而恰巧又赶上这一年是他们 70 岁生日的年份，所以，一并庆贺是再自然不过的事了。

记得举行纪念活动的那一天，所里组织了学术报告会。吴先生当然要登台做报告了，他的报告是回顾性质的，讲到了对数与形的认识，也讲到了他做定理机器证明的工作进展。演讲过程中，他没有忘记抬举他的学生们。那时，吴先生几个做机器证明的研究生先后都毕业了，胡森 1986 年硕士毕业，后来去了美国，王东明 1987 年博士毕业，留所后于当年出国去了欧洲，而且没几年就加入了奥地利国籍，并于 2017 年当选欧洲科学院院士。1988 年，我和高小山、李子明一道答辩，拿到博士学位的高小山办结留所手续后即刻去了美国，硕士毕业的李子明则去了清华大学教书，只有我留在所里 “值班”。而我的留所还充满了戏剧性。

原本我打算跟着吴先生拿到博士学位后，回到我本科和硕士阶段学习过的计算机及信息技术方向上去工作。那是 1988 年，当时的王安电脑公司在得知我的求职信息后，请我到其位于北京建国门的一处非常气派的办事处谈工作条件：需要我经常世界各地飞，这个我喜欢。但当我问道，可否解决夫妻两地分居的事时，接待我的高级职员说，克服一下吧，挣那么多的钱，几年后还不是很好解决的小事。我犹豫了几天，还是回绝了。然后是总参在万寿路上的一个研究所，回忆不起研究所的编号了，只记得罗瑞卿大将的夫人郝冶平出现在那个所的花名册上，好像是 58 所，非常希望我去。58 所政治部主任跟我讲，你来是第一位博士，所里非常重视，两地分居的事，我们向总部打报告，争取尽快解决。这样的 “条件” 比较有吸引力，我答应了。没过几天，这位政治部主任还派人到我们所了解了我的情况，一切入职前的工作都在落实当中。就在这时，系统所业务处陈传平教授找到我说，你看老吴这么大岁数了 (系统所有这样的文化，对很多老先生都习惯称呼老什么而不是先生，比如，称呼老吴、老许，而不是吴先生、许先生。不像现在，不称呼先生就不敢开口。我们读书做学生时，在背后也习惯称呼吴先生为老吴，其实那样反倒感觉更亲切) 身边没个人帮忙不行啊。系统所向科学院争取了额外的名额，你就留下来干几年吧。的确，很纠结，我自己做了几天的思想斗争。吴先生跟我倒是什么也没说，他是那种不愿意给别人出难题的人。可陈传平老师都把话说到了那个份上，我也不能有别的选择了，留吧！留所总要办理一些手续，我在填写研究生毕业分配调查表中本人对分配去向的志愿时，写下了 “可以留在所里” 的字样，而吴先生在导师意见一栏中写道：“非常希望刘卓军同志能留所工作。” 我决定了留系统所工作，而没有去总参的研究所，按现在的说法算是违约，对 58 所我只能是装聋做傻了。那一天，系统所办公室主任魏应培，当着我的面给吴先生打电话半开玩笑地说，刘卓军留所了，您要向总参那边说明一下呢。看不到电话另一端吴先生的表情，我想他或许会一脸茫然，他又能说什么呢？就这样，我留在了所里，我不后悔，因为随后我有了 29 年与吴先生一道工作的机会，这对我是非常宝贵的生命片断。

除了工作之外，我和吴先生的个人关系，我们家和吴先生家的交往关系，也都是非常好的。比如，我把家里房门的备用钥匙放在吴先生家保管，受我的举动的启发，吴先生的老伴也把他们家房门的备用钥匙放在了我家保管。有一次，吴先生和老伴出门忘了带钥匙，这种钥匙互管方式还真的发挥了作用。

在所庆活动上，可能是出于鼓励吧，吴先生在报告中还美言了我对 Lorenz 方程求解问题所做的工作，并从混沌研究的角度肯定了这项工作的意义。应当是在演讲的最后，他更是极有风格地发表了“百岁宣言”，我的大致印象是：七十不稀奇，八十有的是，争取活过一百岁。多年后，从他的口述自传《走自己的路》看到了正式的版本：

七十不稀奇，
八十有的是，
九十诚可贵，
一百亦可期。

后来，1999 年在数学与系统科学研究院为他祝贺 80 岁生日时，吴先生在口述自传中讲，他又修正了他的那个宣言：

八十不稀奇，
九十有的是，
百岁诚可贵，
百十亦可期。

改版后的宣言，把十年前的小诗，每句加了十岁。那天的庆祝吴先生 80 岁生日活动在友谊宾馆举行，中国科学院、国家科委、国家基金委、国家外专局以及数学界的许多嘉宾，还有来自国外的客人，共有 200 多人参加了庆祝晚宴。我是活动的主持人，记不得吴先生吟诗的情景了，很可能是因为场面大，忙晕了头。

吴先生的学问好，人缘也好，心胸还开阔，他能长寿，我们信，我们也为之高兴。说实在的，他能活过 100 岁，对此，我从来没有怀疑过。

吴先生的离世的确让我们非常怀念。2017 年 5 月 11 日，送别吴先生那天，有 1000 多人到八宝山向吴先生告别，其中就包括中共中央原总书记胡锦涛同志和原国务院总理温家宝同志。参加完告别仪式，温家宝同志还满怀感情地撰文纪念吴先生。他回忆了与吴先生的交往，包括以总理身份曾两度到吴先生家看望的情形。

温家宝在文中写道，“吴先生曾说：我要向我的老师陈省身学习。他直到去世的时候还在研究问题，真的是鞠躬尽瘁，死而后已。我不仅要死而后已，还要死而不已”。温家宝同志继续说，“吴先生把自己的一切都献给了他深深热爱的祖国和数学，做到了鞠躬尽瘁，死而后已。他思考和工作直到生命的最后一刻。如果生命再给他一些时间，他还会为自己的国家在数学领域做出更大的贡献。从这一点上说，他同样做到了鞠躬尽瘁，死而不已”。

如果吴先生还活着的话，今年正好是他 100 周年诞辰。于他来说，他愿意为他所钟爱的事业孜孜不倦，死而不已。于我们来说，他的成就、他的精神一直影响着我们，他的学术思想将得以传承，并将启迪着我们及后来人勤奋工作、努力创新。

2010 年 5 月 4 日，国际小行星中心发布公报，将所发现并获国际永久编号的第 7683 号小行星命名为“吴文俊星”。当时，吴先生已经 91 岁了。我相信，在随后的几年，吴先生本人一定和这颗“吴文俊星”有着不断的“交往”，他的思想、他的智慧也一定已完整地存放到了这颗遨游在太空中的行星上。德国哲学家黑格尔有一句名言：“一个民族有一群仰望星空的人，他们才有希望”。我们会情不自禁地时常仰望星空：吴文俊星在，吴先生没有离开我们，这是一定的。

按照吴先生自己的说法，他是一个普普通通的人。他经常谈及一句话：“平淡出神奇。”这或许是他对后来人的一种告诫，只要踏踏实实、勤勤恳恳、坚持不懈，从事任何一门职业研究的人都能取得有价值的成就。

系统科学研究所未来的发展，系统科学事业的发展，何尝不应信奉平淡出神奇的理念呢？

2019 年 2 月 25 日

# 4.10 忆许国志先生

顾基发 中国科学院数学与系统科学研究院

## 1. 我来到力学所运筹室

我在 1957 年从北京大学数力系毕业分配到中国科学院力学研究所运筹研究组。从此开始结识了许国志先生。运筹研究组后来经钱学森的要求又升格为运筹研究室，许国志任副室主任，但是他是研究室学术上的实际负责人，从中国人民银行调过来的于志同志担任运筹室主任。本来上面打算将运筹研究室升格成运筹研究所，因此请来于志这个原是中国人民银行总行办公厅主任，是准局级的领导干部。可惜后来机构不断调整，运筹所没有升成，于志同志只好调出另有高就，到七机部八院 (上海机电设计院) 当党委书记、院长。1960 年中国科学院把力学所的运筹室调整到数学所与数学所运筹室合并，整个合并过程由于我正在苏联留学不甚清楚。1963 年我从苏联留学回来就回到合并后的数学所运筹室了，大概由于我在苏联的副博士学位论文《带调度员的服务系统》与排队论有关，我被分到由越民义先生领导的排队论组。我是合并前从力学所被派往苏联科学院数学所列宁格勒分所留学，师从苏联博弈论大家沃洛比约夫 (Н Н Воробьев)，出国留学时运筹学方面的业务考卷应是许先生负责出题，选择运筹学方向也是他决定的。后来我成为我国运筹学方面公派留学生并获得运筹学专业方面第一个苏联副博士头衔，应该感谢许国志的推荐和培养。回忆起力学所随他共事时，最值得追忆是他高瞻远瞩的学术思想。他配合钱学森把运筹室架构搭起来，在年轻人员组成方面从学科大交叉的角度在我们五七届毕业生中选拔九个学生来组建运筹室的基础队伍，包括三个来自北京大学数力系学应用数学的，三个来自中国人民大学学国民经济的，三个来自电子科技大学学电子技术的，实现数学、经济学、工程学的交叉融合。引进搞国民经济的学生，源于钱学森和许国志一开始就认为运筹学能够为社会主义的国民经济服务。他们在制订我国十二年科技规划 (1956—1967) 的运筹学发展方向时，认为应该把运筹学应用到国民经济计划中，他们认为资本主义国家不搞计划经济，因此不在乎把运筹学用进国民经济计划中去，社会主义国家应该大力发展运筹学。而当时搞社会主义国民经济计划的苏联专家反对这一思想，因为他们认为把数学用于国民经济是修正主义。这一点很多年后苏联才慢慢认可，搞起数学应用于国民经济。顺便提一下，20 世纪 50 年代末，60 年代初当时苏联也有人反对把控制论用到社会实践中，记得一次我参加过的苏联科学家们探讨控制论值不值得研究的学术报告会，苏联的大数学家原苏联科学院院士柯尔莫哥洛夫 (А Н Колмогоров) 激动地在会上批评苏联一些学者的偏见，他说到西方国家已经在广泛应用控制论，而你们却还在责问为什么要研究控制论。而钱、许两位却早就坚持自己的观点——运筹学能够为社会主义的国民经济服务，后来即使力学所运筹室合并到数学所运筹室后仍旧保留有一个经济组，这也应归功于孙克定和许国志的支持，以及李秉全、陈锡康等的努力坚持。记得在力学所工作时，钱学森还参加运筹室的讨论班，他报告的题目是 "关于马克思再生产的理论"。还记得在力学所时他们要求我们这些搞非经济学科的人要学政治经济学。而引进搞电子技术的学生，源于他们希望在运筹学研究中应用先进的电子技术，搞仿真模拟，可惜力学所运筹室调整到数学所后，这些搞电子技术的研究人员实在适应不了数学所过分重视数学的研究氛围, 后来主动要求调到中国科学院自动化所去了，但是搞数学和经济的留下了，并为我国运筹学发展做出了贡献。

## 2. 许先生对运筹学的理解

许国志先生在运筹学研究中起的作用，首先是搭建力学所运筹室的学术组织架构以及人员的引进和培养。钱学森和他最早一起引进了周华章先生 (美国芝加哥大学数理经济学博士)。当时周先生在国内注意推广运筹学和数理统计在工业与经济中应用，带着陈锡康和顾基发搞运筹学和数理统计的应用。钱学森和许国志又引进了搞工业质量控制的刘源张，后来董泽清、严擎宇、王淑君跟着刘源张做研究；引进搞优化的桂湘云先生，后来着重研究动态规划，赖炎连等跟着她做。周先生、刘先生、桂先生三人都是从美国回来投身运筹学事业的创建，刘源张后来当选为中国工程院院士、国际质量科学院院士，被称为中国质量管理之父。桂湘云曾是中国运筹学会的理事会常务副理事长。关于周华章先生这里多讲几句, 钱学森和许国志规划从清华大学电机系分出自动控制系，并在下面筹建运筹学专业，教学大纲和课程由许国志设计，而教学工作则由周华章负责，周华章是钱学森和许国志从清华大学请到力学所来的运筹组兼职教授。在周华章的筹划下，清华大学新成立了运筹一、运筹二两个班, 这也许是全世界最早的运筹学本科班级了。美国著名经济学家雅各布 · 马尔沙克 (Jacob Marschak) 教授是周华章的博士学位论文指导老师, 马尔沙克曾是国际计量经济学会会长。周华章在芝加哥大学完成博士学位论文过程中曾得到芝加哥大学四位经济学大师的指导和帮助，他们是诺贝尔经济学奖获奖者米尔顿・弗里德曼 (Milton Friedman)；美国国家科学院士盖尔・约翰逊 (D. Gale Johnson)；诺贝尔经济奖获奖者佳林・库普曼斯 (Tjalling Kopmans)，库普曼斯曾将线性规划用于经济分析；劳埃德・梅茨勒 (Lloyd Metzler) 教授，梅茨勒推动了凯恩格斯理论体系的进步和发展。"文化大革命" 中周华章 (1917—1968) 不幸在清华去世，十分怀念他 [1,2]。钱学森、许国志、周华章和刘源张等, 对外注意高级普及工作，将运筹学引入广大民众与专家中。运筹学 (Operations Research) 开始在中国曾被释为 "运用研究" "运用学"，在台湾释为 "作业研究"，在日本没有找到汉释名最后用片假名 "オペレーションズ . リサーチ" 一拼了事，然后在中国，钱学森、许国志、周华章等前辈反复讨论后，借用 "古代运筹帷幄之中，决胜千里之外"(出自司马迁的《史记 · 高祖本纪》："夫运筹策帷幄之中，决胜于千里之外，吾不如子房。") 中 "运筹" 两个字作为释名，而取这个释名另一重的更先进含义就是 20 世纪 40 年代的运筹学是从现有设备的合理运用开始的，但是进入 20 世纪五六十年代他们认为运筹学更应考虑未来设备和经济等的设计与筹划，因此放上 "筹" 字确实符合国际潮流，并且超过某些国际同行的理解。记得 1975 年我国运筹学代表团第一次赴日本参加国际运筹学会议，会后代表团拜访了日本运筹学会和一些大学，由于日本学者懂得汉字，他们为这个 "运筹学" 汉释名叫好。日本运筹学界元老日本运筹学会副会长，东京大学的近藤次郎教授后来在他写的名为 "オペレーションズ . リサーチ入门" 1978 一书 [3]，其中第一章介绍运筹学历史时专门介绍了苏联用Исседование Операций、法国用 Recherche Opérationnelle 等对运筹学 (Operations Research) 的释名基本上是从英文名词的直释，其中特别提到中国的 (Operations Research) 汉释名运筹学 (運籌學) 认为甚好，还为之配图 (图 1)。在他书中提到中国注意运筹学的宣传与普及，说《运筹学》一书出版刊印了 15 万册 (此书由许国志、顾基发等用中国科学院数学研究所运筹室名义在科学出版社, 1973 年出版 (图 3))[4]，实际上该书更早由许国志, 刘源张等组织编写在 1963 年由原科学普及出版社出版 (图 2)[5]。而中国最早出版的运筹学普及书, 可以追溯到由许国志等运筹学最早创导者们写的《一门崭新的科学——运筹学》(由中国科学院力学研究所运筹学组著，由科学普及出版社在 1958 年出版印数有一万二千册) (图 4)[6], 内容非常生动有趣。许国志更早介绍运筹学 (当时还用 "运用学") 的文章可参见 [7]。顺便指出在许国志的支持下由留苏回国后分配到运筹室的甘兆煦翻译的康托洛维奇 (Л В Канторович) 著《生产组织与计划中的数学方法》(科学出版社，1959) 也出版了 (图 5)。原书Л Б Канторович, *Математические Методы Организации и Планирования Производства* 是 1939 年列宁格勒大学出版 [8]，有意思是作为苏联数学家的康托洛维奇院士，后来因为这方面的研究在经济中的应用被评为诺贝尔经济学奖。这也可见许先生等慧眼识人。作为解线性规划的算法康托洛维奇提出的解乘数法也早于美国丹茨格(Dantzig) 的单纯形法，后来丹茨格本人也承认。由此可见许国志先生对我国运筹学的创建和普及的贡献是不言而喻的，他不仅吸取来自英、美，而且也注意来自苏联的动向，在他支持下先后派了顾基发、陈锡康赴苏联留学，还鼓励从苏联博弈论大家沃洛比约夫那儿进修回来的施闺芳坚持博弈论研究方向。

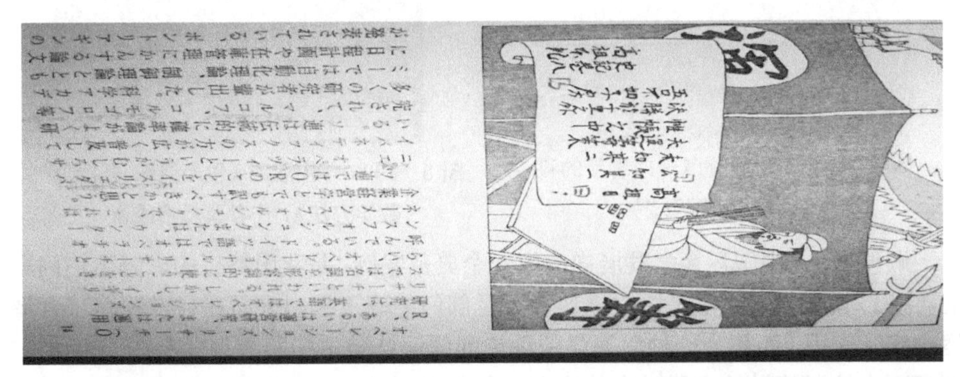

图 1 近藤次郎在《オペレーションズ・リサーチ入门》提到中国的运筹学汉释名 (運籌學) 的出处 [3]

图 2 《运筹学》, 中国科学院数学所 1963[5]

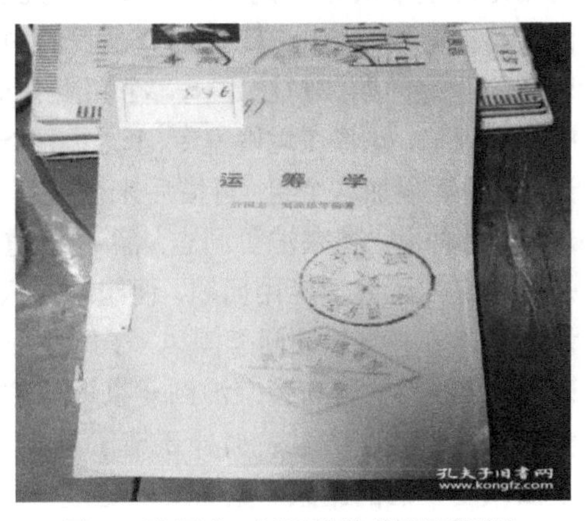


图 3 许国志、刘源张编著《运筹学》运筹室 1973[4]

图 4　1958 年出版的《一门崭新的科学——运筹学》[6]

图 5　1939 年出版的《生产组织与计划中的数学方法》，作者康托洛维奇 [5]

顺便指出，中国运筹学发展史中第一个典范案例，是我国特有的求解运输问题的“图上作业法”。该法是由中国粮食调运部门的职工提出来而在日常铁路粮食调运中实际应用，而作为一种运筹学中运输问题解法是由桂湘云和冠淼在“大跃进”期间下去搞运筹学的应用时在粮食调运部门发现的，这个解法只要求方案中遵循两条原则：不出现迂回和对流，后来大家称之图上作业法，而它的数学上的严格证明则是由数学所万哲先、越民义等一批老师通过社会主义大协作方式在一周左右日夜连轴奋战而给出的。这也算是我们中国运筹学史中一段佳话。其实从实践中发现新的运筹问题和解法不止一个图上作业法。许国志对运筹学在铁道工作中的应用特别青睐，他曾在运筹室专门设了一个铁道组，从搞铁路运输的学校中调来顾宝光、韩锋等参加这个组，可惜后来也被解散了。但是“文化大革命”后期许国志、朱永津、马仲蕃、裘宗沪等同志从新闻报道中了解到铁道编组站李国风调车法，认为是个很好的运筹学应用问题，便组织派人进行调查研究，派朱永津、马仲蕃与蔡茂诚赴东北齐齐哈尔访问李国风，了解学习具体的调车经验，并顺便到哈尔滨车站调研，后又派马仲蕃与裘宗沪到北京近郊的廊坊车站与丰台车站蹲点，深入了解学习实际的编组调车方法；另外还请了包头铁道运输学校的刘德周来介绍他学习研究李国风调车法的结果。他们发现这是一个典型的运筹学在铁路运输中的研究问题，不过现场使用的是李国风调车法，齐齐哈尔铁路局李国风长期负责铁路上火车头的调运工作，这个调车法是李国风多年的经验总结，铁道部曾在 1964 年明令在全国铁路上推广这一方法。方法是手工操作，针对出现的一些常见情况，讲明遵循一定的规则如何处理，方法自然不够完备，也不能保证达到最优的目标，更缺乏严格的数学分析。许国志他们通过深入学习研究，把铁道编组调车问题形成数学模型，变成数列的最优分解排序问题，要求通过最少的 (子) 序列分解，使得给定的序列有序。他们最后整理完成了这个调车法的数学理论，给出快速有效的算法，发现居然与著名的广义斐波那契序列有关 [9]。他们这项工作对国内铁道调车问题研究起到很大的推动作用，更可贵的是他们编出的程序在一台美籍华人送给数学所的台式计算机 Wang 520 上实现的，其实当时这台计算机十分简陋的，内存小、功能差、输入费时和打印效果差 (图 6)。附带的打印设备，就像早期商场 POS 机打出的结果，只是还要简单, 由于存储限制编程花费了更多精力。当时课题组是自带这台计算机住在丰台车站现场进行调车演示, 编出的程序确实可以用于调车。遗憾的是当时丰台编车站肯定了课题组工作的有效性，只是要求留下这台计算机供他们使用，由于当时数学所自己也要使用这台计算机没有留下。工作只好告一段落。

图 6 台式计算机 Wang 520

许国志也很注意运筹学在钢铁工业中应用。早在 20 世纪 60 年代初他曾带队去鞍山钢铁公司进行调查研究。当时数学所组织了一个庞大的研究队伍赴鞍山钢铁公司进行运筹学和其他数学方法在钢铁工业中的应用工作。记得研究队伍中年长的有越民义、桂湘云、顾基发等，年轻的有李邦河、曹晋华、任南衡等。后于 90 年代中期许国志又组织蔡茂诚、刘振宏与杨晓光等带领学生研究运筹学在炼钢自动化中的应用项目——上海宝山钢铁公司的炼钢自动化。炼钢炉每天冶炼多种规格的钢材，每种钢材有特定的工艺要求，需要特定的加工设备，冶炼好的钢水最后送到连铸机铸成钢板。要求安排生产的钢材在各加工设备的加工时间，使得炼好的钢水在指定的时间区间内送到连铸机前进行浇铸，到达时间不能太早，不然钢水冷却凝固无法浇铸，到达时间更不能晚，连铸机不许断铸。前后用了三年多时间，搞了两期项目，他们长时间住在宝钢，现场学习工人师傅的调度工作经验，应用工件加工排序理论与算法，编成计算机程序，能够合理解决正常情况的炼钢排序问题。但是项目需要对工作现场适时监控，及时收集传输多种信息，项目还需要智能化地处理一些突发事件异常情况，需要实时的信息采集设备。当时缺乏这些必需的条件，致使这项研究是阶段性的成果，后来宝钢和东北大学合作，将这一工作深入完善，取得了骄人的应用效果。

## 3. 和钱学森一起提出“系统工程”

关于钱学森、许国志和王寿云 1978 年在文汇报的文章《组织管理的技术——系统工程》[10]，该文是中国系统工程界公认的重要文献, 正是说明许国志是我国系统工程的推导者，其实在编写这篇文章时，据上海交通大学钱学森图书馆曾整理了钱学森和许国志两人来往通信讨论的文档证明他们密切交流 (图 7, 图 8), 图 8 见文献 [11]。

钱学森先生转李耀滋先生的信：

请国志同志阅。这是李耀滋先生的意见，你意何如？请示知。钱学森 1978 年 11 月 19 日。

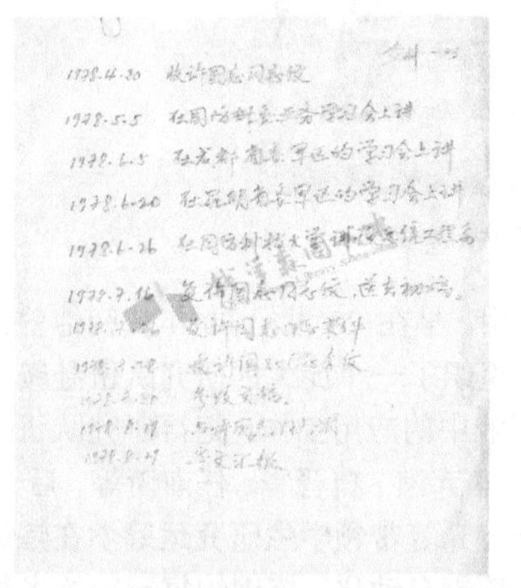

图 7　钱学森手写发表文章前后过程的“大事记”[11]

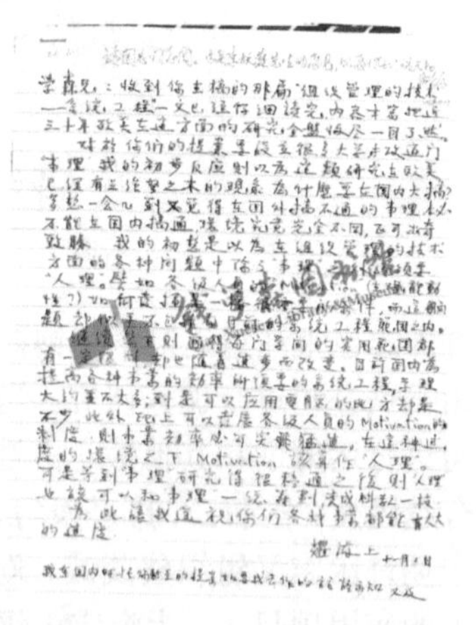

图 8　李耀滋 1978 年 11 月 3 日给钱学森的信 (见下文)[11]

学森兄：收到你主稿的那篇“组织管理的技术——系统工程”一文已经仔细读完，内容丰富把近三十年欧美在这方面的研究全盘收尽一目了然。对于你们的提案要设立很多大学专攻这门“事理”，我的初步反应则以为这类研究在欧美已经有点强弩之末的现象，为什么要在国内大搞？多想一会儿倒不觉得在国外搞不通的事情未必不能在国内搞通，环境究竟完全不同，正可出奇制胜。我的初想是以为在组织管理的技术方面的各种问题中除了“事理”之外必须要“人理”。譬如各级人员的“Motivation”(主观能动性)?如何发挥是样很重要的条件，而这问题却似乎不包括在目前的系统工程范围之内。继续想下则觉得每门学问的使用范围都有一定限制，却也随着进步而改变。目前国内为提高各种事业的效率必可突飞猛进。在这种过度的环境之下 Motivation 该算作“人理”。可是等到“事理”研究得很精通之后，则“人理”也该可以和“事理”一总筹划，变成科学之一枝。为此，让我遥祝你们各种事业都能有大大的进度。

耀滋上

十一月三日

文汇报这篇文章的发表很有历史意义：① 把国际上运筹学、系统工程和管理科学等统一起来，形成一个强调“组织管理”的系统工程，这是具有我国自己特色的系统工程，而在西方的系统工程更多强调其工程应用方面；② 强调“物理、事理”，文中曾提到“相对于处理物质运动的物理，运筹学也可以叫做事理”。后来许国志先生进一步发表了《论事理》[12](图 9)，讲清了事理研究的内容。再后来许先生告诉我钱学森写信给美国工程院院士系统工程专家李耀滋先生，提到钱学森、许国志他们对系统工程的理解中强调物理和事理，李先生回信表示同意，并建议除了“事理”之外，还需“人理”，他用英文 motivation 表示人理，亦作主观能动性 (图 8)[11]，这也是后来我提出“物理事理人理系统方法论”最早的源头 [13]。

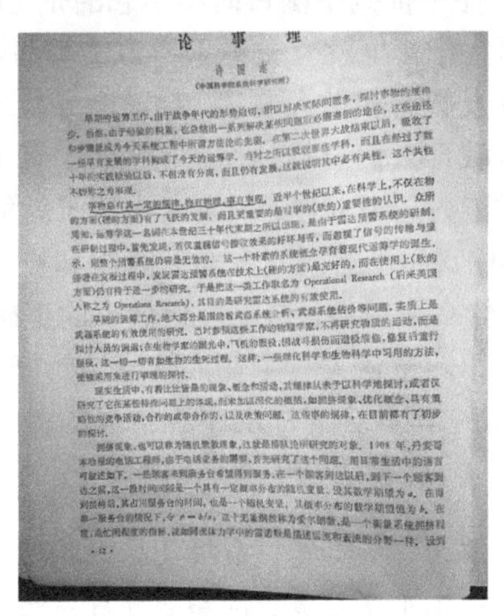

论 事 理

许国志

图 9 许国志《论事理》[12]

在创建中国的系统工程事业时，在 20 世纪 70 年代末许先生曾发过宏愿：建立一个所，一个学会，一个杂志，一个系，后来都实现了，这就是中国科学院系统科学所 (1979 年 10 月)，中国系统工程学会 (1979 年 12 月),《系统工程理论与实践》(1981 年 3 月)，国防科技大学七系 (系统工程和应用数学)，当然这不全是他一个人的力量，但他是当之无愧的实现这个宏愿作出重要贡献者之一。20 世纪 80 年代晚期许国志又参与筹建了中国科学院管理、决策与信息系统重点实验室 (1988 年 5 月)，该室是中国运筹学、系统工程、管理科学、计算机科学、知识科学和应用数学的主要研究基地和高级人才培养基地之一。许国志曾担任重点实验室的首任室主任, 后期他把工作重点和办公室都放在这个实验室。这个实验室力行学科交叉，注意为国民经济服务，同时注意先进计算机和信息技术的应用。两大全国性一级学会中国系统工程学会和中国运筹学会的理事长、秘书长，都是由实验室成员分别担任，体现出实验室在国内相关学科领域的领导地位。近年来在许国志先生的学生汪寿阳、杨晓光等的带领下，这个实验室在支持国家宏观经济决策方面做出很大的贡献。

## 4. 提出“大学”中的系统方法，中国本土朴素的系统方法论

1997 年第三届英国—中国—日本系统方法论学术讨论会召开前，英国朱志昌请许国志写一个序，他的英文序就名为“大学”中的系统方法 (On the system approach in “Great Learning”)[14]。序中提到中国古时小学念的是《四书》《五经》。《四书》中第一本就是《大学》,《大学》里就有教你思考方法和写作风格的系统方法。《大学》中开头就教你学会开发智慧和做人要善，要学会寻找新的，放弃旧的，最终教你达到善和正确。接着就教育人们要找到正确的方向。有了正确方向使人心静，心静了人就平和，平和了才能去思考问题，问题考虑清了就能找到正果。这是教人如何行为的系统的方法。书中说每个客观对象总有其根和枝节。每个活动总有其始和终。知道什么事应先做，什么事后做，这就接近做事的正确方法。我们可以称它为一个朴素的方法论。书的第四章认为一个伟人就应做到修身、齐家、治国、用智和善去平天下 [15]。这也是使中国社会有序的中国儒家的基础。最后他作了一首诗来结束全文：

渊源文化各西东，系统还原大不同。
莫道山中多异景，应知云外有苍松。
眼前睫在犹难见，室里兰香嗅久穷。
相约置身天半处，纵观低壑与高峰。

这个序和诗教导了我们，我们自古有自己很朴素的精彩的系统方法论，不能外国货一来就冷落了自己的国粹。钱学森和许国志一直尊重我们中国文化传统，也希望我们中国有自己的系统工程和系统科学学派。

## 5. 许国志先生的人格魅力——海纳百川

许国志先生胸怀宽广，学识渊博，博古通今，学贯中西，而又平易近人。与人交往总能找到都感兴趣的话题。就我们熟悉的一些各具特色的数学大家都与许先生是很要好的朋友。国外的，例如英国的图论大家的 W Tutte，典型的英国绅士；号称组合优化之父的 J Edmonds, 则是典型的特立独行的美国自由风格，离散数学杂志主编 P Hammer; 日本的运筹学家三根久，他和他的学生都很亲华, 他每次来华必与许国志亲密交谈；荷兰运筹学家 J K Lenstra, 等等；国内的就更多了，钱学森先生自不待言，关肇直和吴文俊是与他同创系统科学研究所的创建者和战友，中国图论学科的开拓者和奠基人华中师范大学的李修睦，山东大学的谢力同，山东师范大学的管梅谷，曲阜师范大学的邵品忠、章志敏、王长钰等。与同行同事讲到许国志先生，无不敬佩许先生的人格魅力，与先生见面交谈如沐春风，是一种享受。在系统科学所内和系统工程学会中更有一大批老老小小的朋友，知音和学生恕不一一点名了。

许国志先生对青年学生更是循循善诱，善于因材施教，关怀备至，寄托很大的希望。许国志先生桃李满天下，培养了一大批运筹学和系统科学方面的专门人才，其中有许多在国内外都有很大的影响。本文编写中得到了蔡茂诚、杨晓光的帮助，特此致谢！由于年代已久，有些人名已记不起来，不妥之处，望见谅！

**参考文献**

[1] 何超, 许康. 中国数量经济学的先驱者之一——周华章. 湖南大学学报 (社会科学版), 2011, 3

[2] 许康, 何超, 徐义保. 新中国管理科学的开创者之一——周华章: 在运筹学领域的贡献. 哈尔滨工业大学学报 (社会科学版), 2009, 11(6): 4-7

[3] 近藤次郎. オペレーションズ・リサーチ入门. 日本放送协会, 1978

[4] 中国科学院数学研究所运筹室. 运筹学. 北京: 科学出版社, 1973

[5] 许国志, 刘源张, 等. 运筹学. 北京: 科学普及出版社, 1963

[6] 中国科学院力学研究所运筹学组. 一门崭新的科学——运筹学. 北京: 科学普及出版社, 1958

[7] 许国志. 运用学中的一些问题. 科学通报，1956, 5：15-23

[8] 康托洛维奇. 生产组织与计划中的数学方法. 北京: 科学出版社，1959 (原书Л В Канторович. Математические Методы Организации и Планировния Производства. 列宁格勒大学出版, 1939)
[9] 中国科学院数学研究所运筹室二组. 铁道调车问题中数学方法的初步研究. 应用数学学报 1978, 1(2): 91-105
[10] 钱学森, 许国志, 王寿云. 组织管理的技术–系统工程. 文汇报, 1978
[11] 上海交通大学钱学森图书馆 “钱学森系统工程思想及当代价值” 课题组. 钱学森发表《组织管理的技术–系统工程》前后，2018 年 9 月 24 日
[12] 许国志. 论事理. 系统工程论文集. 北京: 科学出版社，1981: 12-17
[13] 顾基发, 唐锡晋. 物理–事理–人理系统方法论——理论与应用. 上海: 上海科技教育出版社, 2006
[14] Xu G Z. On the Syste-m approach in “Great Learning”. The third UK-China-Japan workshop on System methodology: Possibilities for cross-cultural learning and integration // Wilby J, Zhu Z C. The Hull University, 1997: 5-6
[15] The Great Learning. 大學. Translated by Muller A Charles. First translated during the summer of 1990. Revised 2010.11.29 http://www.acmuller.net/con-dao/ greatlearning.html

## 4.11 忆我的老师——许国志先生

经士仁 中国科学院数学与系统科学研究院

一

许国志先生是我的前辈，我同许先生相识是在大学时期，算是师生关系。来到运筹室，他是运筹室负责人之一，曾一起参加过铁路驼峰调车组工作，算是同事也是领导。之后中国系统工程学会成立，办公室需要人，算是领导与被领导关系。

1958 年中国科学技术大学 (简称中国科大) 创办，我在应用数学系学习，中国科大办校方针是院校结合，所系结合，学制 5 年，前 3 年打基础，后 2 年专业课，分专业时，我选的是运筹学专业。1961 年，以许国志先生为首在中国科大应用数学系创办第一个运筹学专业课程，培养运筹专业人才。他亲自为我们班 11 位同学讲课。他讲课深入浅出，案例旁征博引，理论与实践结合，透过 “知识” 强化 “能力”，鼓励创新，同学们都爱听。来授课的还有越民义、马仲蕃、桂湘云、朱永津、徐光辉、应玫茜、施闺芳、寇淼等专家、学者 (见图 1、图 2)，我们是幸运的，是第一批得到他们培养的学生，受益匪浅、终生难忘，很是感激。

1963 年毕业，我和王日爽同学分配到中国科学院综合运输研究所。在这期间，工作上遇到与运筹学有关的问题，我们向许国志先生请教，他见学生来，非常欢迎。他喜欢听在实际工作中有关运筹学中的问题，显得十分开心，很健谈，用座谈研讨方式交流。他的广博知识，深厚的数学底蕴，让我们获益匪浅，深感敬佩。

1964 年 1 月春节来临，去拜访许先生，那时他住在中关村北区专家楼，进门正见箭平、修平两个活泼的孩子同许先生亲热地玩耍，我们显得不好意思，稍聊一会儿就告别了。不久许先生特意写了一封信：“士仁、日爽同志：春节蒙来舍甚感、惜小孩顽皮，吵闹未得畅谈，为憾。”(信函见图 3) 让我们看到许先生就是这样一位在家是和蔼可亲的慈父，在外是平易近人的长者。

1974 年，许国志主持并参加铁路驼峰调车问题的研究项目，那时，许先生的视力已下降，看人和物都已十分费劲。但他不辞辛苦，专心致志，一丝不苟，具有实

图 1　科大毕业师生照片

从左至右：

第一排：郑道钦、魏权龄、刘彦佩、曹晋华、颜基义、经士仁、董振福、王日爽、王崑山

第二排：周肇芬、应玫茜、桂湘云、施闺芳、朱永津、许国志、越民义、徐光辉、寇淼、马仲蕃、杨德庄

摄于 1963 年

图 2　科大毕业师生照片

运筹专业班 11 人

前排：周肇芬、应玫茜、越民义、桂湘云、许国志、徐光辉

后排：魏权龄、王崑山、刘彦佩、经士仁、颜基义、董振福、杨德庄、王日爽、曹晋华、郑道钦

摄于中关村中科院礼堂 1963 年 8 月 3 日

干精神，天天到数学所大楼，在有 “长城 203” 的小型计算机房，亲自编写调车程

序，并到北京丰台、西安铁路局枢纽站等地进行试验，效果不错，计算机给的方案得到实际部门的认可和赞赏，但因该台式小型计算机内存小，打印速度慢，输入功能差等问题，而难于实际推广应用。与当时所看到的国外工作比较，这项研究的理论成果是先进的、领先的。

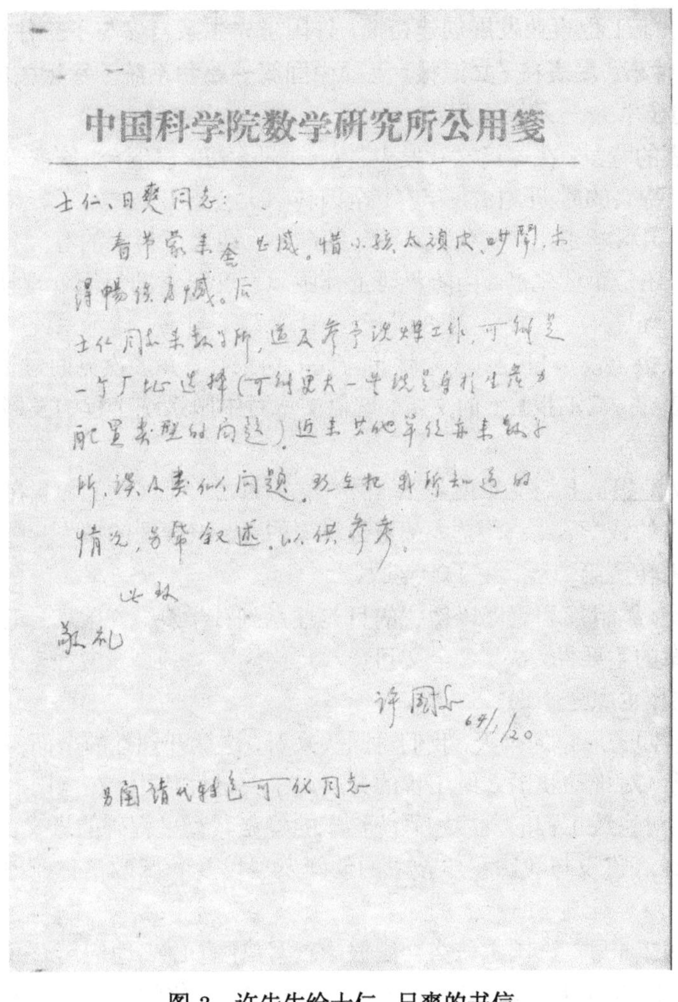

中国科学院数学研究所公用箋

士仁、日爽同志：

春节蒙来舍出感。惜小孩太顽皮、吵闹，未得畅谈为憾。后

士仁同志来数学所，谈及参予[illegible]工作，可能是一个厂址选择（可能更大一些就是有关生产力配置类型的问题）。近来其他单位亦来数学所，谈及类似问题。现在把我所知道的情况，另笔叙述，以供参考。

此致

敬礼

许国志 64/1/20

另函请代转达可钦同志

图 3　许先生给士仁、日爽的书信

1979 年之后，我到学会工作，与许先生接触机会多了，下面就把我所经历的有关人和事作一点介绍。

## 二

学会成立这一年，正是许先生 61 岁，在这后半辈子里，许先生他一心一意地想把对我国社会主义建设大有用途、大有可为、大有前途的系统工程、系统科学作为他的终生事业奉献他自己的力量。

在中国系统工程事业发展创建初期，许国志先生亲自参与了三件重大事件。

**1. 第一件事：发表在《文汇报》上的中国第一篇和系统工程相关的文章——《组织管理的技术——系统工程》**

文章发表的背景：在这篇文章发表之前，“四人帮”已倒台，国家当时正处于拨乱反正、百废待兴的时期。1978 年春，全国科学大会召开，开始了春风吹拂的新气象，从此，中国科学走出“文化大革命”的严冬，迎来了科学的春天。而当时无论是科学研究，还是工业生产，国防科研上都亟须一套科学的组织管理技术。据许国志先生回忆：“记得 1978 年 4 月 30 日我给钱老写了封信，请示系统工程这件事现在是不是可以提上议事日程。钱老就此与我书信来往，并多次见面讨论，不久就写成了那篇发表在《文汇报》上的文章。这篇文章对中国系统工程的发展起到了推动作用。”

那篇《文汇报》上的文章就是指 1978 年 9 月 27 日，《文汇报》在第一版右方头条地位刊出的钱学森、许国志、王寿云发表的《组织管理的技术——系统工程》，文章从第一版转至第二版，用了一整版。

《文汇报》编辑部和记者以敏锐的目光注意到钱学森、许国志、王寿云三人合作发表的文章的重要性，决定“全文刊登，一字不改”，强调反复校对。这篇文章之末有 11 条注释也照登不误。

改革开放四十周年的今天，我们再回头来看，这篇开创性的全面深刻地阐述系统工程的文章，对推动我国系统工程的开展起了关键性作用，在全国产生的影响很大。文章不但对系统工程的发展和系统科学的建立具有里程碑的意义，而且还对我国社会主义经济建设与我国科学技术的创新发展以及我国政治体制改革都有重要的影响。

那么问题就来了，许国志怎么会给钱学森写信呢？原来他们俩之间关系交情甚密。不错，早在 1955 年 9 月，许国志与夫人蒋丽金 (光化学家，后来是中科院院士) 乘船回国时，正好与钱学森夫妇同船。据许国志回忆，“这是一条‘克利夫兰总统号’邮轮，是从旧金山启程，第一站到洛杉矶，途经檀香山，马尼拉，香港九龙，10 月 8 日中午跨过罗湖桥抵达深圳的。”终于踏上祖国领土。

在漫长的航行中，钱学森与许国志就当时第二次世界大战中有关新兴的运筹学深入地进行了探讨，两人共识运筹学对中华人民共和国建设大有用途，大有可为，大有前途。钱学森建议许国志回国后共同一起开展运筹学研究。

许国志 1919 年生，1939 年考入交通大学机械系，1947 年去美国，考入堪萨斯大学，仍修机械工程，获硕士学位后转入数学系，1953 年获数学博士学位。

钱学森 1911 年生，许国志比钱学森小 8 岁，在长期交往中许国志对钱学森十分尊重，许先生一直认为钱老看问题有远见卓识，至少超前十年，甚至更远。

1956 年 1 月，中国科学院力学研究所成立，钱学森为首任所长，钱伟长为副所长，钱学森邀请许国志到力学所工作，出任运筹学研究室首任主任。当年的力学所是在数学所的力学组 (钱伟长任组长) 的基础上建立的。

文章的第三位作者王寿云，他是 1960 年北京大学数学系毕业，分配到国防部第五研究院工作，1965 年起担任钱学森秘书，长达 17 年。1982 年任国防科工委综合计划部规划局副局长，中国系统工程学会第一、二、三届副秘书长，第四届副理事长，1990 年被授予少将军衔，1997 年 12 月因车祸为公牺牲。

**2. 第二件事: 钱学森牵头，关肇直、许国志等 21 位专家学者发起倡议筹建中国系统工程学会委员会**

1979 年 10 月 11 日至 17 日，在中国系统工程发展史上的一项重要会议——国防科委系统工程学术讨论会在北京京西宾馆召开，是一个级别很高的会议，聚集了来自全国各地的组织管理、工程技术、数学、运筹学、控制、计算机、信息等各方面的 150 名专家学者代表。会议由国防科委发起，联合中国科学院、教育部、中国社会科学院、各工业部门、总参总后各军兵种、军事科学院等单位共同召开。中央领导耿飚、王震、张爱萍、李达等 10 多位领导出席了开幕会。钱学森主持大会，并作了题为“大力发展系统工程，尽早建立系统科学的体系”的重要报告。

中国科学院系统所关肇直、吴文俊、许国志、刘源张等参加了此会。顾基发先生是大会秘书组负责人之一。会议出版了《系统工程论文集》，这是我国第一本公开出版的有关系统工程学术会议的论文集，钱学森、关肇直、许国志、吴文俊、刘源张、宋健、刘豹、陈珽、张仲俊、顾基发，于景元、陈锡康等撰写了论文，论文集收录了 22 篇，20 多万字，科学出版社 1981 年出版。

会议一个重要共识和重大举措: 钱学森牵头，关肇直、许国志、刘源张、刘豹、李国平、宋健、张仲俊、陈珽、薛葆鼎等 21 位学者专家共同向中国科学技术协会提交建议成立全国的系统工程学术团体并组建中国系统工程学会筹委会的倡议书。不久，中国科学技术协会正式批准同意 (1980 年 9 月 12 日中国科学技术协会发学字 278 号批文)。1980 年 8 月 30 日中国系统工程学会筹委会秘书工作班子成立。主要成员有许国志、顾基发、王寿云、柴本良、吴洪鳌、朱松春、陶家渠、经士仁、李中华等。

**3. 第三件事：中国系统工程学会成立**

1980 年 9 月得到中国科学技术协会批文后，筹委会决定成立大会，年内办成，不跨年，不拖延。筹委会在许国志先生的领导下，紧锣密鼓地开展各项工作。筹委会的工作班子来自各单位，中科院系统所、国防科工委情报所、军事科学院、总参炮兵装备技术研究所、教育部、航天部等单位，大家齐心协力，协同作战，统筹协调，极大地提高了效率，在不到两个月的时间，各项工作就准备就绪。

1980 年 11 月 18 日至 22 日中国系统工程学会成立大会暨第一届学术年会在北京海军司令部大院胜利召开。来自全国 13 个省市 85 个单位的 118 名代表出席了大会。

在开幕会上，许国志代表筹委会报告了学会筹备过程，钱学森作了题为 “系统科学体系” 的学术报告，在闭幕会上又作了关于 “进一步开展系统工程工作问题” 的重要讲话。

会议通过了《中国系统工程学会章程》，选举产生了由 117 名理事组成的第一届理事会及 35 名理事组成的常务理事会。理事长为关肇直，副理事长为刘豹、李国平、宋健、张仲俊、陈珽、薛葆鼎，秘书长为许国志。会议一致推荐钱学森、薛暮桥为学会名誉理事长，聘请于光远、马洪、孙友余、汪道涵、张劲夫、邹家华、杨国宇、姜圣阶、蒋崇璟等 9 名同志为学会首届顾问。

会议决定在理事会下设三个专业委员会 (系统理论、社会经济系统工程、军事系统工程)；四个工作委员会 (学术、教育与普及、编辑出版、国际学术交流)。会议决定中国系统工程学会挂靠单位为中国科学院系统科学研究所。会议决定中国系统工程学会的会刊《系统工程理论与实践》创刊号为学会成立大会专辑。

中国科学院系统科学研究所进入第一届理事会的成员有 10 位：关肇直 (理事长)、许国志 (秘书长)、吴文俊 (常务理事、系统理论委员会召集人)、刘源张 (常务理事)、胡凡夫 (常务理事、系统所党委书记)、顾基发 (常务理事)、成平 (理事)、丁夏畦 (理事)、韩京清 (理事)、陈锡康 (理事)。

第一次成立大会选址海军司令部大院、一个学术团体成立进军队要害部门开会，恐怕不多见，史无前例，并得到海军大院各部门，各级领导的大力支持，这其中的关键原因与海军副司令员杨国宇和海军装备论证中心余潜修教授助力支持有关。杨国宇副司令在 “文化大革命” 中，还是周恩来总理亲自点名要他保护好钱学森。在一次国防工委会议上，总理对杨国宇说：“你是政委，钱学森要是被人抓走，不能正常工作，我拿你是问！” “这些同志都是搞国防科研的尖子”，“如果有人要武斗，抓人，可以用武力保护”。钱学森在《周总理让我搞导弹》的回忆文章上写道：

“文化大革命” 中我们都是受保护的，没有周总理的保护，恐怕我这个人早就不在世了。那时候我们都是军管的。军管每星期都要向总理汇报一次，总理下了一个命令，要搞一个科学家的名单。名单送上去后，总理说：‘名单中的每一个人，你们要保证，出了问题，我找你们。’杨国宇知道这件事，他是军管会的副主任，主管科技的，和我接触很多，他 (指杨国宇) 说起这件事来，生动极了。”

钱学森与杨国宇相识是一种缘分，杨国宇副司令员很敬佩钱学森，很尊重钱老。

**4. 学会初期几件创意的事**

(1) 一张桌椅就是学会办公的地方。

学会成立，筹委会的使命已完成，学会挂靠在中国科学院系统科学研究所，那时的系统所也刚成立不久，犹如刚出生的幼婴一样，自身条件很差，没有自己的科研办公楼，即使有办公的地方，条件也很简陋，当初学会想要找一间办公室都很困难。许国志、顾基发和我都是运筹室的，上班在中关村大操场北侧的一幢经济楼，这是一幢二层高的小楼，运筹室在一层，该楼现已消失，其方位大概在院文献图书馆馆址的东北侧。一间 8—9 平方米的房间，四位科研人员共用，四张桌椅一放，显得拥挤不堪。一天许和顾分别找我谈话说，所里条件有限，学会办公室先暂放在运筹室，并让我负责学会的日常工作，就这样，一张办公的桌椅就成了当初学会办公的地方。直到 1991 年 9 月五所科研大楼建成，才有了学会的办公室。

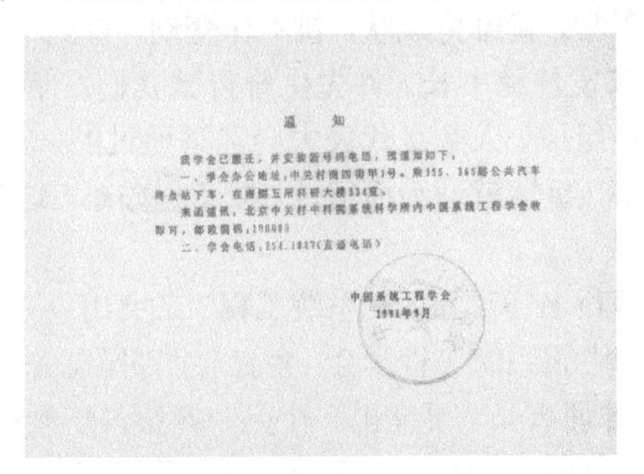

通　知

我学会已搬迁，并安装新号码电话，现通知如下：

一、学会办公地址：中关村南四街甲1号。乘355、365路公共汽车终点站下车，在南侧五所科研大楼334室。

来函通讯，北京中关村中科院系统科学所内中国系统工程学会收即可，邮政编码：100080

二、学会电话：254.1847(直通电话)

中国系统工程学会

1991年9月

图 4　学会搬迁新大楼通知

(2) 创办 “中国系统工程学会《情况简报》”。

这是许国志建议的，一天许先生对我说：“学会办公室应办一份 ‘会讯’ 叫 ‘情况简报’，内部交流，不定期。” 让我负责。这份 “简报” 在当时对加强理事、会员联系，学术活动态信息传播起到了关键的作用，深受系统工程界欢迎。然而这份 “简报” 更有意义的是给学会留下了一份珍贵的史料资料，留下了学会的历史足迹。从

1981 年 6 月创刊到 21 世纪初，发行近 80 期。

(3) 改革旧式论文交流方式，率先进行会前出版论文集。

旧式论文交流的最大弊端是会议收到大量论文资料，不能装订成册和正式出版，其社会影响受到限制，论文作者知识产权得不到保护。出版会前学术论文集，其改革难度在于解决书号、出版经费及编审校对，编审校对是由学会来负责的。在那个年代还没有电脑，没有网络，用的是手抄稿，靠的是铅字排版，稿件编辑加工三审三校，使学会工作量大大增加。在中国科学技术协会的支持下，少数几个学会率先进行改革试点，我们学会知难而上，1987 年 10 月在安徽第五届年会上，学会第一本学术年会论文集《发展战略与系统工程》(许国志、陈珽、刘豹为该书作序) 公开亮相，得到广大科技工作者的欢迎和赞赏。论文集的出版，促进了学术年会的交流质量，促进了系统工程人才的成长和发展，储备了一大批系统工程骨干分子，有的走上了学会领导岗位，有的成为教授、学者或单位的领军人、学科带头人，年会学术论文集已成系列并成为中国系统工程学会一大品牌。

(4) 按章程办事，空缺的理事长职位，维持现状不变动。

1982 年 11 月 12 日第一届理事长关肇直因病仙逝，终年 63 岁。

许先生的担子更重了。理事长的位子一直空缺，没有增补。原因：几位副理事长不争名，许国志不为名，更不争名，在关肇直病重期间，学会工作实际是许国志秘书长在负责，常务理事顾基发先生是得力助手。情况既然如此，只要不影响学会正常工作，运转一切正常，就维持现状，暂不作变动，直到下一届理事会选举，许国志当选理事长，顾基发任秘书长。许先生曾告诫我们："顾大局，搞好团结很重要。特别是理事会成员组成，人数是代表大会选举通过的，应慎重，不要轻易、随意去变动，按章程办事，事情就迎刃而解。" 按章程办事，这是当领导的一种领导艺术。

(5) "钱学森，薛暮桥名誉理事长，系统工程" 三突出：

有一次我在编写 "中国系统工程学会" 条目时，许国志先生特别提醒我，在 "钱学森和薛暮桥担任名誉理事长" 要突出一个是 "自然科学领域的钱学森"，另一个是 "社会科学领域的薛暮桥"，再突出 "系统工程是跨部门、跨领域交叉学科性质特点"。于是我将这一小段写成：

"由自然科学领域的科学家钱学森和社会科学领域的经济学家薛暮桥担任名誉理事长，充分体现系统工程跨部门、跨领域交叉学科性质特点"。

他觉得这样描述较为完整，表达的意思清楚。可见许先生的文化意蕴深长。他爱好诗词，曾是中关村诗社社长。

(6) 打造中国发起主办国际学术会，让世界了解中国。

这是许国志先生一直想做的一件事。学术交流既要“走出去”也要“请进来”。从 1981 年到 1986 年学会接待国外来访的有 12 次之多，较为有影响的有中美系统分析学术讨论会、美国系统工程专家澳沃贝 (C M Overby) 及曼考 (R E Machol)、美国国际人民交流协会 (People to people) 系统工程访华代表团一行 38 人，协同论创始人哈肯 (H Haken) 教授等，通过这些交流，结合国内近几年来的系统工程和系统科学发展势头及中国钱学森系统学学派的特色，他认为“是到时机了，由中国自己来主办国际学术会是可行的”，于是他同学会国际学术交流委员会主任委员郑维敏教授 (清华大学自动化系)，秘书长顾基发等人共同讨论，争取 1988 年在中国召开一次国际学术会。从 1988 年第一届国际系统科学与系统工程会议 ICSSSE' 88(北京) 起。之后相继又召开了 ICSSSE' 93(北京)、ICSSSE' 98(北京)、ICSSSE' 03(香港)。许国志先生把中国的系统科学与系统工程学术会推向国际，让世界了解中国的梦想，一代接一代传下去。

(7) 重视人才培养，促进人才成长和提高。

从学会成立之日起，许先生把系统工程，系统科学人才的培养，促进人才成长和提高，一直放在重要工作位置，并从长远战略眼光来开展这项工作，这也是许先生想做的一件事。现回顾来看，大致可分为两个阶段、两步走的做法：

第一阶段 (1978—20 世纪 90 年代初)

从钱学森、许国志、王寿云的《组织管理的技术——系统工程》那篇文章发表起，工作的重点是推动系统工程的普及推广应用，靠的是办培训班，讲座等形式。例如，1980 年春，中央人民广播电台首次举办了系统工程系列普及讲座，钱学森、关肇直、许国志、吴文俊、宋健、薛葆鼎等一批学者主讲。

1980 年 10 月 10 日，中央电视台和中国科学技术协会组织中国系统工程学会、中国自动化学会、中国航空学会、中国铁道学会等学会联合举办 45 讲的《系统工程普及讲座》，钱学森、许国志、郑维敏、顾基发、王寿云、田丰、裘宗沪、应玫茜、王毓云等 17 位国内知名专家讲课，电视讲座的讲义发行了十六万册。除了上述这种面向全国大众的大型讲座外，各地方由学会组织的各种各样的培训班、讲座，据学会统计有百余次，参加人数达七千多人次。这些办班、讲座在社会上产生影响极大，为推动我国系统工程普及推广应用和发展起了很大作用。与此同时，学会又积极推动有条件的高等院校设置系统工程课程，建立硕士点、博士点，为培养系统科学专业人才播下了种子，这步棋子很重要。一个学科的发展，靠的是人才，有了人才，就不怕系统工程和系统科学后继无人。

科学要从娃娃抓起，向青少年学生普及系统工程，举办夏令营是一项具有战略意义的科学活动。1991 年，中国系统工程学会首届夏令营在厦门举行，许国志亲自为营员们做了深入浅出的系统工程专题报告，通过知识讲座、参观、评选小论文，使学生们在寓教于乐中增长科学知识。从 1991 年到 1997 年共举办了 4 届夏令营。

在这阶段时间，“系统工程” 成了家喻户晓的热门词。

“这几年里来，不时在报章上，在电视台上看到和听到这是一项系统工程，这是一项复杂的系统工程的提法。每当我听到这些讲话时，一方面感到兴奋，另一方面也感到沉重，这是人民和领导放在我们双肩上的重担”。这是许国志写的，载于 “相期十五载，更上一层楼” 为纪念中国系统工程学会成立十五周年纪念特辑中写的序文。1995 年 10 月许国志。文后面还特别加盖了许国志的印章 (见图 5、图 6)。

图 5　中国系统工程学会成立十五周年纪念特辑

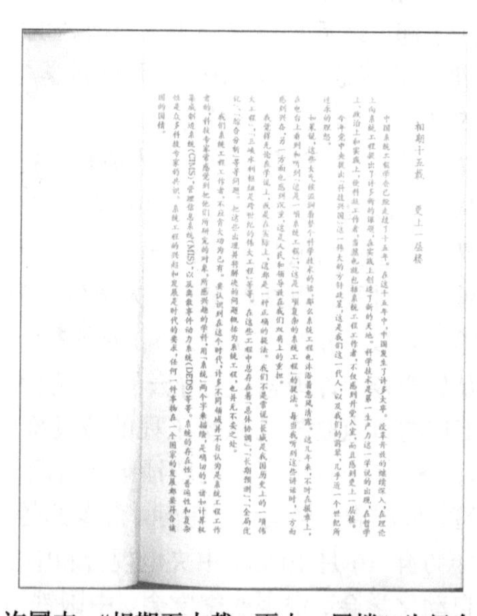
相期十五载　更上一层楼

图 6　许国志：“相期五十载，更上一层楼” 为纪念中国系统工程学会成立十五周年纪念特辑序文

第二阶段 (20 世纪 90 年代初)

这一阶段工作的重点是学科的提升总结，靠的是专家学者，开办第一期 “系统科学与系统工程” 高级研讨班，许国志在研讨班开幕会上发言，“如果一个学科写不出教科书，如果对自己的学科基本概念谈不清楚，那么就有可能被淘汰的危险。” 许国志向学会提出建议，编写出版一本《系统科学》的教材，开办高级研讨班，在系统理论人才培养上具有重要意义的一步，是 21 世纪系统科学动员会。

2000 年 1 月，在中国科学技术协会五届五次大会的工作报告中，特别提到学会在促进学科发展中的作用，指出："中国系统工程学会公布了我国第一本《系统科学》教程的编写大纲征求意见，在推动系统科学的发展中迈出了坚定的一步。"在学会统一领导下，编审委先后开了六次评审会，编写出我国第一本《系统科学》教程，及我国第一本《系统科学与工程》(专题研究与综合)，两书主编为许国志，副主编为顾基发、车宏安 (上海科技教育出版，2000 年 9 月)，两书至今仍属畅销书。

学会在人才发现，促进人才成长和提高方面，自 1988 年中国科学技术协会开启之起至今，经由学会平台推荐全国优秀科技青年，荣获 "中国青年科技奖" 的有 12 位之多，他们分别是：杨剑波、乐伟梁、陈剑、席酉民、汪寿阳、仲伟俊、王春峰、徐玖平、杨晓光、吕金虎、唐锡晋、杨翠红等。

(8) 克己奉公，以身作则，平易近人。

学会开年会，许先生不要求开好房间，大房间，同代表一样，他认为这样很好，工作还方便，他的以身作则，影响到其他代表，所以学会开会从未发生过因房间分配摆不平而产生各种矛盾或不愉快的事件。

勤俭办学会。学会向中国科学技术协会申请的经费都是专款专用，不能挪动他用，丁是丁，卯是卯。有时各地举办活动邀请总会派人，他说："向他们说明实际情况，用发贺电、贺信致以祝贺，会得到他们谅解的。"

学会领导外出开会，都是各自解决，不在学会报销，不为难下面工作人员。在领导们的影响下，学会开源节流，能省就省，一些来访者常找不到学会办公地点，自己动手制作 "中国系统工程学会" 大牌子，挂在经济小楼；用小三轮去邮局寄发材料等。

学会获得中国科学技术协会学会先进奖,《吕梁地区经济发展规划论证》项目获中国科学技术协会首届建议奖一等奖，经学会领导同意，奖金用于奖励学会各分支机构专职干部及学会急需的仪器装备，学会财务按规定审计，审计部门同志曾感叹说:"你们学会太廉洁、清廉了"。

许先生的性格豪爽，待人宽厚，能和大家打成一片，对前辈、同辈、挚友都尊重、尊敬，对小辈给予无微不至的关怀、关心和爱护。

有时候，同事们之间互相开玩笑，他高兴起来，大家心照不宣、十拿九稳，许先生来买单，许先生的友情与厚爱，在工作中使大家心情愉悦、相处十分融洽、和谐。

许先生得知挚友海军余谮修教授仙逝，让我陪同专程去余教授家，看望余教授夫人，望老人家节哀多保重。

难以忘却的一件事：1972 年许先生得知我结婚的事，他特地来到中关村 88 楼集体宿舍，看望并致以热情祝贺，我真没想到老师会来，十分感动。许先生关心小辈是无微不至的，他的师生情、同事情、领导情，让我感慨万千。

调车组在西安枢纽站工作紧张，劳逸结合需要放松一下，他同我们一块去华山。他视力不好，让我们上山，他要在山下休息，实质是不想麻烦大家。

记得还有一件事。学会第五届年会在安徽歙县召开，开幕会时间快到了，不见陈斑副理事来，许先生就着急了，让顾基发赶紧打电话，询问是怎么一回事，担心路上出什么事，那时候没有手机，通信联系极不方便，许先生心里很是紧张、担忧、揪心，后来赶到了，才放下心来，许先生对他人关心极致。

## 三

许国志先生一生创立许多项“一”字，这些的“一”，恰恰说明许先生一生所做的重要的事情，是引领性，开创性，开拓性的工作贡献的写照。

**(1) 创建一个运筹室**：1956 年，钱学森、许国志在中国科学院力学所创建我国第一个运筹学研究室，许国志为首任主任。

**(2) 第一次参加起草运筹学规划条目**：1956 年许国志第一次参加起草我国十二年科学规划纲要中有关《运筹学研究与发展》条目。

**(3) 第一次招生培养我国运筹学研究生**：1957 年，王毓云、吴沧浦成为钱学森、许国志共同负责招生的我国首批运筹学专业研究生，具体指导是许国志。

**(4) 第一次开办运筹学专业课程**：1961 年以许国志为首的在中国科学技术大学应用数学系首次开办运筹学专业课程，培养我国运筹学专业人才。

**(5) 创建中国第一个研究所**：1979 年中国科学院系统科学研究所，创建人之一，任系统所副所长。

**(6) 创建一个学会**：1980 年中国系统工程学会创建人之一。

**(7) 创办一个学术刊物**：1981 年《系统工程理论与实践》会刊首任主编。

**(8) 创办一个系**：国防科技大学系统工程与数学系，创建人之一。

**(9) 筹建一个开放实验室**：1988 年中国科学院管理、决策与信息系统重点实验室，首任室主任。

**(10) 打造一个在中国召开的国际学术会议**：1988 年第一届国际系统科学与系统工程会议 (ICSSSE' 88) 在中国北京举行，大会主席是许国志。

**(11) 培养一大批人才**：许国志培养了我国一大批运筹学、系统工程、系统科学高级专门人才，为我国推动系统科学应用和理论研究发展起到了关键性作用。

许国志先生为创造我国运筹学、系统工程、系统科学学科发展做出了卓越贡献。

许国志院士是我国运筹学、系统工程、系统科学的开创者、开拓者、奠基者。

今年是中国科学院系统科学研究所建所 40 周年，又是许国志院士诞辰一百周年纪念，我们今天深切缅怀和隆重纪念先辈许国志先生，主要向他学习，学习他：

热爱祖国，热爱人民的伟大的爱国主义精神！

治学严谨，重视实践，不断创新的开拓精神！

克己奉公，为人谦逊，待人宽厚，平易近人的高尚品德！

一生为我国运筹学、系统工程、系统科学事业发展，亲力亲为、生命不息、奋斗不止的献身科学崇高精神！

2019 年 4 月

## 参考文献

[1] 钱学森. 创建系统学. 太原: 山西科学技术出版社, 2001
[2] 中国系统工程学会成立十五周年纪念特辑. 中国系统工程学会, 1995 年 10 月
[3] 中国系统工程学会成立二十周年纪念特辑. 中国系统工程学会, 2000 年 10 月
[4] 叶永烈. 走近钱学森. 上海: 上海交通大学出版社, 2010
[5] 《系统工程论文集》编委会. 系统工程论文集. 北京: 科学出版社, 1981

# 4.12 深切怀念许国志先生

于景元 中国航天系统科学与工程研究院

今年是许国志先生一百周年诞辰。

许先生是我国著名运筹学家和系统科学家，他在这些领域中都做出过重要贡献。特别是在发展我国系统工程和系统科学事业中，他和钱学森先生密切合作，做出了开创性贡献，是我国系统工程和系统科学的重要创始人之一。

许先生和钱先生 1955 年同船回国。回国后在钱先生主持的中国科学院力学所工作，其间他组建了我国第一个运筹学研究室，并任室主任。对运筹学的发展和应用，进行了大量研究工作，取得了很多重要研究成果。运筹学的研究也是许先生从运筹学走向系统工程和系统科学的科学技术基础。

1978 年，钱学森、许国志、王寿云在上海《文汇报》上，发表了《组织管理的技术——系统工程》一文，从此系统工程开始登上中国学术舞台。

许先生在回忆这段往事时，曾写道："到了 1978 年，记得是 4 月 30 日，我给钱老写了封信，请示系统工程这件事现在是不是可以提到议事日程。钱老就此与我通信往来，并多次见面讨论，不久就写成了那篇发表在《文汇报》上的文章。"

钱先生在"系统学讨论班"的报告中也讲过："许国志同志给我写了封信。他说，什么系统分析，系统工程，又是运筹学，还有管理科学，在国外弄得乱七八糟，分不清它们的关系是什么，他建议把那个直接改造客观世界的技术叫系统工程，有各种各类的系统工程。"

这篇文章的发表，明确指出了系统工程是改造客观世界的工程技术，是组织管理系统的技术，也是对所有系统都适用的技术。这样的界定对系统工程的发展和应用，具有开创性、前瞻性、引领性和奠基性，从而产生了广泛而深远的影响。大家都认为这是一篇具有里程碑意义的文章。

当时国际上对系统工程的认识还很混乱，正如许先生所说的，呈现出"人各一词，莫衷一是"的局面，而这篇文章却使系统工程，呈现出"分门别类，共居一体"的新局面。四十年来，我国系统工程的发展，也充分证明了这一点。

这篇文章发表后，许先生又大力推动系统工程在各个领域中的应用。他是中国系统工程学会第二任理事长，并创办了《系统工程理论与实践》这个杂志，对系统工程和系统科学的发展和应用，都发挥了重要作用。

20 世纪 80 年代以来，许先生曾先后主编出版了多部有关系统工程和系统科学的著作，如《系统工程及应用案例集》(1988 年)、《系统科学大辞典》(1994 年)、《系统研究——祝贺钱学森同志 85 寿辰论文集》(1996 年)、《系统科学》(2000 年) 等。

这些著作不仅有非常重要的学术价值，同时也为培养系统工程和系统科学方面的人才，发挥了重要作用。

2001 年，钱先生的《创建系统学》一书将要出版，许先生为该书写了序言，这时他已病重住院。这年 8 月份，我和涂元季同志到医院看望他并取回序言手稿。这是我们在他生前见到的最后一面。同年 12 月 15 日，许先生与世长辞，享年 82 岁。

许先生和钱先生长期的学术合作，也结下了深厚友谊。

2002 年，钱先生写了一篇纪念许先生的文章，文中写道："许国志同志逝去快一年了。近一年来，我常常回忆起与许国志在系统工程和系统科学研究中合作的往事，感慨万千。

我认为，许国志在我国系统工程和系统科学发展的每一阶段上都作过重大贡献，他是这一学科的重要创始人。从早年研究运筹学，到后来开创系统工程，直到晚年大力宣传开放的复杂巨系统及其方法论，许国志同志都做了大量工作，取得了重大成就。

我尤为感动的是，长期以来，许国志眼神不好，晚年几乎丧失了视力，但他依然孜孜不倦的工作，辛勤地耕耘在科研第一线。他所取得的成就是来之不易的，是付出了很大心血的。甚至在他身患绝症，到了生命的最后阶段，还为《创建系统学》一书作序，他念念不忘的是系统学的创建与发展。"

读了钱先生这段纪念文字，我们深受感动，也深受教育，使我们更加怀念许国志先生!

许先生离开我们已快 20 年了。但他的科学精神与品德，科学思想与方法，科学成就与贡献，是留给我们宝贵的知识财富、思想财富和精神财富。我们要认真学习、研究并发扬光大。这也是我们纪念许先生的最好方式。

## 4.13 许国志先生的情怀*

杨晓光 中国科学院数学与系统科学研究院

许国志，男，汉族，1919 年 4 月 20 日出生于江苏扬州，2001 年 12 月 15 日病逝于北京，无党派人士，博士学位，中国工程院院士，曾任中国科学院系统科学研究所副所长、中国系统工程学会理事长。

许国志 1939 年考入国立交通大学 (上海)，1943 年毕业。1943 年至 1947 年底任职于中央机械厂、江南电力局等机构。1948 年初，许国志考取国家公派留学，于 1953 年获得美国堪萨斯大学博士学位。其后任职于芝加哥大学和马里兰大学。1955 年他与夫人蒋丽金 (中国科学院院士) 冲破美国政府的阻拦，回到中国。他先后任职于中国科学院力学研究所、数学研究所、系统科学研究所、数学与系统科学研究院。1995 年他当选为中国工程院信息与电子工程学部院士。1999 年中国工程院成立工程管理学部，许国志又成为该学部的首批院士。

许国志院士是中国运筹学、系统工程和系统科学的主要创始人之一。他长期致力于这几个学科方向的科研、教学以及学术组织、领导工作，发表过一系列对学科建设与发展有深远影响的文章。他筹建了中国第一个运筹学研究室，与关肇直、吴文俊等著名科学家一起组建了中国科学院系统科学研究所，筹建了中国系统工程学会，参与创办了中国第一个运筹学专业、中国第一个系统工程系、中国第一份系统工程学术刊物，指导了几代科研人员的成长，培养了一大批专门人才。他积极倡导、参加、支持和推动了系统工程和运筹学在国民经济和国防建设中的应用研究，为这两个学科在中国的发展做出了重要贡献。

---

* 转载自《中国科学院人物传》第一卷，2010 年 10 月，科学出版社。

# 一、创立和发展中国运筹学

20 世纪 50 年代中期，运筹学作为一门崭新的学科刚刚起步发展。钱学森和许国志就敏锐地意识到了它的重要意义和广泛的应用前景，首先将这一新学科引入中国。1956 年，许国志在《科学通报》上发表了《运用学中的一些问题》，系统地介绍了规划论、对策论、排队论等运筹学的主要分支，这是国内第一篇介绍运筹学的学术论文。与此同时，许国志还在《人民日报》上刊文介绍运筹学。在 1957 年的全国力学学术报告会上，许国志作了"论线性规划及其应用"的专题报告，首次将线性规划的概念及方法引进国内。

1956 年 1 月，许国志负责筹建了中国第一个运筹学研究室，并担任室主任。在组建运筹研究室时，许国志创造性地提出按理科、工科和社会科学各占三分之一的"三三"制选取人才，开创了学科交叉的先河。为发展运筹学，许国志通过海外渠道订购了全套美国运筹学杂志。当他了解到苏联数学家康脱罗维奇写过一本书《企业组织与计划中的数学方法》(康脱罗维奇因此获诺贝尔经济学奖)，便通过中国留苏同学从列宁格勒国立大学图书馆长期借出，并由他组织室内的同志翻译出版。而两年以后该书方在英国刊物上详登。

1956 年春，毛泽东提出向科学大进军，中国制定了第一个科学发展的 12 年长期规划，运筹学是这个规划中的一个独立项目，许国志被指定为运筹学项目的起草人。此项目不仅为我国的运筹学发展绘制了美好蓝图，而且规划了详细的实施措施。"规划"制定后，送到苏联，请苏联专家提意见，苏联专家对此项目的意见是"无条件赞成"。

运筹学的旗帜一经树立，许国志就着手运筹学队伍的培养。他在力学所运筹学研究室招收并指导了中国第一批运筹学的研究生和进修生。在 12 年长期规划中的运筹学项目，许国志设计了在清华大学电机系成立运筹学专业。按照此规划，许国志参与筹建清华大学的运筹学专业，亲自起草了该专业的课程设置。值得一提的是，清华大学的运筹学专业可能是世界上最早的运筹学本科专业。遗憾的是，清华大学电机系的运筹学专业只招了两届学生，反"右"期间停办。后来中国科学技术大学成立，许国志又大力推动在中国科学技术大学数学系设立运筹学专业，并担任教研室主任。许国志不仅参加了课程设计，而且亲自授课，指导学生的毕业论文。

运筹学名称的由来，还有一段颇为有趣的逸事。运筹学起源于英美，在美国被称为 Operations Research，在英国被称为 Operational Research。许国志最初的翻译为"运用学"。清华大学电机系运筹学专业成立时，许国志与当时清华大学主持运筹学专业的周华章博士讨论认为，尽管这门学科最早起源于战争中的武器有效运用研究，但是筹划却是它更重要的内容，因此“运用”二字不能包括 Operations Research 的全部内容。他们联想到“史记留侯世家”中刘邦对张良军事谋划的称赞，“决胜于千里之外，运筹于帷幄之中”，因此感觉用“运筹学”更贴切，于是便决定正式更名为“运筹学”，运筹学这个名称从此诞生了。

“文化大革命”期间，许国志在交通运输、钢铁工业和水利等部门进行运筹学在国民经济中的应用研究，使其在中国得到了很大的发展，为此后系统工程在这些部门的开展做出了贡献。20 世纪 60 年代中，许国志注意到当时刚刚兴起的组合最优化理论与方法的发展趋势和极为重要的应用前景，积极开展并参与了该学科的科研工作，取得了一批重要成果。中国运筹学会成立以后，他担任运筹学会第一届副理事长，随后一直担任运筹学会顾问，始终为运筹学的发展倾注心血。

## 二、创立和发展中国系统工程

1978 年 4 月，许国志向钱学森提出在我国发展系统工程的设想，得到其赞同。同年发表了由钱学森、许国志和王寿云撰写的文章《组织管理的技术——系统工程》，对推动我国系统工程的迅猛发展起到了关键性作用。为在我国尽快开展系统工程的研究，许国志提出五年内实现四个“一”的设想，即筹建一个研究所，开展研究工作; 创办一个系，培养专业人才; 组建一个学会，组织学术交流; 创办一个刊物，发表学术论文。在他与同行的共同努力下，不到三年就实现了这些设想:

第一个研究所: 中国科学院系统科学研究所，他任首届副所长并主持日常工作;

第一个系: 国防科技大学系统工程系，他曾任兼职副主任;

第一个学会: 中国系统工程学会，他任第一届副理事长兼秘书长，第二、三届理事长;

第一个刊物:《系统工程理论与实践》，他担任主编。

他曾出任国内多个一级学会名誉理事、顾问以及 10 余家学术刊物的主编、顾问。许国志还亲自参加系统工程知识的普及和推广工作。1980 年春，钱学森、许国志等人在中央人民广播电台举办“系统工程系列普及讲座”，同年 10 月，他们又在中央电视台举办了 45 讲的“系统工程普及讲座”，受到普遍赞扬。

许国志非常重视我国的系统工程专业学科建设及新生力量培养，在他的指导和帮助下，全国有 40 多个理工科院校陆续设置系统工程系或系统工程研究所。为培养系统工程事业的高级人才，他积极努力和推动国务院学位委员会将系统科学作为理学博士学位的一级学科，并担任该学科评审组召集人。自 20 世纪 50 年代以来，许国志以科学家的战略眼光，精心培养了一批又一批专业人才，指导了几代科研人员的成长，桃李满天下。他的学生遍布世界各地，许多人已经成为国际上颇有影响的学者，多人获得国家自然科学奖、国际科技进步奖、中国科学院自然科学奖、中国科学院科技进步奖。

许国志十分重视学术交流。20 世纪 80 年代至 90 年代，许国志先生与系统工程界的同行一起，先后三次组织召开了大规模的国际系统工程学术交流会，一批国际著名专家学者云集北京，交流这一新兴学科领域的研究成果，在国内外产生了重要的影响。许先生亲自接待了大批国际同行专家学者，为推动我国与国际的学术交流合作做出了特殊的贡献，在美国和日本等许多国家的专家学者中享有崇高的声誉。

20 世纪 80 年代，科学管理在我国受到相当重视，许国志充分关注这一变化以及管理、决策与信息系统结合的新趋势，及时领导和开展了这方面的研究工作。1988 年他筹建了中国科学院管理、决策与信息系统开放研究实验室，并任室主任。在他的领导、指导和支持下，这个实验室开展了一系列位居学科前沿并且与国民经济联系紧密的研究项目，取得了很好的成果。1995 年许国志当选为中国工程院信息与电子工程学部院士。为推进中国管理科学和决策科学的发展，许国志致力于推动中国工程院工程管理学部的成立，担任工程管理学部筹备组召集人，并作为第一批工程管理学部的院士。

许国志为系统科学、系统工程做了大量开创性的工作，他勇于开拓，周密计划，认真组织实施，团结全国系统工程领域的科研、教学和工程人员，为系统工程事业的发展做出了重大贡献。

## 三、献身学科建设

科学事业的发展，不仅需要能攻关陷阵的猛将，更需要能统兵布阵、运筹帷幄的统帅。许国志就是运筹学和系统科学领域的这样一个统帅之一。数十年来，许国志用了较多时间从事运筹学和系统科学的领导和组织工作。他在完成具体管理工作的同时，还以一个科学家的眼光，把一些具体事务作为案例进行研究。

许国志从线性规划的对偶定理和互补松弛定理中发现，子系统 (原问题、对偶问题) 的优化等价于整个系统的相容和互补。他从这里总结出这样一个道理: 没有相容、没有互补就谈不上优化，相容性、互补性的重要不亚于优化; 一个成功的集体，需要有不同长处的人才，需要全体成员的良好合作。他从自己的领导和组织实践中，总结出管理工作的四项原则: 第一，“互补原则”，指出领导人应注重与同自己性格迥异，事业不尽相同的人合作。第二，“易位原则”，提出对于非原则问题，站在对方的立场想一想问题，是能把事情办得更好一些的一个法宝。第三，“三多原则”，就是要多想、多听、多写。多想就是要多分析，多思考；多听就是要全面听取意见，让人家把话讲完；多写就是要自己动笔去写各种文件，不要假手于秘书。第四，“一盘棋原则”，许国志认为任何一个单位都是一盘棋，每个个体都是棋盘中的一个棋子，或者说是一个系统中的一个子系统。如果不相互交流，那么就成为一个奇异点，或者说形成一个闭系统，在闭系统中，熵不断增大，最终将导致无序。因此，许国志主张在单位内部应该兼收并蓄，只有这样才能使一个单位叶茂枝繁。许国志不仅是这四项原则的积极提倡者，而且身体力行。在他主持系统工程学会期间，始终按他提出的四项原则办事，以系统工程学会为中心，上下同心，共同奋斗，每次开会发给副理事长的通知里，都附有一封他的亲笔信，以示对对方的尊重。

在中国运筹学和系统科学的发展中，许国志很多时候是处在第二小提琴手的地位，但是在每支乐曲中，都能听到他那优雅、和谐的琴声。例如，创建系统科学研究所，起核心作用的是关肇直、吴文俊和许国志。系统科学研究所的建立，对我国的系统科学的发展起到巨大的推动作用。然而筹建系统科学研究所是件艰巨的工作，当时遇到各式各样的困难。许国志的最大特长是他善于并乐于从事一些规划和常务工作，勤于动脑、动嘴、动笔。他为系统科学研究所的建立做了大量的筹划工作，对遇到的困难周密思考，设想克服困难的办法，并组织人实施；他努力协调方方面面的关系，亲自起草各种重要文件。系统科学研究所的建立，许国志功不可没。

## 四、坚定的爱国者

许国志的一生，是一个坚定爱国者的一生。许国志中学时代正值国难当头，日寇侵华意图昭然若揭，反日爱国的学生运动此起彼伏。1935 年冬，许国志所在的扬州中学学生罢课，许国志被选为罢课运动主席团成员。他的爱国行为使学校当局惧怕，在报考扬州高中时，尽管成绩优秀，却不予录取，他后来考入南京中央大学实验中学。

许国志考入国立交通大学 (上海) 时，日本的侵华战争已经全面展开，当时交大栖身于上海租界。太平洋战争爆发后，日本占领上海租界，许国志不愿意在日本侵略者的统治下生活，他决定赴重庆继续学业。许国志先是想从温州乘海船辗转入川，因日本人封锁不得不退回上海，只得沿长江西上，一路上忍饥挨饿，多次冒着生命危险通过日本人的封锁线，最终于 1942 年 9 月抵达重庆，成为最早到达重庆的国立交通大学的复校生。

中华人民共和国成立时，许国志正在美国求学。祖国建设的欣欣向荣，使得远在异国他乡的许国志夫妇倍感鼓舞。他们一直怀着一颗学好知识报效祖国的赤诚之心，新中国的诞生给他们带来了化梦成真的机会。早在 1953 年，他们就向美国移民局申请出境返国。当时美国正在朝鲜战场与中国兵戎相见，他们的出境申请被美国移民局长期扣压。直到 1955 年秋，美国政府放弃其阻挠中国留美学生回归大陆的行动，许国志夫妇便买了“克利夫兰总统号”邮轮归国的船票，这是当时能买到的最早的船票。

每每在祖国的紧要关头，许国志都是坚定地站在祖国的一边，表现出强烈的爱国情怀。

**参考文献**

[1] 许国志，杨晓光. 运筹学历史的回顾：系统研究. 杭州：浙江教育出版社，1996：79-99
[2] 钱学森. 创建系统学. 太原：山西科学技术出版社，2001
[3] 邓述慧，杨晓光. 许国志// 中国现代数学家传. 第四卷. 南京：江苏教育出版社, 2000

## 4.14　对话知识科学的推动与实践者——忆刘源张先生参加综合集成与复杂系统讨论班的点滴

唐锡晋　中国科学院数学与系统科学研究院

中国科学院系统科学研究所 (以下简称 ISS) 至 2019 年成立四十年。曾听已故中国工程院院士刘源张先生讲述他当年带领一个国内代表团访问美国科学院时，对方跟他提到中国居然有专门的研究系统科学的机构，似乎说那是世界上第一个这样命名的研究所，当时就感慨老一代科学家 1979 年创所时使用系统科学命名的远见卓识。

1991 年 6 月我在中国科大 16 系硕士研究生班学习已进入二年级末。当时导师准备公派出国的英语培训等，自己没有科研项目，便介绍学生出去做课题，其实不少中国科大 10 系和 16 系的研究生当时都到北京的研究所参与课题。7 月我独自一人以调研的名义去北京图书馆查了不少资料，同时拜访系统所的老师。正值高温假期辗转见到了顾基发研究员，顾老师在思源楼办公室向我介绍了正好刚开始的秦皇岛水资源项目，需要会编程的学生，沟通后达成来北京做毕业设计。返回合肥商洽来京住宿如何解决，经系里老师帮助联系到玉泉路中国科大大学部住宿，9 月下旬来到北京开始了全新的学习生活，并坚定了考博的想法。因我不是数学出身 (也不是理学)，顾老师建议报考管理工程专业，挂名刘源张先生。跟刘先生第一次见面于 1992 年 5 月，那时招生录取已确定。完全不记得当时刘先生交代了什么，之后两年多基本没什么学术上的沟通，直到 1995 年的 4 月中旬，博士论文写完总要给正导师评阅，开始去刘先生的家 (从客厅就能看到书房满墙的书)，多了一些接触。当时所内研究生流行用英文写学位论文，似乎用英文写就高人一筹似的。我也尝试了用英文撰写。彼时博士学位论文要寄给全国同行评审，印象中需要 20 位吧。评审过程全靠通信往来，反馈一般至少需要一个月。我自己一边继续修改论文、找工作，一边等待，等了一个月还未等到刘先生对论文的意见，很是焦急，终于 5 月底的时候刘先生让去他家讨论一下。刘先生极度忙碌没时间看，整本论文一个多月他才看了一半，就集中讨论了那些他已经批注的地方。回想一下印象深的是致谢部分有一处语法问题(我少写了一个主语)，另外是对 clone 一词不理解，我解释说是 copy 的意思。那一节内容讨论说建模过程中即便号称把专家知识全部 copy 也不一定保证所建模型确实反映了现实，强调 communication 的重要。肯定不是自己想起来用的，一篇文献用了这个词，阅读时觉得比 copy 高端，读起来挺上口，查字典为“无性繁殖”(当时自己不懂生物学含义，一年后多利的诞生，才算是理解这个词的含义)。刘先生则是当场打开放在桌上的韦伯辞典(原版，我当时常用的牛津双语词典是影印版)，看到同样解释(英文)，若有所思地基本认同我解释为 copy。正是从这次沟通讨论上注意到刘先生注重语言文字的准确运用。博士毕业后我留在系统所工作，依然跟刘先生基本无交流，直到 2002 年春，刘先生当选中国工程院院士后重新回所工作，新分的办公室与我常呆的顾老师办公室相邻。1999—2003 年间顾老师任教于日本北陆先端科学技术大学院大学(JAIST)知识科学学院，该学院是世界上第一个以知识科学命名的研究生院(教育机构)。2003 年，顾老师结束 4 年任教回国，带回日文版的《知识科学》(纪伊国屋书店，2002 年 12 月 6 日出版)，是该学院日本教师集体编撰的一种教材类读本。因刘先生早年留学日本和美国，精通双语，特意送给刘先生这本书，期望以后能交流一下。于是 2004 年 4 月 21 日下午刘先生在思源楼 309 会议室作了他在综合集成与复杂系统讨论班上的第一次报告：评述《知识科学》。这次讨论班算是我第二次听刘先生的学术报告。之前听过刘先生当全国人大代表时每年两会后在所里与时任全国政协委员的吴文俊先生一起畅谈参会心得。印象中每年只有那个传达两会精神的会议 309 会议室座位不够。我至少有两次是站着听的。正是通过那个会议认识了所里的老人，如孙克定老先生。第一次听刘先生学术报告是刘先生当选中国工程院院士后统计室请他在所里讲质量管理。

第一次来讨论班作报告，刘先生结合几十年来的研究和实践经验与积累，主要介绍并评述该书的序言和第一部分的内容。该书的序言由当时的知识科学学院院长杉山教授所做。刘先生翻译介绍了关键的内容：什么是知识？什么是知识科学？知识科学要培养什么样的人？怎样具体开展知识科学研究？知识科学学院的设立，以及不同学科的学者融合的过程，等等。不仅仅是翻译，还对概念作了仔细的解释，比如解释知识的定义时，刘先生特意提及 1996 年版《现代汉语词典》(第 1602 页)解释知识是人们在实践中所获得的认识和经验的积累，说这反映了斗争哲学的观点，那么是否存在先验的知识？Bayes 所讲的先验概率其实也是经验。韦伯辞典定义 Knowledge: All have being perceived and grasped by the mind。最后才引出《知识科学》一书对知识的定义，即人的活动有情况，认识的主体人利用适应了的情况与情况之间存在的相关的性质后，根据某一种情况来判断行为的准则。还有三点很深刻，一是突出书中知识科学是 21 世纪的前沿，介绍什么人都可参加时，特别提到，从事科学研究之外的人并非创造不了知识。所以家庭主妇和田间老农也都可创造知识。这个观点我在中国科大怀柔校区讲授知识管理课程时总提到。二是介绍知识科学培养的人，目标是在未来的知识社会中培养发现问题并解决问题的人才，即懂管理的工程师和懂技术的经理。20 世纪 80 年代国内就提过，不懂管理搞不好技术，不懂技术搞不了管理，即两个轮子的学说。三是欣赏 JAIST 知识科学学院建设方针，即融合，以知识创造建筑这个概念来描绘物理的、认知的、社会的、信息的知识创造空间。在融合的第一阶段让不同学科的人员在物理上汇合在一起，通过日常接触相互了解；第二阶段则是把吸收其他学科的知识和方法论用到自己的学科，《知识科学》即进入第二阶段时的研究成果的汇报。刘先生提到钱学森 1956 年在力学所创建运筹室时，就有三分天下的思想，即理、工、文的人员各占三分之一。这让我们既理解了书的产生背景，又了解到书里所表达的思想、观点在我国建设发展中均有所体现。他很有感触地说我们并没有正视它们，没有深入去研究、去体会这些思想。

在刘先生确定来讲后，我先根据日本汉字及片假名对应的英文单词的含义把《知识科学》一书的目录大约翻译成中文给刘先生过目。讨论班上刘先生在介绍书本身内容的同时穿插了大量自己的心得感想，也对我之前望文生义的翻译作了修正，如关于 knowledge dynamics 的翻译。按一般理解我翻译为知识动力学，刘先生解释说 dynamics 可以是动力学，韦伯辞典上还有一种解释 principles of active applications，这样可译为知识的运用原则。他还提及一些词汇，如意会，言传等，我国无论在词语的创造或其词义的理解上都早已存在，但没有应用，即还未形成科学的思考方式。因此，词义学在科学的角度应逻辑化。特别提及这一点在《知识科学》一书中也有所体现，书中著者已引用了很多语义学家和心理学家的观点。

在讲解过程中，刘先生对大家一致关注的 SECI 模型和 Ba (场) 解释透彻，解释 SECI 模型言传型知识与意会型知识之间的相互转化，即从知其然不知其所以然到自觉不自觉的行动，提及 1983~1984 年间在国内大力推广的质量小组就是这种知识转化实践的典型例子。关于场，他提到诺贝尔经济学获奖者西蒙说：“管理就是决策”，决策的环境，包括空间，时间和决策时存在及所需考虑的关系，都可称为 “场”；“场” 可以是物理上存在的，也可以是某一种非物理的情况间的关系。如很多情况下，科学的决策无法直接加以应用，要考虑到各执行单位的利益的协调等。企业则要考虑两种 “场”：现场和市场。现场是工作的场所，而市场是企业在社会中运营的环境。这是我第一次注意到好多中文其实都来源于日文的汉字。此后对 “场” 愈发着迷，什么都联系对应到场，比如综合集成研讨厅是一种知识创造场

(knowledge creating ba)(这样的关联有助于解释什么是综合集成研讨厅)。刘先生注意到了我的这个偏好，在 2009 年 3 月 JAIST 知识科学学院第一任院长、SECI 模型的主要发明人野中郁次郎教授访华的某顿晚餐上，刘先生跟野中先生介绍我，说唐是“场”的 fans，特意解释了英文的中文谐音，即粉丝。当年湖南卫视超级女生节目火爆的年代正好也是刘先生参与讨论班的高频期，能快速地使用网络流行词汇显现了老头儿特有的魅力。我注册微博填写的个人描述就是刘先生说我是场的粉丝。

今天重看当年讨论班总结 [1] 更意识到刘先生不是干巴巴阅读了一本书，通过认真的查阅和系统的思考，在阐述日本学者关于知识科学学科研究教育的探索上显示了中国学者如何努力的思考。其演讲过程凸现其研究中注重基本概念，注重语言文字含义和逻辑，注重理论联系实际，注重传统与现代。刘先生在讨论班上特别提到“学贵在实践”。言传可以是一种知识传播的实践，改造客观世界更是一种实践。强调应该从知识科学研究中提供一些工具供给企业、社区加以应用。

2004 年 11 月刘先生、顾老师和我去 JAIST 参加 KSS2004(第五届知识与系统科学国际研讨会)，在当时被他视为最后一次日本之行中他参观了之前讨论班上所评述过的 JAIST 知识科学学院大楼 (知识创造建筑)，会上他作了题为“中国企业中的知识管理”的大会报告。回顾这篇报告的文字版 (不知为什么没有收录到 KSS2004 论文集中 [2])，刘先生阐述了 20 世纪 80 年代他在国内推进的全面质量管理，其中质量管理小组 (quality control circle，QCC) 是典型的知识管理实践。其实第

刘先生在 KSS2004 上在作大会报告

一次讨论班报告刘先生就提到做了多年质量管理，忽然发现开始叫作知识管理了。日本归来后老先生认真准备并于 12 月 13 日在讨论班上重新评述关于知识科学的研究，而且特别精神地说要讲三次，不过因时间和院士的繁忙活动，次年 3 月第二次评述后，第三次评述变得可望而不可及了，有时我在所里遇到他，就问什么时候讲第三次啊，老先生就笑笑，但他一直记得呢。

2003—2006 年在数学院读博的刘怡君同学挂在刘先生名下 (怡君自硕士研究生二年级就跟我做研究了，刘先生回单位重新上岗后为她提供了继续在数学院学习的可能性)。轮到怡君讲讨论班、外请报告或恰逢国际会议后、学期末阶段性总结之际我都去主动约请刘先生。老先生来听讨论班，总是认真地给出意见，有肯定的、有批评的，有启发的。如 2004 年 12 月 6 日讨论班硕士研究生聂锟同学介绍科学合作网络分析研究成果。当时我们收集了年初结题的 NSFC 重大项目 “支持宏观经济决策的人–机结合综合集成体系研究” 全部 4 个子课题组结题报告中的论文，运用社会网络分析的方法对一个真实的重大项目合作做了研究，当天出席讨论班的还有提供了一个子课题全部论文数据的清华大学计算机系陆玉昌教授和正好来京的上海理工大学车宏安教授。刘先生第一次看到了社会网络分析的计算结果，结合之前在讨论班上听到怡君介绍群体研讨环境 (GAE)，按其一贯的思考行为模式提了好多问题，评语和问题包括了：① 从定量分析怎样获得一个定性的概念？社会网络分析是一种定量化的技术，定量增加了说服度，定量的结论要和定性的解释相结合。在定性的解释这一层次，需要下功夫。如一个人属于所有的团，到底属于哪个团？② 主张研究以问题为主，关于科学发现，从最近一些事情，如去日本开会、周光召对当前国内科学合作的看法，以及一些文献，说明：ⓐ 科学研究一定是合作的，合作是有效应的；当然有反例，如研究博弈论的纳什；ⓑ 社会活动有很大的关系。国内的高科技研究会，讨论科学发现和社会影响。例如，关于长期天气预报的研究。③ 日本的经验：日本是 “产官学”，而我们是 “产学研”，现在日本是 “官产学研”，应当总结这些关系，国际比较就会有收获。④ 需要考虑什么 “类型” 的群组，引出一些规律。如 closeness(亲近度)，讨论是否更重要？如 NASA 在进行阿波罗登月计划期间时任局长推行的特别午餐制度，即同一部门的人不能一起吃午饭，以促进交流。⑤ 英文词汇，如 clique 和 clan，称军阀、学阀为 clique, clan 是帮、土著等；引发对学派和学阀的考虑，图能否反映？是学派引用多，还是学阀引用多？⑥ 科学研究和社会活动之间的关系，是否能用本报告中的一些方法，如合著关系图和活动关系图之间的关联，探讨科学研究成果和参加社会活动之间存在的某种关系。讨论班在科学研究中的作用？⑦ 与 GAE 能否结合？这些问题尤其是最后一个其实是给我的问题。正巧那天中午我看着那些合著网络图，突然想到那些节点如果不是人名，而是关键词，那会是什么样呢？之前怡君实现的 GAE 中有 common viewer 和 personal viewer 来呈现可视化的研讨过程，分别以发言人 + 关键词和发言 + 关键词的空间结构，采用同样的算法。一直以来就考虑改进能否有不同分析即采用不同的算法，若用关键词网络不就是另一种视角了。带着些许的兴奋主持了下午的讨论班，当刘先生问了一大堆问题后，我当即回答已有所考虑[3]。操作上将“作者”替换为“关键词”，只要把文章的作者集合替换为关键词集合，完成了合著网络到关键词网络，用 UCINet 就可分析关键词网络了。2006 年 1 月 16 日寒假前最后一次讨论班我作总结，介绍了对 GAE 改进和理论提高的一些想法[5]。当时怡君博士论文已开题，她之前工作集中在 GAE 功能方面，考虑理论方面是否能进一步呢？刘先生看到关键词网络图时，通过网络分析对关键词排序后，说起以前看什么文章，通过研究物理学期刊文章的词汇来分析 20 世纪物理学的主流研究。刚听到这个说法只是想到用词频来表示，那不就是所谓的云图吗？之前 GAE 中增加关键词及首提者列表也是突出研讨中的创新。直到 2006 年 9 月 KSS 来到北京，第一次作为发起单位承办 KSS，首次使用了我们自己实现的会议投稿系统，并在会议网站上增加了互动区，将 GAE 中作者与关键词的对应关系图和作者分享关键词网络一起以“funny things”作为互动区的发帖，初衷就是为腼腆的参会者提供与人搭话的语料，得到了出乎意料的评价。会后我尽可能去收集 KSS 过去 6 年会议论文集电子版，让学生录入 2000—2005 年的文章题目、作者及文章关键词，对每一年会议文章的关键词网络分析一下，以介数中心性考察每届会议的重要词汇，算是知识科学的流行词汇吧，体现知识科学研究核心的变迁。第一次的分析结果就在 KSS2007 做了宣讲[6]。2006 年组织会议时考虑将分析结果推送给作者促进学术交流，不能亲临现场的感兴趣人士也可通过会议网站上每篇报告的录音和 PPT，再加上这种网络分析引发讨论，就是一种虚拟会场，我称之为在线会场，英文是 on-line conferencing ba，OLCB。自此，只要我组织会议，总会建造 OLCB[5]。2009 年，硕士研究生罗斌实现了交互式分析，从而在 OLCB 中将之前的分析以静态结果图片变为浏览者可直接分析会议数据。KSS2008 后我接任国际知识与系统科学学会的秘书长，每次 KSS 会议我都要做会议挖掘。尽管会议组织很烦琐，但通过会议组织实践了我们的研究成果，也促发持续的改进。2011 年，罗斌同学的硕士学位论文的主题就是在线会场，其中以 KSS 会议作为示例[7]。会议挖掘的习惯保持了很多年，会议程序册的最后部分通常是会议挖掘结果。这种模式在那段时间也被不少当时的年轻学者所关注，多年以后再见还被提及。

2004—2010 年的那段时间是跟刘先生交流最多的时期，老先生自己故事颇多，信手拈来。一些小故事同样对我的启发很大。例如，老先生介绍某次应邀参加中日两国的一个什么洽谈 (谈判)。中方只有首席代表应答，其余人员仅就座；日方也是首席代表交流，但其他人员全员记笔记。会间休息他溜到日本人那边瞄了一眼 (很好奇为什么日本人让他去了)，结果发现每一个日本人的笔记都不一样，日本人在记录中方人员的表情，比如讲到某一点，(正对面) 对方笑了，说明这一点没问题；讲到另外一点，对方皱了一下眉，估计这一点有困难或分歧，之后讨价还价可以加码。日方在座人员个个在工作。哇，这不就是情报收集和知识管理吗？情报收集的详尽和广泛是日本人的优点，他们总有很细致的研究。听后就想研讨过程不正是可以这样增加话语或者主题词的表情程度属性，有助于分析研讨结果吗？随着技术的进步，通过摄像等设备能全程捕捉到与会者的眼神、表情和体态动作，加入分析中。没有这些技术时日本人靠人去记录研讨过程，可见注意研讨过程的行为 (不仅仅是对话) 细节有助于理解研讨结果。又想起当初看到法国学者讨论诺贝尔经济学奖得主西蒙的有限理性时提及他区分 procedural rationality 和 substantive rationality 时特别向刘先生请教两个术语的翻译。刘先生为了方便我的理解，特意用形式和内容的关系来解释，说是形式决定内容呢，还是内容决定形式？以后接触到了更多的比如讨论程序正义和实质正义等，也不断加深着进一步的理解。注意词汇的含义在方方面面帮助知识的获取和理解。这一点是从刘先生那里学来的。

参加讨论班同样也带给了老先生新鲜的知识。某年春节前例行的上门拜访，老先生还高兴地说起元旦有一位年轻人来访，说起数据挖掘，文本挖掘等词汇，老先生不仅能接上各种 mining 的术语，而且还把讨论班上学到的内容按自己的理解介绍了一下，让年轻人大为赞叹，按现在的说法就是夸老先生与时俱进。正是从好奇和学习角度刘先生很重视参加讨论班。参与讨论时按照习惯直接提问、质疑乃至批评。我自己介绍系统方法论的讨论班上，他就直接批评西方的方法论讲得太多，东方古代思想概括不足。当着自己学生的面我坦然接受，也回答现代系统方法论与古代哲学思考不是一回事。但并非所有人都能坦然接受批评和质疑，去反思或者深入学习，严谨思考再去反驳。2007 年，为了配合研究生院的一位教授合作申请可信软件方面的重大项目计划，请两位硕士研究生阅读些可信软件方面的文章，秋季学期开学后讨论班上介绍一下，看如何着手。刘先生参加了这次讨论班。一个学生讲的是英文文章内容，没想到讨论过程刘先生对学生的理解翻译提出了严厉的批评，把平素的狂妄斗士打回原形。事后我劝导他们好好读英文吧，别再丢人了。估计上大学以来都没这样灰头土脸的家伙却直接建议以后讨论班不要再请老先生来了。确实以后也没有像以前那样主动去邀请刘先生 (怡君 2006 年毕业也是一个原因)，直到 2009 年挂名他的新博士生李振鹏加入研究小组。学术严谨和貌似严厉的刘先生其实有更多关心人的一面。比如振鹏因脱产读书，收入相对拮据，从来不管钱的刘先生主动掏出 3 万元 (让秘书经手) 要给李振鹏支付拖欠的学费 (被李婉拒)。在振鹏博士论文答辩会上，老先生因当日有会参加，挤出时间来到答辩现场，作为导师跟答辩委员见面。先按流程介绍了学生，也说了自己对振鹏论文研究的理解，然后话锋一转，“我认为这篇论文是可以通过的”，“唉，导师不能发表意见哦”，我马上提醒。老头儿当即装出刚想起导师不能这样给答辩委员们施加影响的样子挥挥手，“我说了不算，一切还由你们评判”，就走了。哈哈，活脱脱一个可爱的老头儿，这么帮忙！显然一丝不苟的刘先生肯定了振鹏的研究。2002—2004 年间刘先生承担中国工程院 “构建我国综合交通运输体系” 的项目，是课题二 (简称方法组) 的负责人，自然找我支持他的工作。除了直接参加讨论外，我也让当时在玉泉路读研一的硕士研究生在次年 3 月份投入其中，听从刘先生派遣。由于没完成刘先生布置的数据调研，被刘先生退回，我只好布置学生做其他研究。非典影响了面对面的沟通，就让学生针对项目学习相关知识，比如评价方法的学习，进而收集交通运输系统各种指标，尝试建造评价支持系统，以此让学生了解了系统工程方法，但评价支持系统显然在这个项目中不会真实使用。2003 年 9 月 15 日中国人民大学陈禹教授在政策所作了有关模型方法的演讲，重点是复杂适应系统，多 agent 系统 (MAS) 和 agent-based simulation，并介绍了除 SWARM 外的其他一些 MAS 平台，其中特别提及了 MIT 的 StarLogo 平台 (比 SWARM 简单，中学生都能玩！)。考虑到刘先生在工程院项目中所在的专题二的任务和工作，在陈老师演讲之后，联想到最初的两次项目会议上热议铁路、公路和民航的竞争关系，主要是以南京与上海间已经修建了铁路和高速公路，铁路经历了 5 次提速，但两种方式的竞争结果使客流量均有上升，就考虑将 CAS 用于比较不同运输方式的竞争，微观上是居民选择交通方式，其中居民为主体；宏观上可以看出不同条件下，两种运输方式运输量的变化。让学生去作研究，觉得这样或许能够展开一篇硕士论文。学生很认真地阅读霍兰的书理解学习 CAS, 对 StarLogo 边学习边演练，按照我的设想建立了一个简单的仿真程序。通过讨论班的不断讨论，我们进一步考虑不同的设定，在运输价格方面、铁路速度方面、铁路运输容量限制等作了仿真分析。2004 年 1 月份我做讨论班学期总结的时候就明确了我们研究这个项目实际运用了综合集成方法，其中支持大胆假设方面的项目会议运用了 GAE 进行分析，后面铁路公路的竞争关系分析属于综合集成系统建模中基于规则的建模 [1]。当然协助刘先生工作的其他同学的定量分析属于其他的建模分析。我按照这样的思路与学生一起撰写了项目报告，在 3 月份提交给刘先生。可能之前因学生没有完成刘先生要求的工作，刘先生完全没指望我这边提供什么结果。但刘先生看过报告以后，特意把我们的报告作为项目结题报告的最后一部分，并在前言中写下这样的话：“这是我们研究本专题过程中尝试的新方法。在处理我国交通运输体系这样的复杂大系统时，往往咨询专家的意见或(和) 需要进行模拟实验。这份技术报告在这两方面都显示了处理问题的潜力。虽然还没有达到完善的地步，但是作为研究交通运输问题的一种信息技术，值得借机会在此一介绍”。之后他又告诉我说在工程院的结题会上，一位院士对 MAS 方面的工作颇为欣赏，毕竟纵观整个项目研究所采用的方法，MAS 相对新颖啊。正是通过这个项目的研究，我也对开放复杂巨系统和复杂适应系统作了比较，这个项目报告也是日后出版的《面向宏观经济决策的综合集成体系与系统学研究》一书 4.1 节的内容。项目结题后，我和学生撰写了英文文章，2005 年到日本神户举办的国际会议 (IFSR2005) 上宣讲，会议结束后投稿期刊 [8]。考虑到怡君挂名刘先生，来年就要毕业了，特意把刘先生的名字放在最后，并把英文原稿发给他征求意见。刘先生写了回信，意思是本人完全没有对文章有贡献，要求不署名。此事让我对刘先生多了一份敬重。

频繁的社会活动占用了刘先生很多时间，消耗着他的精力，也影响健康。2012 年秋冬时节他被拉着去四川开会，在当地开始发烧，回来就肺炎住进海淀医院。闻讯后急忙去看他，当时他坐在病床上没怎么讲生病过程，却回顾了会议开幕式，说介绍完北京去的部长、司长、本地的省长、局长之后，还没轮到介绍他，直到介绍完处长才介绍他这个院士。院士明明相当于副部级，如此顺序显然让老先生耿耿于怀，越讲越来气，我马上开玩笑安慰他，人家是“统治阶级”，您是“被统治阶级”，以后这样的会议就别去捧场了。阶级划分之说一下子就把老头逗乐了。

从 2001 年秋开始到 2007 年夏讨论班开展的 6 个学年间，每年都有一本讨论班纪要将该学年所有讨论班总结汇聚成册，简称讨论班纪要。刘先生很喜欢纪要，说起来也总说“锡晋的讨论班”，时而记挂来讨论班却有太多羁绊。刘先生人生经历独特，中国日本监狱都住过，抗日战争在日本，抗美援朝在美国，反而熏陶出深深的爱国主义，大约是 2008 年奥运会前有次去他家，听他说被邀请给什么学生讲爱国主义，他直言不讳地去说我的爱国主义是在国外培养的。改革开放后，事业重新开花，自 2011 年到去世前他更是一年 (至少) 一个奖 (国内外都有)。2013 年 3 月 13 日下午，刘先生来到讨论班作了题为“硬件与软件的组织”的报告，这是 2012 年 10 月连获复旦管理终身成就奖和首届系统科学与系统工程终身成就奖后终于莅临讨论班。在长达两个多小时的报告中，刘先生根据自己的切身经历和体会以风趣的语言讲述了质量管理中硬件与软件的含义和重要性，阐释了朱镕基总理当年的名言“质量第一，永远第一”的深刻含义。那次讨论班使我第一次明白什么是鞍钢宪法，当年中国明明有自己创新的企业管理啊！

刘源张院士 2013 年 3 月 13 日在综合集成与复杂系统讨论班

我是在讨论班上听刘先生介绍了著名的刘氏三原则：领会领导意图、摸清群众情绪、选用科学方法。当时就认为这不正是物理–事理–人理方法论思想的体现吗？东方自有不同于西方系统方法论的要素，刘氏三原则的思想 20 世纪 80 年代就已成功实践啦。2013 年 10 月 10 日刘先生时隔 7 个月再次来到讨论班兑现上次讨论班结束时许下的豪言：说三不道四。那次讨论班讲了太多的三，我也首次听他介绍了做人三原则：认真、诚信、感恩。半个月后在宁波召开的 KSS2013 致闭幕词，我就用这三点总结了会议，说明 KSS2013 的严谨组织，感谢对会议举办做出贡献的作者、评审、大会报告者、东道主等。因为要用英文宣讲，头天在宁波给刘先生写邮件，问英文认真——earnestness、诚信——good faith、感恩——gratitude 翻译是否恰当，老先生回邮件说诚信是 integrity。当时正修改第一篇关于从网络舆情感知社会风险的英文文章对社会风险事件翻译，社会风气风险事件大类下的诚信与信用风险事件小类，其中的诚信我就用了 integrity。2013 年这两次刘先生的讨论班我都张贴海报，已是 MADIS 主任、系统所副所长的杨晓光研究员参加了其中一次讨论班，跟杨老师开玩笑，MADIS 不能只靠刘先生国内外得奖啊！

2012 年复旦管理奖正式颁奖前，授奖部门特地来北京采访刘先生的两位同事，想了解：① 个人对刘先生学术贡献的评价；② 在与刘先生共事中印象最深刻的几件事，我是其中的一位 [9]。2015 年刘先生去世一周年我写了几篇博客回忆刘先生在讨论班的一些事 [10–14]。本文就以对复旦管理奖基金会的采访要求的再次回答作为刘先生去世 5 年的祭奠吧。

## 参考文献

[1] 唐锡晋. 综合集成与复杂系统 (2003-2004)，技术报告 No. MSKS-2004-05. 中国科学院数学与系统科学研究院，2004 年 7 月

[2] Liu Y Z. Knowledge Management in China's Enterprises // Proceedings of the 5th international Symposium on Knowledge and Systems Sciences. KSS2004. Tokyo: JAIST Press: 333

[3] 唐锡晋. 综合集成与复杂系统 (2004-2005)，技术报告 No. MSKS-2005-05. 中国科学院数学与系统科学研究院，2005 年 8 月

[4] 唐锡晋. 综合集成与复杂系统 (2005-2006)，技术报告 No. MSKS-2006-03. 中国科学院数学与系统科学研究院，2006 年 10 月

[5] 唐锡晋. 综合集成与复杂系统 (2006-2007)，技术报告 No. MSKS-2007-05. 中国科学院数学与系统科学研究院，2007 年 12 月

[6] 唐锡晋, 王正. How knowledge science is studied—A vision from the KSS'2006 // Proceedings of the 8th International Symposium on Knowledge and Systems Sciences. KSS'2007, Ishikawa, November 5-7, 2007: 350-357

[7] 罗斌. 在线会场：一种支持学术探索的知识创造场. 中国科学院研究生院硕士学位论文, 2011 年 5 月

[8] Tang X J, Nie K, Liu Y J. Meta-synthesis approach to exploring constructing comprehensive transportation system in China. Journal of Systems Science and Systems Engineering, 2005, 14(4): 476-494

[9] 卢晓璐. 2012 年复旦管理学终身成就奖获得者刘源张: 质量管理人生. http://news.fudan.edu.cn/2012/1023/31760.html

[10] 唐锡晋. 刘源张先生与综合集成/知识科学小组讨论班. 2015 年 4 月 5 日 13:10. http://blog.sina.com.cn/s/blog_7219aeb70102veqe.html

[11] 唐锡晋. 刘源张先生与综合集成/知识科学小组讨论班 (二). 2015 年 4 月 5 日 14:02. http://blog.sina.com.cn/s/blog_7219aeb70102veqi.html

[12] 唐锡晋. 刘源张先生与综合集成/知识科学小组讨论班 (三): KSS2004 的感想. 2015 年 4 月 7 日 12:59. http://blog.sina.com.cn/s/blog_7219aeb70102vesa.html

[13] 唐锡晋. 刘源张先生与综合集成/知识科学小组讨论班 (四): 论述知识科学 (II). 2015 年 4 月 11 日 14:48. http://blog.sina.com.cn/s/blog_7219aeb70102vf04.html

[14] 唐锡晋. 刘源张先生与综合集成/知识科学小组讨论班 (五): 什么是系统科学. 2015 年 4 月 12 日 16:20. http://blog.sina.com.cn/s/blog_7219aeb70102vf1c.html

## 4.15 给刘源张先生做秘书的日子*

魏蕾 中国科学院数学与系统科学研究院

先生，达者为先，师者之意！中国科学院数学与系统科学研究院的前辈同事们还一直保留着对年长且德高望重的老院士尊称为“先生”的传统。似乎老师、教授、研究员、院士 …… 等诸多称谓，终不及“先生”二字来的亲切而大气，可以平视亦可以仰望。我是在 2012 年开始担任刘源张先生秘书工作的，有幸在先生身边工作，聆听先生教诲，见证了先生人生最后的时光。

### 笑意人生

先生 1942 年从青岛去日本，番邦求学十五载，1956 年受钱学森先生之邀归国加入中华人民共和国的建设。其间在日本被宪兵队当特务逮捕坐牢，在美国被移民局传讯怀疑是共产党员，“文化大革命”时又被冠以莫须有的日美特务罪名在秦城监狱关押八年零八个月。1978 年全国科学大会后方毅副院长批示“刘源张同志应予以表扬”，胡凡夫书记亲自谈话给予平反；1979 年从邓颖超手中接过“全国劳动模范”奖状；1995 年当选国际质量科学院院士；2001 年当选中国工程院院士，作为中国全面质量管理领域的开创者和奠基人，被誉为“中国质量管理之父”。命运跌宕沉浮，人生大喜大悲，可谓时代传奇！但是他历尽劫波不改初心，面对多舛的命运，没有戚戚痛楚，拒绝哀声怨气，而是以更大的科学激情投入质量管理的研究与实践，并且在 60 岁时毅然选择加入中国共产党。先生性格豁达，常怀感恩之心，生活中很少生气，似乎一切沟沟坎坎、潮起潮落，在他身上都显得那么云淡风轻。他总是笑呵呵的，若有人说了什么可笑的话，常常是笑得直耸肩膀。先生爱听笑话，更爱给我们讲笑话、讲故事。说话之前总是习惯性地先摸摸自己的鼻头，尚未张口已闻笑意。所以在我的记忆里，先生留给我的都是笑容和趣事。

---

* 原文发表于 2018 年 10 月 26 日《中国科学报》第 7 版。

人民日报
RENMIN RIBAO
实行科学管理就能保证质量
北京内燃机总厂解决产品质量问题的实践表明

学习国外先进的科学质量管理方法
北京内燃机总厂在中国科学院数学研究所副研究员刘源张
在一台磨床上进行全面的质量管理试点，连续加工三十万件产

1978 年，刘源张先生深入北京内燃机总厂、北京清河毛纺织厂、第二汽车制造厂等企业，推行全面质量管理。左图：1979 年 5 月 7 日《人民日报》头版头条；右图：1978 年 12 月 9 日《光明日报》第 2 版介绍；上图：照片文字为刘先生亲笔标注

## 初次拜见

和先生的第一次见面是在 2012 年的 3 月，一个春意盎然的上午。我清楚地记得那天上午在思源楼，汪寿阳老师遣人找我让立即去 305 房间。汪老师时任中国

科学院数学与系统科学研究院党委书记，是我们管理、决策与信息系统重点实验室(Key Laboratory of Management, Decision and Information Systems, MADIS) 的领导，也是我的学业导师。MADIS 是国内管理学科第一个重点实验室，成立于 1988 年，人才辈出，刘先生是我们实验室的院士之一，我是实验室的秘书。我像往常一样即刻去了，敲开门的一刹那，我猛然意识到这不是刘源张院士的办公室吗？由于我来实验室工作较晚，加之刘先生日程繁忙，不经常回所里，竟然只闻其名，始终未见本尊。以前在中科院研究生院读书时，经常会在宣传册和走廊的墙壁上见到刘先生的照片。只知道先生在质量管理界享誉世界，被誉为“中国质量管理之父”。一进门，只见汪老师正和一位红光满面、皓首白眉的长者相谈甚欢。我想，这位大概就是大名鼎鼎的刘源张先生了。汪老师向刘先生介绍了我，说今后由我来担任刘先生的秘书工作。我当下心里一惊，没有丝毫心理准备，懵懵懂懂就接受了任务。刘先生让我下午去家里熟悉一下情况，我去了刘先生在中关村的家，第一次见到了师母。那时师母虽然已经得了阿尔兹海默症，但是举手投足一点也看不出来，还能认得人，穿着非常得体，是那种老派的典雅讲究的老夫人。她非常喜欢唱歌，喜欢讲过去的事情。我没有学过质量管理，对于自己不懂质量管理担任刘先生的秘书有些惶恐，希望刘先生给我列个书单，给我提出要求。刘先生欣然答应，去书房拿了本书送给我。我接过书一看，竟然是孔庆东写的《金庸评传》。刘先生在扉页上手书：魏蕾同志惠存。刘先生问我，看金庸的小说吗？我如实说仅看过《射雕英雄传》。先生说，金庸的小说有空可以看看，里面讲了很多信息，包括政治。在之后的接触中，我发现刘先生身上还真是颇有一股侠义之气，有一种国士风范。在科研领域，对国家民族有责任敢担当，对国家的质量管理发展殚精竭虑、以身许国；在研讨会和讨论班上，实事求是，要求严格，点评毫不留情面；对社会公共事务，路见不平，仗义执言。每次出差在公共场合，看到有人抽烟、吐痰，先生都会很气恼，有时甚至会认真上前告诫，最后往往留一句“岂有此理！”先生对身边的同事学生，慷慨解囊，热心帮助。有次一个博士生家中遇到困难，他马上遣我送钱去救急；有位先生指导的博士生，在论文期间需要做大量实证研究，但尚未申请到项目资助，为了帮助他完成研究，先生断然拿出自己的报酬给予资助。

## 夕阳正好

先生那时已经 87 岁高龄，耳不聋、眼不花，精力矍铄，身体健康，记忆力非常之强。偶尔血压有些高，会让我去医务室拿瓶氨氯地平。先生说他一生都不知道什么叫“失眠”，说这得益于幼年时在家里跟从武师学习武术。先生一再叮嘱我，今后要让孩子从小练武术，一生就有个好身体。先生社会兼职和社会活动较多，直至生命的最后一刻，依然在为国家的质量管理发展奔走辛劳。每天坚持工作，即时收发邮件、整理书稿、出席会议、参加研讨会、担任评审、接受采访，热心参与国家《质量振兴纲要》和《质量发展纲要》的制定，空闲时还去参加唐锡晋老师的讨论班。而深入企业一线，了解企业的质量管理情况是他最乐意的事情。刘先生和上海有着很深的感情，晚年的很多工作是在上海完成的。一是在科研方面，协助上海质量协会唐晓芬会长创办了"上海国际质量研讨会"品牌，同时担任上海质量管理科学院首席研究员，指导上海质科院的课题研究，为上海质量管理培养人才。上海质科院专门成立了"刘源张团队"，每次到上海，大家都来看望刘先生和师母，就好像亲人一般。二是在教育方面，除了担任中国科学院大学管理学院的教授外，自 2005 年，先生受上海大学钱伟长校长的邀请，担任上海大学国际工商与管理学院院长，2012 年后任上海大学管理学院学术委员会主任，并受尤建新院长邀请担任上海大学质量创新研究中心首席科学家。作为院士，刘先生的日程很满。我们 MADIS 实验室的主任杨晓光老师很担心，经常提醒我要尽量减少不必要的工作打扰，保证刘先生的健康为重。不过刘先生总是把上海的事情放在重要位置。先生在上海质协有一间办公室，一年中大概平均每 1—2 个月就要去上海一趟。每次到上海，刘先生喜欢入住上海大学延长路校区的乐乎楼，楼前有一个大草坪，隔壁是保留下来的美国教会的课堂楼。先生和师母习惯早上和傍晚时在这里散步。

先生去世前，《回忆录》和《效率与效益》已经完稿，我们正在和科学出版社的编辑商量定稿，接下来的工作计划主要有二，一是 5 月份赴美国达拉斯参加美国质量学会 (ASQ)2014 世界大会，并领取兰卡斯特大奖。2013 年 12 月 23 日，我们收到美国质量学会主席 John C. Timmerman 发来的贺信，恭贺先生荣获 2014 年度美国质量学会兰卡斯特奖章 (ASQ Lancaster Medal)。此奖颁发给在质量管理领域做出巨大贡献的个人，该奖每年颁发一人。这是先生继费根堡姆奖 (Feigenbaum Medal) 和石川馨奖 (Ishikawa Madal) 之后获得的又一个国际质量大奖。二是，先生总感叹刘家的孙子孙女们国外生国外长，都不大会讲中文，所以想将《感恩录》和《回忆录》翻译成英文，留给后人看。先生去世后，大奖是由先生的次女刘明姐代为领取的，翻译的事情搁浅了。

先生的两个女儿早年定居海外，师母生病后，小燕每天来做家务，舅舅舅妈、侄女郎玲和佟仁城老师等几位学生会来帮帮忙，平日里先生都是亲自照顾师母，不假他人之手。每次出差，他心疼留下师母一个人在家，所以每次出差都会带着师母同行。刘先生喜欢选择高铁出行，每次在火车站候车时间，刘先生喜欢一个人走走看看，尤其对电子售票机、自动售货机、公共充电设备等新兴设备感兴趣，他会一直站在那里观看别的旅客操作，饶有兴趣！记得第一次陪刘先生出差去上海，先生带着一本巴掌大的英文原版《基督山伯爵》，看着看着睡着了，可过了一会儿，我一抬眼，忽然发现先生不在座位上了，赶忙问服务员，说没在洗手间，拜托服务员照看师母后，我就慌忙挨着车厢找先生。一直走过了七八个车厢后，终于看到了车厢里前方刘先生那微微有点驼着的身影。追上前去问，先生只说，想四处走走看看，不让我跟着。后来才知，这是先生的习惯，无论走到哪里，都喜欢观察，既是科学家的好奇心使然，也是活动活动手脚、锻炼身体。而且一旦发现有趣的事物，就会记录在当天的日记里。先生有记日记的习惯，并且喜欢照相，不是拍自己，而是喜欢拍别人，拍有趣的见闻。以前是用照相机，后来开始使用手机。回家后，把旅途中、生活中有趣的照片打印出来粘贴到日记本上，图文并茂。先生对新兴事物总是充满了好奇心，每次我去到家里，都会询问我关于开通微博、玩微信、使用苹果电脑和智能手机等事情。去到医院检查身体，他也和旁人不一样，总是会仔细观察医疗设备是什么原理。发现设备有脏污的地方，会习惯性地掏出纸巾擦干净。先生的记忆力超强，我曾经在先生家里见过一副先生 30 多年前手绘的日本成田机场的非常详细、精密、漂亮的平面地图。那是长女刘欣第一次出国去日本留学，先生无法前往，担心女儿迷路凭记忆手绘的导图。我在感动于一片父爱的同时，不禁惊叹于先生的超人记忆和绘图能力！

## 乡音无改

先生是青岛人，说话有着比较重的口音和鼻音，他的日语好过他的中文。先生爱吃红烧肉，喝点儿青岛啤酒，饭后甜点喜欢要一份冰激凌，但是每次在宴席上能控制住自己不多吃。冬天外出时经常围一条方格围巾，戴一顶鸭舌帽。先生是下围棋的高手，曾担任中科院围棋协会会长。早年在日本的时候，曾跟桥本宇太郎先生学棋。先生喜欢听京剧，1956 年梅兰芳先生访日时，先生作为华侨代表到机场欢迎并陪同，其间追戏，一直到 1961 年 5 月 31 日观看梅兰芳先生在中关村科学院礼堂的最后一场演出《穆桂英挂帅》。有一次我们去国家大剧院看《白蛇传》，票不够了，先生和师母进去看，我在剧场外面等。中场的时候，刘先生兴冲冲来找我让我进去，说中场休息后，票友就可以去蹭戏了，这是规矩。2012 年夏天，我们因“院士采集工程”工作去了先生的家乡青岛市，其间去了先生幼年时生活、学习的地方。先生大赞自己的家乡，说着说着我们开始比起各自的家乡来。我祖籍是甘肃天水人，当先生说青岛啤酒，我就对兰州拉面；先生说青岛有大海，我答黄河穿城而过；先生说山东出美女，我说貂蝉是老乡；先生想了想说有一项你比不了，山东有孔子，是孔孟之乡。哈哈，我笑着说天水是人文始祖伏羲故里。刘先生听到此，很吃惊，说还是伏羲厉害，你赢了！

## 芳华岁月

刘先生离开我们的时候，北京玉渊潭公园的樱花开得正旺。日本是先生的第二故乡，先生对我说很留恋日本樱花祭时，家人朋友们席坐在樱花树下，樱花花瓣慢慢飘落在脸上的感觉。这个时候，他就会讲起悦子的故事。先生很喜欢《申辩》中苏格拉底的名言：死亡不过是到另一个去处的旅程！2015 年，刘明姐去日本时，专程去寻访悦子，得知悦子在刘先生去世不久后也离开了。刘明姐带回了悦子年轻时的照片，虽然想象了无数次她的美丽，但当看到照片的刹那，悦子的美依然惊艳了我。

左图：1949 年，刘先生拍摄于日本东京都；右图：1952 年拍摄于美国加州

## 泽被后世

上海质协在刘先生去世后专门为刘先生塑了一尊汉白玉雕像，安放于上海质协和上质院所在的上海市武夷路 258 号的花园里，一边是刘先生的雕像，另一边是世界质量大师朱兰的雕像。2014 年 11 月 12 日，上海各界举办了“刘源张院士在上海”座谈会，刘先生的故交好友们：国际质量科学院院士沃森和查尔斯、香港城市

大学郭位校长、上海交通大学副校长林忠钦院士、郭重庆院士以及国家质检总局、中质协和上海市的相关领导在上质协参加了座谈会并发言，我和刘明姐也受邀参加了座谈会。当时，上海大学还出版了一本纪念刘先生的画册。

2014 年 11 月 2 日下午，刘源张院士铜像揭幕仪式在上海市质量协会、上海质量管理科学研究院举行

“刘先生一辈子没有多少论文，他把最好的论文都写在了企业里；他走遍祖国的大好河山，研究成果和百万个企业的成长紧密相连；今天中国制造能在国际上撑起一片天空，刘先生功不可没。” 汪寿阳老师说。

先生去世后，亚太质量组织 (APQO) 决定，建立一个以刘源张名字命名的亚太质量奖，专门用于奖励一线卓越员工。2015 年亚太质量组织颁发了首届 “刘源张蓝领质量贡献奖”，设立了 “刘源张一线员工质量贡献奖”，首次奖励在各个获奖行业中的优秀蓝领代表。中国质量协会于 2015 年以刘源张冠名中国质量协会质量技术个人奖。“刘源张质量技术个人奖” 奖项设置两级，分别为 “刘源张质量技术贡献奖” 和 “刘源张质量技术人才奖”。是国内质量技术领域第一个经科技部、国家科技奖励办公室批准设立的科学技术奖励，也是我国质量技术领域的最高奖！2018 年 1 月，格力电器董事长董明珠获得 “刘源张质量技术贡献奖”。

先生的名片上有一行小字 “全国劳动模范”。先生说这不是炫耀，而是要提醒自己记住 1978 年 3 月的 “科学的春天”。这个春天里，科技工作者成为工人阶级的一部分，也有了被评选劳模的机会。刘先生在有生之年，参与并见证了中华民族从黑暗动荡到重新崛起的剧烈嬗变。如今，先生和他那个时代渐渐远去，他的传奇故事依然共鸣了许多隔代不相逢的后生晚辈们，他留下的宝贵精神财富宛如灯塔，照亮了一方山河大地！慎终追远，怀念先生，继承先生，心意念念，袅袅余音里是千年前范仲淹先生的长叹："云山苍苍，江水泱泱，先生之风，山高水长！"

我和刘先生。2013 年 5 月 16 日，《人民画报》摄影记者董芳拍摄于中国科学院数学与系统科学研究院思源楼图书馆

## 4.16 音容犹在——与韩老师的闲聊*

黄一 中国科学院数学与系统科学研究院

第一次听说韩老师是 1989 年刚到中国科学院系统所读研究生的时候，和我同班同宿舍的一个女生是韩老师的学生，叫陈炎。我俩是系统所那年仅有的两个女生，颇有点相依为命的感觉。我是第一次离家，而且入学前对系统所和控制室几乎完全不了解，只是听长辈和学校老师都带着敬仰说"中科院那可是科学的殿堂"，就稀里糊涂闯入了一个新世界。入学后才猛然发现我俩大概也是控制室那届研究生中仅有的本科不是学数学的学生，顿时有点懵，诚惶诚恐的。陈炎倒不以为然，她家是北京的，清华毕业，见多识广，很有北京妞的风范，处处罩着我，说起自己的导师，特别自豪："我导师是控制界'大拿'！" 我那时对什么是"大拿"不太有概念，反而凭空添了更多的畏惧。

研究生的学习是茫然而新奇的，当时非线性控制、H 无穷控制、智能控制、人工智能等正方兴未艾，我急切地想了解科学研究到底是怎么回事，自己到底能做些什么。所以室里不论什么方向的活动都想参加一下，看个究竟，室里老师对我们这些小屁孩也都挺好，不论是不是自己的学生，都带我们玩，毫无保留地与我们谈天说地，给我们答疑解惑、指点迷津。但其实那时我在韩老师面前还是比较拘谨的，大概因为韩老师平时是有点严肃不苟言笑的，又先被陈炎灌输了"大拿"的名号。一次室里元旦聚餐，这是控制室的传统，那时聚餐就是在一间大教室大家一起自己动手做吃的，几十个人每人带上自己吃饭的碗，集中放在一个桌子上，就分头干活了。我最喜欢这种活动了，每每这时蹿上跳下、到处掺和。我干得正欢，忽听韩老师在旁边对我说："你看桌上那堆碗，大小颜色形状都不同，一会儿开饭的时候，大家肯定一眼就能从这一堆碗中瞬间找到自己的，但如果按现在常用的 if-then 形式的算法搜索，先按大小搜，再按颜色找，再根据形状挑 …… 还找不到呢？人脑一定不是按这种算法做搜索的，现在的所谓人工智能算法是有问题的！"

---

* 原载于《控制理论与应用》2018 年第 11 期"纪念韩京清先生逝世十周年专辑"，收录此文集时有少量修改。

韩老师这不经意的几句话，在我脑海中却犹如一道亮光闪过，我本科毕业设计就是中医专家系统，拿到题目之初非常兴奋，跃跃欲试，要做人工智能了！然而当毕业设计按要求顺利完成后，自己却不甚满意，就是写了很多 if-then 语句，把病人症状逐个在中医病症数据库中查找再加权，根据总和是否超过阈值判断是否有某一病证，总感觉中医诊病应该不是这么简单机械的，和自己幻想中的人工智能相去甚远，但又不知如何才能实现幻想中的智能。韩老师这几句闲谈如醍醐灌顶，一下解开了我的疑惑，大家都用得不亦乐乎的算法也许从根上就有问题！这是我第一次被提示书中的方法和思路本身可能是有很大局限的，心中非常震惊，也暗暗折服韩老师平时思考问题的广度、深度及敏锐，聚餐时竟然能从一个几乎没人注意的现象联想到当前热点研究中一些根本性的问题，敬佩他以这么一个浅显的小例子一下让我醒悟做研究要从源头上去思考。直到今天，我还会常常想起那次元旦聚餐上韩老师这番随意的闲聊，反思自己的工作有没有从根上就出现了偏差。

硕士毕业后到东南大学读博士，非线性控制、鲁棒控制、神经网络、模糊控制依然方兴未艾，我也依然在新奇中茫然，努力想做点能解决真问题的工作。常听学长前辈们聊做什么研究方向，听有前辈介绍经验“五年必须要换个方向”，心中暗暗担心凡事慢几拍的自己是不是不适合做这行。这期间大概只在参加中国控制会议 (CCC，那时还叫全国控制理论与应用年会) 时见过韩老师，大概是 1992 年的 CCC，遇见韩老师，关心地问我在做些什么，我说在做鲁棒控制，然后韩老师说“其实一个系统里最关键的就是几个积分器，不论系统怎么复杂，把这个搞清楚了，就好控制了。”这番话在当时对我犹如禅语，高深空灵，却完全不明白。回去后还就韩老师这话请教过一些人，也都表示不明白什么意思。

在不明白中一下过去了十几年，我也为了驱逐心中一直挥之不去的迷茫，一头扎进了实际课题里，跟着韩老师、许老师把自抗扰控制 (ADRC) 用在各种各样的实际问题中：航天多个任务的飞行控制、FAST 项目中 Stewart 平台精定位控制、动力调谐陀螺的零位控制、多指机械手控制、大雪天和韩老师一起钻坦克做火控系统实验等等，就想看看实际问题到底是怎样的，竟然就做到了现在。

大射电望远镜FAST预研究项目
Stewart平台精定位控制方案设计

可行性论证报告

承担单位：中国科学院系统科学研究所
编写人：黄 一
校核人：许可康，韩京清
完成日期：1999年12月30日第一稿
　　　　　1999年1月10日第二稿

2000 年在中国科学院大射电望远镜 FAST 预研究项目中提出基于 ADRC 的 Stewart 平台精定位控制方案

2002 年冬我与韩老师、许老师、武利强在装甲兵工程学院进行 ADRC 火控系统实验

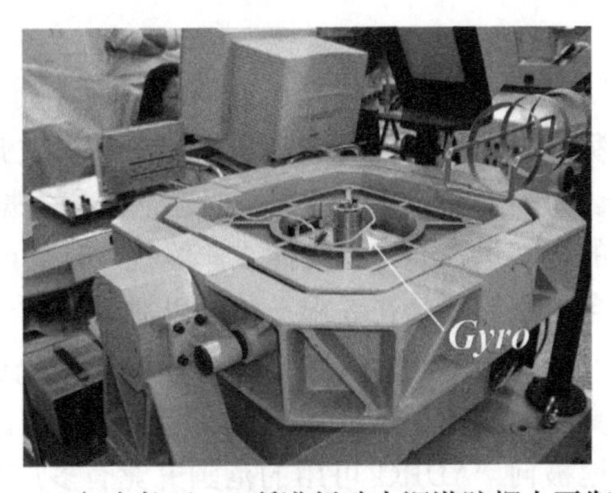


2003 年在航天 13 所进行动力调谐陀螺力平衡回路 ADRC 实验

2010 年以后开始思考自抗扰控制到底解决了什么样的控制问题？它的普适性有多大？特别是 2013 年为准备*ISA Transaction* 抗扰专辑的综述文章 [1]，以及 2014 年准备中国控制会议关于自抗扰控制的大会报告 [2] 时，再次思考自抗扰的故事应该从什么时候说起。最早的一篇综述文章 [3]，我们是从韩老师在 1979 年第一届全国控制理论与应用年会 (也就是第一届 CCC) 的一篇论文 “线性系统的结构与反馈系统计算” 中关于反馈系统的基本结构——积分串联形式的论述说起：“任意完全能控系统经过适当坐标变换和状态反馈均可化成最简单的积分器串联系统，这种

现象不仅在线性系统中存在，而且在一类非线性控制系统中也成立”[4]。通俗地说，就是不论是线性系统还是非线性系统，在一定条件下，可以通过控制化为最简单的积分串联标准型。但在那篇综述文章中我更多的关注放在了其后半句对线性与非线性关系的论述上，因为由此引申出来的态度是“控制系统中的反馈作用打破了经典动力系统意义下的线性和非线性的界限，反馈能够把线性转化为非线性，也可以把许多非线性转化为线性”[5]。

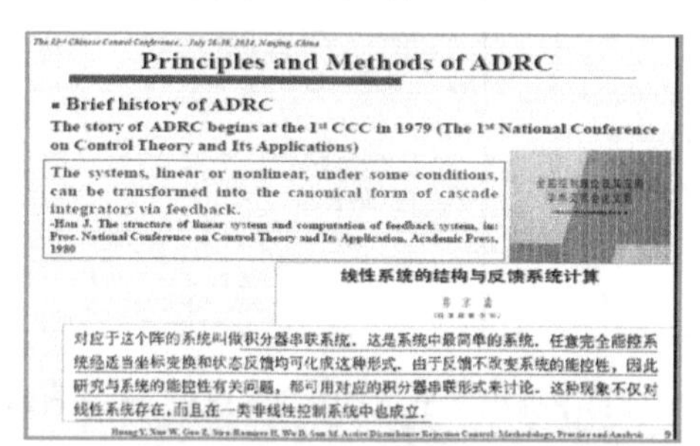

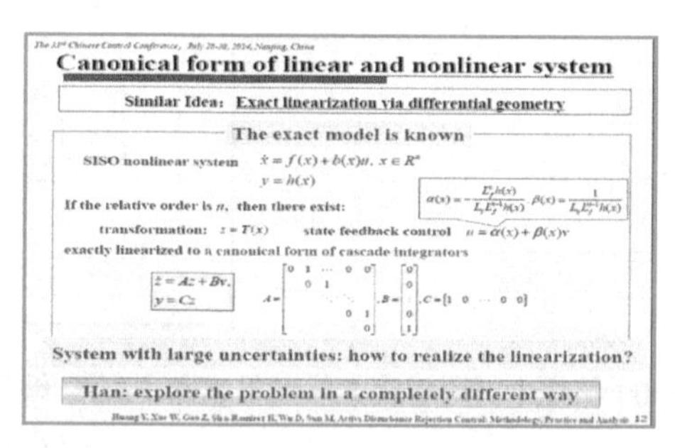


2014 年中国控制会议大会报告上介绍韩老师 1979 年关于积分串联形式是线性系统和一类非线性系统的一种共性的思想

在当时对非线性系统的研究如火如荼时我猛然听到韩老师这番话也是脑海中犹如一道亮光闪过般印象太深刻了，敬佩其以四两拨千斤的气概对待当时大家都认为很困难的非线性控制问题，这一气概奠定了自抗扰控制的气势：在自抗扰控制的框架里，不再按线性或非线性、时变或时不变、解耦的还是耦合的来区分对象，自抗扰控制是在寻求一种可以对很广的一类系统进行控制的途径。

但当时我对其关于积分串联形式论述的前半句并没有太强调，因为这个形式真的太简单了，像是一类最特殊的系统。随着 ADRC 的影响不断扩大，我也不断地被问“ADRC 可用的范围究竟有多广？”为了不再只停留在文字的描述上，我试着从 Isidori 书中的一般仿射非线性系统这一非线性系统研究中较一般的形式入手 [6]，看看 ADRC 究竟能不能用，推导中忽然意识到原来 Isidori 的精确反馈线性化就是在倒腾非线性系统的积分串联型，只不过很多人被其所用的看似高深的李导数工具唬住了，而 ADRC 是完全可以应用于对这类系统的控制，但走的是一条截然不同的路，瞄准的是不确定系统控制这一贯穿控制科学发展始终的核心问题。这时我才好像有点明白当年韩老师跟我闲聊时说的那番关于积分器的话语了，算来离那次闲聊已过了 20 多年。

做完关于 ADRC 的大会报告后，关注和研究 ADRC 的人大大增加，也有许多人注意到了它里面的积分串联型，有些人尝试将扩张状态观测器 (ESO) 中的简单积分串联型拓展为更一般的形式。这时我发现这种拓展会引出诸如扰动的不能观以及不匹配等一系列啰嗦的问题，才进一步领悟到积分串联型虽然是最简单的系统形式，却不是某种特殊形式，而是控制系统内在的本质和关键！这种形式确保了总扰动的能观性和 ESO 估计总扰动的可行性，是 ADRC 中一个差点被我们忽视的核心思想，是她能够比较彻底地解决不确定系统控制问题/抗扰问题的原因所在，是她不同于林林总总的各种不确定系统控制或抗扰控制理论或方法的根本所在！这里面还有太多的宝藏有待挖掘，运用这个思想可以证明 ADRC 能用于更广的系统，ADRC 的一些突出特点也可以更清楚地揭示出来。为这个问题今年还专门和学生陈森一起仔细推导论证 [7]，在这个过程中我每每有更深入的领会时都会不由得又回想起韩老师当年那好像轻描淡写的一番闲聊，似乎才醒悟过来，心中暗暗叹道："韩老师，您太老辣了！" 此时我仿佛看见韩老师在天上笑眯眯地看着傻傻的还在努力想把这个问题弄得更清楚的我。

和韩老师熟了以后不论有什么不明白都喜欢去找韩老师求点拨，而韩老师往往一句话就能拨云见日。还记得 2000 年第一次离开内地去香港大学访问，因为内向，我对出访特别忐忑，但为了做研究似乎必须要出去交流，颇有点硬着头皮往前的感觉。出去后我感受到的第一个巨大冲击却是来自外面的媒体对内地的描述，头几个月几乎天天都趴在网上看有关内地的报道，心里挺沉重的。回来后和韩老师聊起，韩老师说："看中国要从长远看，我们 80 年代第一次出国时，那简直是天壤之别的感觉，国外的一个塑料袋都当宝贝恨不得带回来。" 一席话顿时让我心中开阔起来，直到今天每每看见周围又出现了新事物还会想起韩老师这番话。

还有许多一拍即合的谈笑，比如说起鱼头的好吃，韩老师立刻眉开眼笑深表赞同地做托下巴状说："对对对，尤其是腮帮子这部分！" 说起吃鱼头可是控制室资深饭桶间一道著名的梗，哈哈！

转眼韩老师走了有十年了，如今 ADRC 研究已经枝繁叶茂，特别是这几年，振奋人心的应用成果不断出现，从 1999 年跟着韩老师、许老师跑航天做第一个姿态控制问题，提出基于自抗扰控制的飞行控制方法 [8]，20 年了，前后给航天一院、二院、三院、四院、五院、八院和九院都做过课题，目前基于自抗扰控制的飞行控制方法已用于我国航天航空多个实际型号的飞行控制中；高志强将自抗扰控制技术经过简化和参数化，已经应用于 Parker Hannifin 的高分子材料挤压生产线，2013 年美国德州仪器公司推出一系列基于自抗扰控制算法的运动控制芯片；上海交通大学苏剑波将其用于开发的几款高性能多用途服务机器人的运动规划和避障控制中；清华大学李东海老师和学生们与有关单位合作已经将 ADRC 在汕尾市海丰电厂 1000MW 超超临界机组的低压加热器水位控制回路、广州市恒运电厂 300MW

韩老师在夏威夷

2018 年 7 月 19—21 日，第 12 届 IEEE ADRC 研讨会暨纪念韩京清先生逝世 10 周年

2013 年，美国得州仪器公司推出一系列基于自抗扰控制算法的运动控制芯片

2017 年 ADRC 在山西同达电厂 300MW 循环流化床机组协调控制回路投运

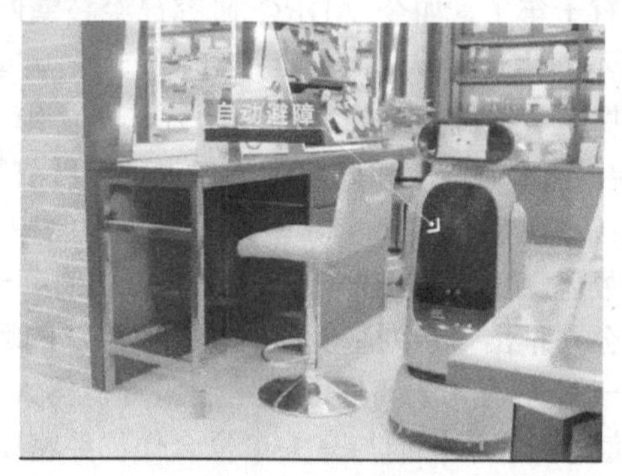


ADRC 用于多用途服务机器人的运动规划和避障控制中

亚临界机组的磨煤机风温控制回路和过热汽温控制回路以及山西同达电厂 300MW 循环流化床机组协调控制回路投运 …… 一个学术思想能带动这么多人、这么多成果，是多少学者一生所追求和向往的！我相信韩老师对此一定是高兴的，所以今年的纪念活动我特意选了张韩老师喜气洋洋的照片，脑海中浮现的是往日和韩老师谈天说地中不断被启迪的时光。

## 参考文献


[1] Huang Y, Xue W. Active disturbance rejection control: Methodology and theoretical analysis. ISA Transaction, 2014, 53: 963-976

[2] Huang Y, Xue W, Gao Z, et al. Active Disturbance Rejection Control: Methodology. Practice and Analysis, 2014, Chinese Control Conference

[3] 黄一，张文革. 自抗扰控制器的发展. 控制理论与应用，2002, 19(3): 485-492

[4] 韩京清. 线性控制系统的结构与反馈系统计算. 全国控制理论及其应用学术交流会议论文集. 北京：科学出版社, 1981：43-55

[5] 韩京清. 反馈系统中的线性与非线性. 控制与决策，1988, 3(2)：27-32

[6] Isidori A. Nonlinear Control System. 3rd ed. London: Springer, 1995

[7] Chen S, Bai W Y, Hu Y, Huang Y, Gao Z Q. On the conceptualization of "total disturbance" and its profound implications. Science China Information Sciences，doi: 10.1007/s11432-018-9644-3

[8] Huang Y, Xu K, Han J, Lam J. Flight control design using extended state observer and non-smooth feedback. Proceedings of the 40th IEEE conference on decision and control, Orlando, USA, 2001: 223–228

## 4.17 庆祝中国科学院系统科学研究所四十华诞，不忘初心，继续奋斗

柳克俊 中国人民解放军军事工程学院 (哈军工)

在此喜庆的日子里，自然想到有关同志们的事，今年正好是许国志同志百年华诞，所以，按照征文要求，现写许先生与国防科技大学七系一短文，以表心意。

1978 年上半年，中央领导同志委托钱学森院士指导长沙工学院改制为中国人民解放军国防科技大学。长沙工学院是 1970 年建立的，其师资力量与干部队伍都是来自哈军工（哈尔滨军事工程学院），在“文化大革命”中期的 1970 年哈军工解体，其主体部分（校本部与 4 个系，哈军工解体之前共计有 6 个系）搬迁到长沙，建立长沙工学院。哈军工的办学体制是沿袭苏联的传统，按照军兵种建系。钱老提出：长沙工学院改制，要按照学科建系，注重学科互相渗透，不再按照军兵种考虑；根据时代发展需要，必须要新建立（我国尚无的）系统工程系，培养系统工程人才。为此，钱老专门邀请许国志同志来协助指导。许先生作为钱老的助手，与钱老一起到长沙指导工作。在钱老与许先生的共同策划下，组建了国防科技大学七系即“系统工程与数学系”。系主任由数学家、副校长孙本旺教授兼任，系副主任 3 名：许国志、汪浩、柳克俊。汪浩是哈军工著名的数学教授，1983 年升任国防科技大学政委，将军级；柳克俊教授，计算机与信息管理专家，1984 年调到北京，担任海军装备论证中心（现为海军研究院）总工程师等重要职务，将军级。七系的主线是数学-计算机技术-航天技术。许先生为建系做了许多具体工作，包括调集教师、设立教研室、图书馆等。许先生还亲自开讲座，提高教师业务水平，他讲述了系统科学与系统工程、运筹学、统计学、最优化理论等；还请来中国科学院系统科学研究所的王毓云研究员等到七系讲课。七系运作了 20 年之久，培养人才和开展科学研究，而且面向社会做了大量工作，包括开展农业系统工程培训与农业规划研究，带动了湖南省系统工程的发展。湖南省系统工程学会于 1981 年 11 月成立，是全国第一个省级系统工程学会，汪浩教授担任学会理事长。1999 年国防科技大学进行结构大调整，建立学院，把七系的一部分纳入“理学院”，一部分纳入“人文与管

理学院”。2004 年学校建立“信息系统与管理学院”，2017 年建立“系统工程学院”，都是与原七系直接相关的。许先生协助钱老在国防科技大学播下的系统工程种子发芽、生长、开花、硕果累累。

许先生和蔼可亲，说话总是不慌不忙，条理清楚。他的视力不好，自己调侃说“我是目中无人”。他的记忆力特别好，讲话从来不拿稿子，娓娓道来，许多人名、书名、数据都记得很准确。许先生的国学功底很好，在讲话中经常引用古诗词，恰到好处。他自己也经常作一些格律诗。

许先生对于国防科技大学的建设，尤其是对于系统工程与管理专业的建设及其人才培养立下了汗马功劳，而且为全国树立了样板。

在 1984 年调到北京工作以后，多次去看望许先生，许先生都热情接待。由于工作的需要，我和许先生以及中国科学院系统科学研究所的有关同志（如原顾所长等）来往就多一点，深感受益良多。进入新时代，我们将更加努力奋斗！不辜负人民的期望！

## 4.18 热烈庆祝中国科学院系统科学研究所成立四十周年——谈几点体会

李德时 中国科学院数学与系统科学研究院

中国科学院系统科学研究所于 1979 年 10 月 28 日正式成立，至今已有四十年华诞。在这四十年历程中，在党的领导下，经过胡凡夫、王春良、关肇直、吴文俊、许国志；王荣恩、成平、刘源张、顾基发、邓述慧、李廷忠；王恩平、张国蓉、成平、田丰、刘卓军、王铜山；冯士雍、陈翰馥、邓述慧、田丰、刘卓军、李德时；郭雷、高小山；高小山、张纪峰；张纪峰、杨晓光等几代领导班子带领下，所机关各处室和研究室以及各学会与各编辑部的领导和广大科研人员、行政管理人员共同努力、勇于拼搏，系统所的规模由小到大，职工从十几个人逐步发展到 100 多人；招研究生由几个人增加到 200 多人；科研成果获奖由几项增加到 100 项以上，其中国家科学技术最高奖一项；学术交流由所内扩大到所外，全国高等院校、科研单位以及国际学术交流活动频繁。各方面都取得很大成绩，这是我所深化改革的结果。

一是有一批起到学术带头作用的老科学家——吴文俊、许国志、刘源张、丁夏畦、万哲先、林群、陈翰馥、李邦河和中青年科学家——顾基发、陈锡康、朱永津、王毓云、马仲蕃、蔡茂诚、陈光亚、田丰、刘振宏、陈传平、王淑君；邓述慧、秦化淑、韩京清、陈文德、贾沛璋；刘木兰、王靖华、石赫、朱广田、李雅卿；冯士雍、李国英、项可风、章照止、张永光；吴是静、赵汉章；等等。他们在各自岗位发挥了重大的作用，为我国经济建设和社会发展战略目标以及基础研究方面都作出很大的贡献，他们不计个人名利，长期奉献在科研第一线，为我所科学事业奋斗终生。这种爱国情怀，科学精神，高尚情操和杰出品格，值得我所广大青年科研人员学习。

二是我所现在有一批年富力强，有才华的青年科研人员，他们继承老科学家的事业，脚踏实地刻苦钻研，取得了很大成绩和科研成果。这是我所兴旺发达的财富。

三是团结合作。行政管理人员和科研人员为了一个共同目标——把科研事业搞上去。行政管理人员为科研一线提供后勤管理保障，使科研人员专心致志搞科学研究，大家劲往一处使，早出成果，早出人才，团结一条心，为国家系统科学事业发展而努力奋斗。

## 4.19 五十年前的亲历记忆

甘兆煦 中国科学院数学与系统科学研究院

1956 年我在苏联列宁格勒上大学时，读到了使领馆寄来的《人民日报》上的一篇署名许国志的文章，他是中国科学院力学研究所所长钱学森博士设立的“机械研究室”室主任，他在文章中详细叙述了美国在二战时期飞速发展的“运用学”(operations research)，特别提到了“快速疏导通过法”，数学规划的“单纯形 simplex 法”用以节约板材和管材的方法，也提到“大海快速搜寻潜艇”的方法。我读后很感兴趣，也觉得苏联在二战（即反对德国入侵的战争）中也会有俄罗斯科学家、数学家做过这方面的工作。我找了大学的数学教授并从他那里认识了著名的通讯院士康特罗维奇 (Katolowich) 和其他一些数学家。康特罗维奇还从大学图书馆里取出了他 1939 年出版的数学专著*Athematical Planing* 的“权重法”一书赠我。我很兴奋，连读了几个晚上。

1957 年我休假回中国，在北京我找到了许国志教授，他让我与室里一位懂俄文的助理一起翻译这本专著，大约一周后这本专著由科学出版社出版，我也回到列宁格勒继续学业。1959 年毕业，先分到中国科学院经济研究所，不久我又考取了去莫斯科苏联科学院做博士研究生，我的导师是著名的 B.C. 涅姆钦诺夫院士，因为先前我做的是工厂方面的工作，称之为微观 (mincro)，他建议我现在做宏观 (maxcro) 从全国高度开始分析研究。当时我必须有相当数量的数据来做，但既不能从苏联方面取得，又不能从中国方面取得，我的小导师建议我用日本国的资料来做。我在列宁图书馆先后查得了日本国前 5 年的相关数据，并在苏联科学院计算中心作了运算并打印出数据和图文。当时苏中关系已恶化，我在莫斯科当了来苏访问的中国著名经济学家孙冶方和勇龙桂的翻译后（请见孙冶方访苏报告附录中甘兆煦的一文 input-output) 也回到了国内。涅姆钦诺夫院士的专著也由乌家培（国家经济计算中心主任）、甘兆煦、张守一等翻译出版。1962 年中国教育部颁发了我和其他几位的博士学位证书，1962 年我国著名数学家华罗庚教授在全国各大城市讲授了统筹法和优选法，并将封面上有毛主席批示的“壮志凌云，可喜可贺”一本《统筹法》送给了关肇直所长，关所长知道我也在讲授统筹法和优选法，就将此书送给了我，后来国防大学一位教官来我家（中关村 88 楼筒子楼），因无法接待，就将此书借与他，至今他也没有归还，或是在他们的图书馆馆库，也就不了了之。

这些年来，我亲力亲为，有所记忆，有所亲悟，谨此记之!

2018 年 8 月 30 日